U0168650

高效C/C++调试

[美] 严琦　卢宪廷 / 著

清华大学出版社
北京

内 容 简 介

本书是关于软件调试技术的深度探索，融合了作者的实践智慧。书中不仅指导读者如何使用专业的调试工具，还介绍了如何宏观和微观地分析问题，并最大限度地发挥调试器功能。此外，书中还深入解读了调试背后的技术原理，如调试符号、内存管理及系统内核对内存的操作机制，以揭示内存管理的关键性和复杂性。

除了介绍基础概念外，本书还涵盖了许多增强调试能力的工具与插件。尽管焦点集中在 C/C++，但其中的策略与技巧具有普适性，适用于多种编程语境。内容包括从内存泄漏预防调试、Linux 下的 eBPF 和 strace调试方法，到 Kubernetes 容器调试，再到 C++20 的协程与崩溃信息收集策略。

本书主要面向具有 C/C++编程基础的读者，同时也非常适合对软件技术原理有深入探索兴趣的读者以及追求高效调试技巧的开发人员。

图书在版编目（CIP）数据

高效 C/C++调试 / (美) 严琦，卢宪廷著. —北京：清华大学出版社，2024.1
ISBN 978-7-302-64971-7

Ⅰ.①高… Ⅱ.①严… ②卢… Ⅲ.①C 语言－程序设计 Ⅳ.①TP312.8

中国国家版本馆 CIP 数据核字（2023）第 224820 号

责任编辑：赵　军
封面设计：王　翔
责任校对：闫秀华
责任印制：沈　露

出版发行：清华大学出版社
　　　　　网　　　址：https://www.tup.com.cn，https://www.wqxuetang.com
　　　　　地　　　址：北京清华大学学研大厦 A 座　　　　邮　　编：100084
　　　　　社 总 机：010-83470000　　　　　　　　　　邮　　购：010-62786544
　　　　　投稿与读者服务：010-62776969，c-service@tup.tsinghua.edu.cn
　　　　　质 量 反 馈：010-62772015，zhiliang@tup.tsinghua.edu.cn

印 装 者：大厂回族自治县彩虹印刷有限公司
经　　销：全国新华书店
开　　本：185mm×235mm　　　　印　张：20.75　　　字　　数：498 千字
版　　次：2024 年 1 月第 1 版　　　　　　　　　印　次：2024 年 1 月第 1 次印刷
定　　价：99.00 元

产品编号：102041-01

序一

这是一本关于调试的书。作为一名程序员，在多年的写代码和调试代码的过程中，我一次又一次地经历了过山车般的情绪变化：困惑，沮丧，兴奋，周而复始，特别是在处理看上去永无止境的程序错误（bug）时尤其如此。随着时间的推移，我掌握了更多的调试技能，对要支持的产品和架构有了更多的了解，大部分问题变得容易解决。然而，偶尔也会出现一些棘手的问题，试图缩小范围并解决一个真正困难的问题可能需要数小时甚至数天的时间。

记得有一次，我花了几个月的时间尝试修复一个问题，这个问题的奇怪之处在于它只在每个星期二在客户的服务器上发生（我将在稍后的内存损坏一章中讲述这个实战故事）。我相信这不仅仅是我的故事，很多软件工程师都曾有过同样的经历。因为计算机已经深入我们的生活几十年，软件行业积累了大量的遗留代码。因此，我们中的许多人不得不花费大量时间来维护和完善现有程序。即使你为全新的项目编写代码，迟早也要对它进行调试。不管喜欢与否，调试 bug 是不可避免的，它已经成为软件开发工程师日常工作的一部分。

另一方面，调试也可以有很多乐趣。在经历了许多挫折和无聊的时刻后，我学到了许多探索和寻找 bug 的技巧，并开始感到兴奋和满足。每当我解决了案子中具有挑战性的问题时，我都会获得同事们的感谢与赞许。这让我觉得自己像一个能解决问题的真正的侦探。在现实世界的程序中有很多看似很困难的 bug，我常常听到类似的抱怨和借口——"这是我见过最奇怪的事情"，"这段代码存在了这么多年，如果它有 bug，早该失败了"，或者"我已经审阅我的代码好多遍了，这是不可能发生的"。随着在实战中积累的经验的增加，我更加相信通过正确的解决方案和基本技能，都可以有效地揭示并解决 bug。无论表面上看起来多么神秘或不可能的问题，当我们最终找到根本原因时，一切都说得通了，毕竟计算机程序是那么虔诚地完全地照着我们编写的方式运行，即使那是错误的。

本书讨论调试方法论。尽管关于这一主题已经有很多优秀的书籍，但我相信通过总结我个人的实战经验，可以为读者提供更多实用的观察方法和技巧。从学校毕业以后，我阅读了各种关于编程和调试的书籍，曾以为已经完全理解并对解决任何问题都充满信心。然而，实际问题往往比书中的例子更为复杂。我经常在工作中找不到任何线索，无法将书本知识应用于实际问题。

回想起那些初出茅庐的岁月，一方面是我没有完全理解书中的内容，另一方面是大部分书籍都是从设计和编程的角度出发的。它们可能充满了使用调试器命令的技巧，但当问题类型和维度迷雾重重时，它们缺乏如何起步、如何从最基础去分解问题，以及如何选择不同的调试策略和有效利用调试器的各种功能的介绍。我看到许多年轻的工程师在没有明确计划的情况下就急切地启动调试器。对于一些人来说，调试程序就是使用调试器而已。在本书中，我将通过深入挖掘一些内部数据结构，展示许多调试过程的实战例子，并提出可操作的实用建议，以缩小理论知识和可用技术的沟壑。

本书的示例包含了大量的代码片段和实际案例。在编写过程中，我尽可能地运用真实发生的例子，除非在某些情况下，理论性例子的简明性和清晰度优于实战例子。此外，本书还专门介绍了调试器插件和实用工具的开发。这些工具能够增强现有的调试器，拓宽我们的视野，要么提供新的角度审视问题，要么帮助我们更深入地研究问题。尽管本书主要探讨的是 C/C++，但书中所介绍的方法和策略是通用的，独立于特定语言。

通常，教材并不覆盖特定调试器、内存管理库或者编译器的内部实现，许多软件开发人员也不熟悉这些知识，因为在设计和编程阶段通常并不需要关注这些内容，而且常规的调试工作也不需要。有些人可能认为，除了软件的开发者之外，其他人没有必要去学习这些知识。然而，这些知识对于我们对可能会观察到的情况以及在错误发生时可能会错过的细节具有深远的影响。

如果你在软件行业待了足够长的时间，就会遇到需要深入理解程序行为的情况。例如，由于代码优化或者缺少足够调试符号，调试器可能无法正确地显示局部变量；如果栈损坏极为严重，调试器无法正确打印调用栈，因为它依赖保存在栈上的特定数据结构；程序也可能在看起来不可能崩溃（crash）的地方崩溃了。在这些情况下，我们必须比普通程序员挖掘得更深：可能需要梳理编译器布局的栈空间，或者内存管理库的堆数据结构，甚至需要手动重新生成调用栈和数据对象。

在本书中，我尝试铺就调试符号、调试器内部实现、内存管理器的内部结构、分析优化后的程序和 C++对象模型等基础知识。这些知识肯定可以帮助你突破学习瓶颈，进一步提高调试技能，从而更上一层楼。

许多非法操作的行为，如常见的内存溢出、重复释放内存块、访问释放后的对象、使用未初始化的变量等，根据编程语言的标准和文档都是未定义行为。这基本上意味着这些违规行为的实际结果完全是随机的或取决于具体实现；它们可能在一个环境无害，但是在另一个环境就是灾难性的。一个经典的例子是：同样有 bug 的代码在一个平台上没有发生任何问题，可以正常运行，但在另一个平台上，程序就会崩溃。最糟糕的情况是一个 bug 在初始阶段没有任何错误的迹象，在它完成了某些恶意操作很久以后，才出现奇怪和意料之外的行为。

从调试的角度看，理解特定实现中的"未定义"行为是必要的。这与我们不知道也不应该假设任何关于"未定义"行为的设计和编程实践相违背。一种实现的内部数据结构不同于另一种实现。因此，有些人可能选择忽略这些"未定义"行为。但是，当我们面临由未定义行为引起的未知问题时，对这些内部数据结构的理解可以带领我们走出迷雾，找到最终的解决方案。因此，在我看来，了解程序如何因这些"未定义"行为而失败对于调试许多棘手问题至关重要。我的工作经历也证明了这一点。本书中的许多示例将展示如何利用这些知识更有效地进行调试。

本书假设读者具有基本的计算机科学和软件开发学习经历。读者至少具有一年的实际编程经验，并且知道怎么使用调试器解决较为复杂的问题。在整本书中，我致力于关注书的主题——更高效的调试。为了避免偏离主题，一些相关的概念和术语被简要描述或者以跳跃性方式串联在一起。对于核心知识，我尽量以实际操作为主（可能不完全准确或者不具有学术性）来解释。我们的目的是帮助读者掌握基本的概念，并能够快速将这些知识应用到调试实践中。

通过互联网，可以方便地获取几乎所有事物的权威性定义。如果读者对书中提及的内容不太熟悉，或者需要更详细的解释，可以通过网上搜索来解决疑惑。本书末尾的引用也可以为读者提供线索。希望本书没有重复很多读者已经知晓的内容，或者一些可以轻松获取的信息，比如如何使用某个工具的命令，通常都可以在它的手册中找到清晰的解释。

本书的许多章节是独立的，读者可以跳到任何感兴趣或适合当前工作的章节；跳过熟悉或者不感兴趣的章节也没有问题。一些章节会介绍调试器、运行时或者语言的底层细节，也许这些知识并非必需，但它确实能够帮助你应对更复杂的问题。本书的许多例子都使用Linux/x86_64平台，但是底层方法通过微小的调整就可以应用到其他平台上。

附录提供了其他平台的丰富的示例，鼓励读者使用本书提供的源文件和链接生成对应的项目，并加以应用。这些实战的示例可以进一步帮助读者理解书中讨论的话题，也可以作为开发自己项目的起点。事实上，一些程序是我在工作中开发的，从那时起它们就成为不可或缺的工具。其中大部分源代码都是跨平台的，如果碰巧你使用其中某个平台，它可能会立即引起你的兴趣；如果不碰巧，那么当你理解这些设计背后的思路后，自己编写工具也并非难事。

根据我的个人经验，许多程序 bug，特别是用 C/C++编写的程序，都与内存相关。从各个角度理解内存怎么分配和使用非常必要。本书的大部分内容聚焦于应用程序、编译器、内存管理器、系统加载器/连接器和内核虚拟内存，以及如何从微观到宏观看待一块内存。

内存是动态资源，会在程序执行的各个阶段发生变化。在本书中，读者将了解内存管理器如何分配内存，编译器如何在分配的内存块中布局应用程序的数据结构，以及栈是如何被局部变量和函数参数使用的。此外，读者还将了解系统链接器和加载器如何跟系统虚拟内存管理器合作，创建进程的虚拟地址空间。应用程序以源文件声明的形式看待数据对象：它们要么是原始的数据类型，要么是其他类型的聚合。编译器会添加更多隐藏的数据成员，例如指向虚函数表的指针，并在必要时为了对齐而进行填充。为了满足对齐要求和其自身的隐藏标签，内存管理器会插入额外的字节。系统内核负责使用由页构成的段来记录进程的内存。

当研究一个有疑问的数据对象时，有经验的工程师可以理解以上组件的各个视角：从编译器的角度来看，该数据对象的大小和结构定义是怎样的；从内存管理器的角度看，该数据对象的内存块被释放了还是在使用中；从链接器和加载器的角度看，该数据对象是在代码段、全局数据段、堆数据还是栈段；从内核虚拟内存管理器的角度看，该数据对象是不是被某些权限保护着。所有这些信息可以作为创建一个理论的基石，验证或证伪程序错误原因的假设。毋庸置疑，当调试与内存相关的问题时，这些知识是无价的。

在许多情况下，调试是一个试错的过程。一个特定的问题有各种可能的原因，工程师通常通过分析问题的症状来开始调研，接着根据观察和推理提出一个可能的原因假设，然后证明这个假设，并给出一种修复方案，最后测试和验证修复方案。如果理论无法解释现象或者修复方案不行，该该参数需要重复上面的步骤。调试同一个问题有多种方法，每个人也有自己偏好的方法和风格。本书展示的例子和技巧是我在实践中积累的，旨在与读者分享其中的方法。当一种方法看上去没有出路时，另一种使用其他工具的方法可能就是你所需要的。同样地，非常欢迎读者跟我分享自己的经验和调试方法。

严琦

序二

在编程的道路上，每一个程序员都不可避免会遇到调试的挑战。我仍然记得那些难忘的调试经历：大学时期，我和朋友共同调试机器人的程序；进入职场后，我又开始钻研数百万行的C++代码。从初入编程世界时的探索与迷茫，到如今的稳健与沉稳，这背后蕴含着无数次的学习与实践。更为关键的是，我们站在诸多行业前辈的肩膀上。本书的第一作者严琦，正是其中一位令人尊敬的巨人。幸运的是，我在美国工作期间得到了他的直接指导和悉心帮助。

当清华大学出版社的编辑询问我是否有兴趣出版书籍时，我想到了从学生时代到职场的点滴经验。我常常与同学或者同事分享自己的体会，也在知乎账号（CrackingOysters）上发表相关文章，但要整理成一本完整的书籍，仍有不少工作要做。这时，我想到了严琦以及他那份关于高效调试的英文书稿。于是，我建议基于这份书稿共同打造一本新的书籍。因此，本书中绝大部分的内容都深受他的经验和智慧的启发。同时我在他的书稿的基础上增添了关于Google Address Sanitzer 和逆向调试的内容、以及编写了第 9 章和第 12~18 章的内容。

希望这本书能为编程爱好者提供实用的知识和启示。如果读者在书中发现了错误，欢迎指正。我乐于分享我的学习体会，因为总有热心的朋友愿意纠正我的错误。另一方面，读者所认为的"错误"可能只是对知识理解的不同，在讨论中可以加深或者修正理解。

卢宪廷

配书资源

为方便读者使用本书，本书提供了源代码文件，需要使用微信扫描下面的二维码获取。如果阅读中发现问题或有疑问，请通过 booksaga@126.com 与我们联系，邮件主题请写"高效C/C++调试"。

目　　录

第 1 章

调试符号和调试器

讨论程序调试时，我们首先想到的往往是调试器（Debugger），因为它在这个过程中是必不可少的一环。这种现象源于现代编程语言和操作系统的复杂性——要了解一个程序的状态，即使不是完全不可能，也是相当困难的。编写代码的开发者通常对调试器有一定的了解，并能或多或少地使用它。但是，我们真的对调试器有足够的了解吗？

对于这个问题，不同的人可能有不同的答案。对一些人来说，他们所需要的可能只是设置断点和检查变量的值；而其他人可能需要深入程序的位和字节级别，以获取线索。根据笔者个人的经验，每个程序员都应该了解调试器如何实现其所谓的"魔法"。虽然无须深入了解所有调试器的内部细节，如调试符号的生成、组织以及调试器如何使用它们，但理解其实现的基本概念和一些具体细节能够帮助我们了解调试器的优势和限制。

有了这些知识，将能更有效地使用调试器，特别是在处理棘手问题时。例如，如果了解调试优化后的代码（如发布版或系统库）能够访问哪些调试符号，就能知道在何处设置断点以获取所需信息；如果了解如何尽量降低调试器自身引入的干扰，如使用硬件断点，就能成功地复现问题。

本章将揭示一些调试器的内部结构，让我们能更深入地了解它。通过本章内容，我们不仅会了解调试器能做什么，还会知道它是如何做到的，更重要的是，会了解为什么有时候它无法达到我们的预期，以及在这种情况下应该如何解决。在第 9 章还将探讨如何通过自定义命令和插件函数来增强调试器的功能。

1.1 调试符号

调试符号由编译器生成，与相关的机器代码、全局数据对象等一同产生。链接器会收集并组织这些符号，将它们写入可执行文件的调试部分（在大多数 UNIX 平台上），或存储到一个单独的文件中（如 Windows 程序的数据库或 pdb 文件）。源代码级别的调试器需要从存储库中读取这些调试符号，以便理解进程的内存映像，即程序的运行实例。

在其众多特性中，调试符号可以将进程的指令与对应的源代码行数或表达式进行关联，或者从源程序声明的结构化数据对象的角度对一块内存进行描述。通过这些映射，调试器可以在源代码层面上执行用户命令来查询和操作进程。例如，特定源代码行上的断点会被转换为指令地址；一块内存会被标记为源代码语言上下文中的变量，并按照其声明类型进行格式化。简单来说，调试符号在高级源程序和程序运行实例的原始内存内容之间架起了一座桥梁。

1.1.1　调试符号概览

源代码级别调试是对编程至关重要的一个环节，为了实现这个目标，编译器需要生成富含各类信息的调试符号。按照调试符号所描述的主题进行分类，主要有以下几类：

- 全局函数和变量：这类调试符号涵盖了跨越编译单元的可见的全局符号的类型和位置信息。全局变量的地址相对于其所属模块的基地址是固定的。在全局变量所属模块被卸载之前，比如程序结束运行或者通过链接器 API 显式地卸载，这些全局变量都是有效且可以访问的。全局变量因其可见性、固定位置和长生命周期，在任何时间和地点都可以进行调试。这使得调试器能够在全局变量的整个生命周期内，无论程序执行的分支为何，都可以观察数据、修改数据和设置断点。

- 源文件和行信息：调试器的一项主要功能是支持源代码级别的调试，这样程序员就可以在程序的源语言上下文中跟踪（Trace）和观察被调试的程序。这一功能依赖于一种将指令序列映射到源文件和行数的调试符号。因为函数是占据进程连续内存空间的最小可执行代码单元，所以源文件和行号的调试符号会记录每个函数的开始和结束地址。然而，为了优化程序性能或减少生成的机器码大小，编译器可能会对源代码进行移位，情况可能变得很复杂。由于宏和内联函数的存在，源代码的行信息可能与实际执行的指令地址并不连续或者交织在其他源代码行中。

- 类型信息：类型的调试符号描述了数据类型的组合关系和属性，包括基本类型的数据，或其他数据的聚合。对于复合类型，调试符号包含每个子字段的名字、大小和相对于整个结构开头的偏移量。调试器需要这些类型信息，以便以程序源语言的形式显示它；否则，数据只会是内存内容的原始形态，即比特位和字节。类型调试符号对于 C++这样的复杂语言特别重要，因为编译器会将隐藏的数据成员添加到数据对象中以实现语言的语义，而这些隐藏的数据成员依赖于编译器的实现。此外类型信息还包括了函数签名和它们的链接属性。

- 静态函数和局部变量：与全局符号不同，静态函数和局部变量只在特定的作用域内可见，例如一个文件、一个函数，或者一个特定的块作用域。局部变量在其作用域内存在和有效，因此是临时的。当程序的执行流程离开其作用域时，作用域内的局部变量将被销毁并在语义上变得无效。因为局部变量通常在栈上分配或与容易失效的寄存器关联，所以在程序运行到其作用域之前，它的存储位置是不确定的。因此，调试器只能在特定的作用域内对局部变量进行观察、修改和设置断点。

- 架构和编译器依赖信息：某些调试功能与特定的架构和编译器有关，例如英特尔芯片的FPO（Frame Pointer Omission，帧指针省略），以及微软 Visual Studio 的修改和运行功能等。

调试符号的生成是一项复杂的任务，它需要编译器传递大量的调试信息给调试器。因此，即使是相对较小的程序，编译器也会生成大量的调试符号，甚至大大超过了生成的机器代码或者源代码的大小。为了节约空间，人们通常会对调试符号进行编码。

遗憾的是没有一个标准可以规定如何实现调试符号。不同的编译器厂商历来在不同的平台上采用不同的调试符号格式，如 Linux、Solaris 和 HP-UX 现在使用的是 DWARF（Debugging With Attributed Record Formats），AIX 和老版本的 Solaris 使用的是 stabs（Symbol Table String），而 Windows 有多种格式，其中最常用的是程序数据库，即 pdb。这些调试符号格式的文档往往难以找到或者即使有也不完整。另一方面，随着编译器新版本的不断发布，与其紧密相关的调试符号格式也必须持续演进。

由于以上原因，调试符号格式多少变成了编译器和调试器之间的"秘密"协议，通常与特定平台紧密相关。在开源社区的努力下，DWARF 在公开透明方面做得较好。因此，在下一节中，将以 DWARF 作为调试符号实现的示例进行深入讨论。

1.1.2　DWARF 格式

DWARF 以树形结构（即树结构）组织调试符号，这种方式类似于我们在大部分编程语言中看到的结构体和词法作用域。每一个树节点都是一个调试信息记录（Debug Information Entry，DIE），用于表达具体的调试符号，例如对象、函数、源文件等。一个节点可能有任意数量的子节点或同级节点。例如，一个代表函数的 DIE 可能有许多子 DIE，这些子 DIE 代表函数中的局部变量。

本书不会详尽地阐述每一条 DWARF 格式的规定。如需了解更多，可以在 DWARF 的官网上找到关于 DWARF 的各类论文、教程和正式文档。另一种有效的学习方法是深入研究采用 DWARF 格式的开源编译器（如 GCC）和调试器（如 GDB)。从调试的角度来看，我们需要知道有哪些调试符号，它们是如何组织的，以及在需要或者感兴趣的时候如何查看它们。最好的理解方法可能就是通过实例，下面让我们来看一个简单的程序：

```
foo.cpp:
1
2   int gInt = 1;
3
4   int GlobalFunc(int i)
5   {
6       return i+gInt;
7   }
```

可以使用下面的命令选项来编译这个文件：

```
$ g++ -g -S foo.cpp
```

其中-g 选项告诉 g++编译器生成调试符号，-S 选项用于生成供分析的汇编文件。编译器会生成汇编文件作为中间文件，并直接通过管道将其发送到汇编器。因此，如果需要审查汇编，就需要显式地让编译器在磁盘上生成汇编文件。

我们可以使用上面的命令自行生成汇编文件，这个过程很简单。虽然这个文件可能有些长，但笔者还是鼓励读者从头到尾地浏览一遍，这样将对调试符号的各个部分有一个全面的了解。下面是汇编文件的一个片段。由于这个文件是作为汇编器的输入而并非供人阅读的，因此初看可能会觉得有些困惑。但在介绍调试符号的每一个组件的过程中，笔者会对它们的含义进行详细解释。

```
        .file   "foo.cpp"
        .section    .debug_abbrev,"",@progbits
.Ldebug_abbrev0:
        .section    .debug_info,"",@progbits
.Ldebug_info0:
        .section    .debug_line,"",@progbits
.Ldebug_line0:
        .text
.Ltext0:
.globl gInt
        .data
        .align 4
        .type   gInt, @object
        .size   gInt, 4
gInt:
        .long   1
        .text
        .align 2
.globl _Z10GlobalFunci
        .type   _Z10GlobalFunci, @function
_Z10GlobalFunci:
.LFB2:
        .file 1 "foo.cpp"
        .loc 1 5 0
        pushq   %rbp
.LCFI0:
        movq    %rsp, %rbp
.LCFI1:
        movl    %edi, -4(%rbp)
.LBB2:
        .loc 1 6 0
        movl    gInt(%rip), %eax
        addl    -4(%rbp), %eax
.LBE2:
        .loc 1 7 0
        leave
        ret
.LFE2:
        .size   _Z10GlobalFunci, .-_Z10GlobalFunci
        .section    .debug_frame,"",@progbits
.Lframe0:
        .long   .LECIE0-.LSCIE0
```

```
.LSCIE0:
    .long    0xffffffff

    ...

    .section    .debug_loc,"",@progbits
.Ldebug_loc0:
.LLST0:
    .quad    .LFB2-.Ltext0
    .byte    0x0

    ...
    .section    .debug_info
    .long    0xe6
    .value    0x2
    .long    .Ldebug_abbrev0
    .byte    0x8
    .uleb128 0x1
    .long    .Ldebug_line0
    .quad    .Letext0
    .quad    .Ltext0
    .string    "GNU C++ 3.4.6 20060404 (Red Hat 3.4.6-9)"
    .byte    0x4
    .string    "foo.cpp"
    .string    "/home/myan/projects/p_debugging"
    .uleb128 0x2
    .long    0xba
    .byte    0x1
    .string    "GlobalFunc"
    .byte    0x1
    .byte    0x5
    .string    "_Z10GlobalFunci"
    .long    0xba
    .quad    .LFB2
    .quad    .LFE2
    .long    .LLST0
    .uleb128 0x3
    .string    "i"
    .byte    0x1
    .byte    0x5
    .long    0xba
    .byte    0x2
    .byte    0x91
    .sleb128 -20
    .byte    0x0
    .uleb128 0x4
```

```
.string    "int"
.byte    0x4
.byte    0x5
.uleb128 0x5
.long    0xda
.string    "::"
.byte    0x2
.byte    0x0
.uleb128 0x6
.string    "gInt"
.byte    0x1
.byte    0x2
.long    0xba
.byte    0x1
.byte    0x1
.byte    0x0
.uleb128 0x7
.long    0xcb
.byte    0x9
.byte    0x3
.quad    gInt
.byte    0x0
.section    .debug_abbrev
.uleb128 0x1

...

.section    .debug_pubnames,"",@progbits
.long    0x26

...

.section    .debug_aranges,"",@progbits
.long    0x2c

...
```

可以看出，汇编文件中的大部分内容是为了生成调试符号，只有一小部分是可执行指令。对于简短的程序来说，这是非常典型的情况。出于对文件大小的考虑，调试符号通常会被编码到二进制文件中以减小文件的大小。我们可以使用以下工具来解码它，查看调试符号：

```
$readelf --debug-dump foo.o
```

这个命令会输出目标文件 foo.o 中的所有调试符号。这些调试符号被划分为多个节（英文对应的单词是 section，中文翻译有时是"段"，请读者注意区分 section 与 segment，本书后面会讲解）。每个节代表一种类型的调试符号，并储存在 ELF 目标文件的特定区域内（在第 6 章会更深入地讨论二进制文件和 ELF 的详细内容）。下面让我们逐一查看这些节。

（1）首先要关注的是储存在.debug_abbrev 节的缩略表。这个表描述了一种用于减小 DWARF
文件大小的编码算法。缩略表中的 DIE 并非真正的 DIE。相反，它们作为在其他节中具有相同类
型和属性的实际 DIE 的模板。一个真实的 DIE 项只包含一个到缩略表模板 DIE 的引用和用于实例
化这个模板 DIE 的数据。在上述示例中，缩略表包含 7 项，包括编译单元、全局变量、数据类型、
输入参数、局部变量等的模板。表中的第 3 项（显示为加粗字体）声明了一种具有 5 个部分调试信
息的 DIE：名称、文件、行号、数据类型和位置。真实的 DIE 引用这个模板的，示例代码如下：

```
Contents of the .debug_abbrev section:

  Number TAG
  1     DW_TAG_compile_unit   [has children]
   DW_AT_stmt_list      DW_FORM_data4
   DW_AT_high_pc        DW_FORM_addr
   DW_AT_low_pc         DW_FORM_addr
   DW_AT_producer       DW_FORM_string
   DW_AT_language       DW_FORM_data1
   DW_AT_name           DW_FORM_string
   DW_AT_comp_dir       DW_FORM_string
  2     DW_TAG_subprogram   [has children]
   DW_AT_sibling        DW_FORM_ref4
   DW_AT_external       DW_FORM_flag
   DW_AT_name           DW_FORM_string
   DW_AT_decl_file      DW_FORM_data1
   DW_AT_decl_line      DW_FORM_data1
   DW_AT_MIPS_linkage_name DW_FORM_string
   DW_AT_type           DW_FORM_ref4
   DW_AT_low_pc         DW_FORM_addr
   DW_AT_high_pc        DW_FORM_addr
   DW_AT_frame_base     DW_FORM_data4
  3     DW_TAG_formal_parameter    [no children]
   DW_AT_name           DW_FORM_string
   DW_AT_decl_file      DW_FORM_data1
   DW_AT_decl_line      DW_FORM_data1
   DW_AT_type           DW_FORM_ref4
   DW_AT_location       DW_FORM_block1
  4     DW_TAG_base_type   [no children]
   DW_AT_name           DW_FORM_string
   DW_AT_byte_size      DW_FORM_data1
   DW_AT_encoding       DW_FORM_data1
  5     DW_TAG_namespace   [has children]
   DW_AT_sibling        DW_FORM_ref4
   DW_AT_name           DW_FORM_string
   DW_AT_decl_file      DW_FORM_data1
```

```
    DW_AT_decl_line     DW_FORM_data1
 6     DW_TAG_variable    [no children]
    DW_AT_name          DW_FORM_string
    DW_AT_decl_file     DW_FORM_data1
    DW_AT_decl_line     DW_FORM_data1
    DW_AT_type          DW_FORM_ref4
    DW_AT_external      DW_FORM_flag
    DW_AT_declaration   DW_FORM_flag
 7     DW_TAG_variable    [no children]
    DW_AT_specification DW_FORM_ref4
    DW_AT_location      DW_FORM_block1
```

（2）下一节（即.debug_info 节）包含了调试符号的核心内容，包括数据类型的信息、变量、函数等。需要注意的是，调试信息项（DIEs）是如何编码并通过索引来引用缩略表里的特定项的。

以下是一个例子，首先用粗体字标示的 DIE 来描述一个名为 GlobalFunc 的函数的唯一传入参数，这个 DIE 在缩略表中的索引是 3。接着，使用实际的信息来填充该 DIE 的 5 个字段：

- 参数的名称是"i"。
- 它出现在第 1 个文件中。
- 它位于该文件的第 5 行。
- 参数的类型由另一个 DIE（引用为 ba）来描述。
- 参数在内存中的位置有一个偏移量，为 2。

```
    The section .debug_info contains:

    Compilation Unit @ 0:
     Length:          230
     Version:         2
     Abbrev Offset: 0
     Pointer Size:  8
    <0><b>: Abbrev Number    : 1 (DW_TAG_compile_unit)
      DW_AT_stmt_list       : 0
      DW_AT_high_pc         : 0x12
      DW_AT_low_pc          : 0
      DW_AT_producer        : GNU C++ 3.4.6 20060404 (Red Hat 3.4.6-9)
      DW_AT_language        : 4   (C++)
      DW_AT_name            : foo.cpp
      DW_AT_comp_dir        : /home/myan/projects/p_debugging
    <1><72>: Abbrev Number   : 2 (DW_TAG_subprogram)
      DW_AT_sibling         : <ba>
      DW_AT_external        : 1
      DW_AT_name            : GlobalFunc
      DW_AT_decl_file       : 1
      DW_AT_decl_line       : 5
      DW_AT_MIPS_linkage_name: _Z10GlobalFunci
```

```
        DW_AT_type              : <ba>
        DW_AT_low_pc            : 0
        DW_AT_high_pc           : 0x12
        DW_AT_frame_base        : 0   (location list)
 <2><ad>: Abbrev Number    : 3 (DW_TAG_formal_parameter)
        DW_AT_name              : i
        DW_AT_decl_file         : 1
        DW_AT_decl_line         : 5
        DW_AT_type              : <ba>
        DW_AT_location          : 2 byte block: 91 6c   (DW_OP_fbreg: -20)
 <1><ba>: Abbrev Number    : 4 (DW_TAG_base_type)
        DW_AT_name              : int
        DW_AT_byte_size         : 4
        DW_AT_encoding          : 5   (signed)
 <1><c1>: Abbrev Number    : 5 (DW_TAG_namespace)
        DW_AT_sibling           : <da>
        DW_AT_name              : ::
        DW_AT_decl_file         : 2
        DW_AT_decl_line         : 0
 <2><cb>: Abbrev Number    : 6 (DW_TAG_variable)
        DW_AT_name              : gInt
        DW_AT_decl_file         : 1
        DW_AT_decl_line         : 2
        DW_AT_type              : <ba>
        DW_AT_external          : 1
        DW_AT_declaration       : 1
 <1><da>: Abbrev Number    : 7 (DW_TAG_variable)
        DW_AT_specification: <cb>
        DW_AT_location          : 9 byte block: 3 0 0 0 0 0 0 0   (DW_OP_addr: 0)
```

利用这种编码方式，我们成功地用目标文件中的 13 字节来表示了参数 "i" 的调试符号。
接下来，可以使用 objdump 命令来查看.debug_info 节中的原始数据：

```
$objdump -s --section=.debug_info foo.o

foo.o:     file format elf64-x86-64

Contents of section .debug_info:
 0000 e6000000 02000000 00000801 00000000  ................
 0010 00000000 00000000 00000000 00000000  ................
 0020 474e5520 432b2b20 332e342e 36203230  GNU C++ 3.4.6 20
 0030 30363034 30342028 52656420 48617420  060404 (Red Hat
 0040 332e342e 362d3929 0004666f 6f2e6370  3.4.6-9)..foo.cp
 0050 70002f68 6f6d652f 6d79616e 2f70726f  p./home/myan/pro
 0060 6a656374 732f705f 64656275 6767696e  jects/p_debuggin
 0070 670002ba 00000001 476c6f62 616c4675  g.......GlobalFu
```

```
0080  6e630001 055f5a31 30476c6f 62616c46  nc..._Z10GlobalF
0090  756e6369 00ba0000 00000000 00000000  unci...........
00a0  00000000 00000000 00000000 00036900  .............i.
00b0  0105ba00 00000291 6c000469 6e740004  ........l..int..
00c0  0505da00 00003a3a 00020006 67496e74  ......::....gInt
00d0  000102ba 00000001 010007cb 00000009  ...............
00e0  03000000 00000000 0000              .........
```

现在，如果回到汇编文件 foo.s，就可以在其中找到传入参数 i 的调试符号。这些调试符号的相关行会在以下部分高亮显示。在之前列出的汇编文件中，可以轻易地找到它们。

```
.uleb128  0x3
.string   "i"
.byte     0x1
.byte     0x5
.long     0xba
.byte     0x2
.byte     0x91
.sleb128  -20
.byte     0x0
```

上述 DIE 项在结构上类似于 C 语言的结构体。它们编码后的字节含义如图 1-1 所示。

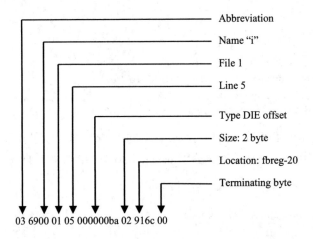

图 1-1   DIE 的编码

- 首先，从缩略表的索引（3）开始，这指示了 DIE 的剩余数据应该如何格式化。我们可以回顾前面列出的缩略表，参考第 3 个 DIE 模板来理解。
- 接下来的 2 字节代表了一个以 null 结尾的字符串，即我们的参数名称"i"。
- 之后，是文件编号（1）和行号（5）。参数的类型由另外一个 DIE（索引为 ba）来定义。
- 接着的数据是参数的大小，具体来说，就是 2 字节。

- 参数的存储位置由接下来的 2 字节指示，这对应于相对于寄存器 fbreg 的偏移量−20。
- 最后，这个 DIE 以一个 0 字节结束，标志着这一段信息的结束。

每个 DIE 都会指定其父节点、子节点和兄弟节点（如果存在的话）。图 1-2 展示了.debug_info 节中列出的 DIEs 之间的父子关系和兄弟关系。注意，参数 i 的 DIE 是函数 GlobalFunc DIE 的子节点，这与源程序中的作用域设置完全一致。

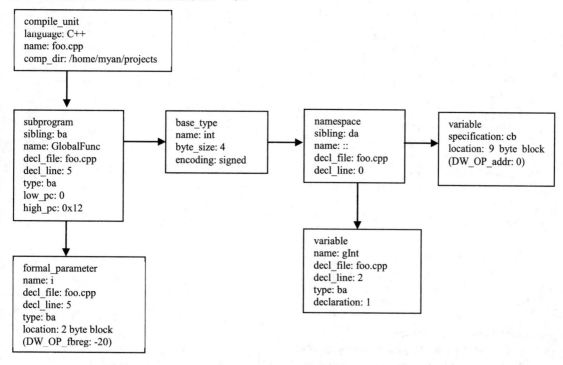

图 1-2　树结构的 DIEs 的关系

（3）源代码的行号调试符号被放置在.debug_line 节中，它由一系列操作码构成。调试器可以执行这些操作码以构建一张状态表。这张表的关键在于将指令地址映射到源代码行号。每个状态都包括一个指令地址（以函数开头的偏移量表示）、相应的源代码行号和文件名。

你可能会问，如何通过操作码创建状态表呢？这始于设置初始值的操作码，如初始指令地址。每当源代码行号发生变化时，操作码将操作地址移动一个变化量。调试器会执行这些操作码，并在每次状态发生变化时向状态表添加一行。

以下是 readelf 输出，显示了样例程序的行号调试符号。注意，高亮的行（在下面的程序中以粗体字标示出来）以可读的方式描述了操作码的操作。指令地址从 0x0 开始，结束于 0x12，对应的源代码行号从 4 逐渐增加到 7。

```
Dump of debug contents of section .debug_line:

Length:                 66
```

```
     DWARF Version:                2
     Prologue Length:              41
     Minimum Instruction Length:   1
     Initial value of 'is_stmt':   1
     Line Base:                    -5
     Line Range:                   14
     Opcode Base:                  10
     (Pointer size:                8)

     Opcodes:
     Opcode 1 has 0 args
     Opcode 2 has 1 args
     Opcode 3 has 1 args
     Opcode 4 has 1 args
     Opcode 5 has 1 args
     Opcode 6 has 0 args
     Opcode 7 has 0 args
     Opcode 8 has 0 args
     Opcode 9 has 1 args

     The Directory Table is empty.

     The File Name Table:
     Entry   Dir   Time   Size   Name
     1       0     0      0      foo.cpp
     2       0     0      0      <internal>

 Line Number Statements:
  Extended opcode 2: set Address to 0x0
  Special opcode 9: advance Address by 0 to 0x0 and Line by 4 to 5
  Special opcode 104: advance Address by 7 to 0x7 and Line by 1 to 6
  Special opcode 132: advance Address by 9 to 0x10 and Line by 1 to 7
  Advance PC by 2 to 12
  Extended opcode 1: End of Sequence
```

（4）Call Frame Information（CFI）存储在.debug_frame 节中，描述了函数的栈帧和寄存器的分配方式。调试器使用此信息来回滚（unwind）栈。例如，如果一个函数的局部变量被分配在一个寄存器中，该寄存器稍后被一个被调用的函数占用，其原始值会保存在被调用函数的栈帧中。调试器需要依赖 CFI 来确定保存寄存器的栈地址，从而观察或改变相应的局部变量。

类似于源代码行号，CFI 也被编码为一系列的操作码。调试器按照给定的顺序执行这些操作码，以创建一张跟随指令地址前进的寄存器状态表。根据这张状态表，调试器可以确定栈帧的地址位置（通常由栈帧寄存器指向），以及当前函数的返回值和函数参数的位置。下面示例是 CFI 调试符号，它展示了简单函数 glbalFunc 的 r6 寄存器的信息。

```
 The section .debug_frame contains:
```

```
00000000 00000014 ffffffff CIE
  Version:                 1
  Augmentation:            ""
  Code alignment factor:   1
  Data alignment factor:   -8
  Return address column:   16

  DW_CFA_def_cfa: r7 ofs 8
  DW_CFA_offset: r16 at cfa-8
  DW_CFA_nop
  DW_CFA_nop
  DW_CFA_nop
  DW_CFA_nop
  DW_CFA_nop
  DW_CFA_nop

00000018 0000001c 00000000 FDE cie=00000000 pc=00000000..00000012
  DW_CFA_advance_loc: 1 to 00000001
  DW_CFA_def_cfa_offset: 16
  DW_CFA_offset: r6 at cfa-16
  DW_CFA_advance_loc: 3 to 00000004
  DW_CFA_def_cfa_reg: r6
```

（5）除了上述提到的部分，还有一些其他的节包含各种类型的调试信息：

● .debug_loc 节包含宏表达式的调试符号，但是本例中并没有宏。

```
Contents of the .debug_loc section:



  Offset   Begin    End      Expression
  00000000 00000000 00000001 (DW_OP_breg7: 8)
  00000000 00000001 00000004 (DW_OP_breg7: 16)
  00000000 00000004 00000012 (DW_OP_breg6: 16)
```

● .debug_pubnames 节是全局变量和函数的查找表，用于更快地访问这些调试项。在本例子中有两个项：全局变量 gInt 和全局函数 GlobalFunc。

```
Contents of the .debug_pubnames section:

  Length:                          38
  Version:                         2
  Offset into .debug_info section:   0
  Size of area in .debug_info section: 234

  Offset   Name
```

```
114         GlobalFunc
218         gInt
```

- .debug_aranges 节包含一系列的地址长度对，用于说明每个编译单元的地址范围。

```
The section .debug_aranges contains:

Length:                 44
Version:                2
Offset into .debug_info: 0
Pointer Size:           8
Segment Size:           0

Address  Length
00000000 18
```

所有这些节为调试器提供了实现各种调试功能所需的足够信息，例如将当前的程序指令地址映射到对应的源代码行，或者计算局部变量的地址并根据其类型打印结构数值。

调试符号首先在每个编译单元中生成，就如我们在目标文件示例中看到的那样。在链接时，多个编译单元的调试符号被收集、组合，并链接到可执行文件或库文件中。

在继续探讨调试器的实现之前，笔者想先分享一个通过类型的调试符号发现 bug 的故事。这个故事演示了看似不一致的调试符号，尤其是那些分布在不同模块中的调试符号，如何为我们揭示代码或构建过程中的问题。

1.2 实战故事 1：数据类型的不一致

服务器程序在测试阶段出现了随机崩溃，经过一段时间的调试，我们怀疑这可能是由于内存越界错误引起的，问题似乎出在一个特定的数据对象上。当程序尝试更新该对象的一个数据成员时，紧随其后的数据对象就会被损坏（这一问题是由将在第 10 章讨论的内存调试工具发现的）。

然而，这段代码看起来似乎是无辜的，因为它只是在访问自己的数据成员。令人困惑的是，这个简单操作如何会损坏另一个数据对象。通过深入调查，我们发现这个问题对象是在一个模块中创建的，然后传递到另一个模块，在那里进行数据成员的更新。

在一番探索后，我们发现两个模块对同一个数据对象的大小存在不一致的看法——调试器在第一个模块环境中显示一个尺寸，而在第二个模块中打印出另一个更大的尺寸。这令人大为惊讶，因为这个对象是在一个头文件中声明的，且这个头文件被两个项目共享。通过更深入地打印并比较每个模块内的对象布局及其数据成员的偏移量（对象的类型调试符号），明显看出编译器对对象的布局有所不同：一个模块中的所有数据成员都适当地对齐，而另一个模块则没有，而是将所有的数据成员打包在一起。数据对象以较小的尺寸被打包创建。

这种情况也得到了底层内存管理器分配的内存块大小的证实（在第 2 章将详细讨论如何获取此类信息）。当对象从打包对齐的模块传入未打包布局的模块时，更新数据成员的操作就会覆写内存并损坏附近的对象。图 1-3 以更简洁的方式描述了这个 bug；一个 T 类型的结构体对象在模块 A 中被创建为打包格式，然后传到模块 B，模块 B 却认为它是未打包的格式。模块 B 中的数据成员 data3 覆写了已分配的内存块。

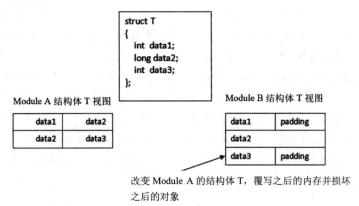

图 1-3　由于数据类型不一致导致的内存覆写问题

那么这种情况是如何发生的呢？从结果中可以看到，尽管对象在头文件中被正确地声明，但 bug 却来自另一个头文件，其中使用了以下编译指令：

```
#pragma pack(4)
...
#pragma pack()
```

开发工程师打算将编译指令中间的结构体打包为 4 字节边界。这个指令被微软的 Visual Studio 编译器正确解析。然而，当同一份代码被 AIX 的 Visual Age C++编译器编译时，问题就出现了。该编译器有一个类似但略有不同的编译指令语法来结束打包作用域：

```
#pragma pack(4)
...
#pragma pack(nopack)
```

由于这个语法差异，Visual Age C++编译器只识别了打包的开始编译指令（第一行），却忽略了结束打包的编译指令（最后一行）。在程序员试图结束数据打包的地方，编译器仍然在继续打包数据结构。在模块 A 中，受害对象在引入包含上述编译指令的头文件之后声明，而在模块 B 中，问题头文件没有被引入，所以对象没有被打包。这就是不一致性产生的原因。

数据类型的调试符号准确地反映了编译器如何解析数据类型，生成的机器指令也根据这个解析结果来操作数据对象。具体来说，当创建新对象时，编译器会申请与结构体大小相等的内存块；数据成员的访问地址是通过从内存块开头的偏移量来计算的。

1.3　调试器的内部结构

大多数程序员都是通过实践来学习如何使用调试器的，有些人会比其他人更熟悉调试器的各种命令的使用，然而只有少数人了解调试器的内部结构。在本节中，笔者将从用户的角度来讨论调试器的一些实现细节。这不仅是为了满足读者对调试器的好奇心，更重要的是，它有助于读者更深入地理解调试器以便充分利用这个工具。

实际上调试器只不过是另一个应用程序。有趣的是，我们可以用一个调试器进程来跟踪正在运行的另一个调试器，这实际上是理解调试器工作原理的有效方式。笔者曾经为了常规调试任务编译了 GDB 调试器的调试版本，每当笔者对调试器本身有疑问时，就会启动一个 GDB 程序，并将它附加到正在使用的 GDB 进程上。这样就能看到它所有的内部数据结构了。

源代码级别的调试器通常由 3 个模块组成：用户界面、符号管理和目标管理。

1.3.1　用户界面

用户界面是调试器的表现层，也就是前端。它与用户的交互方式和其他应用程序非常相似。调试器可能有图形用户界面（GUI）或命令行界面（CLI），或者两者都有。它的基本功能是将用户的输入转换为对后端调试引擎的 API 调用。几乎每个菜单项或按钮都直接映射到后端命令。事实上，许多具有 GUI 的调试器，如 DDD（Data Display Debugger）、Windbg 和 sunstudio，都有一个命令窗口，可以让用户直接向底层调试器输入命令。

1.3.2　符号管理模块

符号管理模块负责提供调试目标的调试符号。这个模块的基本功能包括读取二进制文件并解析其中的调试符号、创建调试符号的内部表示、为打印变量提供类型信息等。调试符号的可用性和内容的完整性决定了调试器的功能和限制。如果调试符号错误或不完整，那么调试器将无法正常工作。例如，不匹配的文件（可执行文件或程序数据库文件）拥有错误的调试符号；去除了调试符号的可执行文件或没有 pdb 文件的 DLL，又或者只有部分调试符号的文件，都只能提供有限的调试能力。

在前面的章节中，我们已经看到调试符号是如何在文件中组织和存储的。首先，调试器会按照给定的调试符号路径来搜索文件，然后检查文件的大小、时间戳、校验和等信息，以验证其与被调试进程加载的映像文件的一致性。如果没有匹配正确的调试符号，调试器将无法正常工作。例如，如果没有匹配的内核符号，Windows 调试器 Windbg 会发出如下警告信息：

```
[Frames below may be incorrect and/or missing, no symbols loaded for msvcr80.dll]
msvcr80.dll!78138a04()
msvcr80.dll!78138a8c()
SHSMP.DLL!_MemFreePtr@4()  + 0x4b bytes
SHSMP.DLL!_shi_free1()  + 0x1c bytes
SHSMP.DLL!_shi_free()  + 0xa bytes
```

```
    M8Log2.dll!std::allocator<Base::SmartPtrI<MLog::Destination> >::deallocate(Base::S
martPtrI<MLog::Destination> * _Ptr=0x01a51638, unsigned int __formal=2) Line 141 + 0x9
bytes C++
    M8Log2.dll!MLog::Dispatcher_Impl::LogMessage(const MLog::Logger & iLogger={...},
const char * iMessageText=0x00770010, unsigned int iMessageID=8)  Line 78 + 0x1c bytes  C++
```

注意 msvcr80.dll 系统运行库的前两帧。Windbg 在此时提示无法找到该 DLL 的调试符号。不仅如此，由于系统库默认开启了 FPO 编译器选项，这使得优化的代码需要 FPO 调试符号以成功回溯调用栈，否则可能会呈现出逻辑不通的调用栈。在本案例中，可以设置 Windbg 从微软的在线调试符号服务器下载这些符号。稍后，我们将进一步讨论 Windows 符号服务器。

如果调试符号匹配良好，调试器的符号管理将打开文件，并读取其中的调试部分或者单独的数据库中的调试符号，然后解析这些调试符号，创建内部表现。为了避免在启动时消耗大量时间和空间，调试器通常不会一次性读取所有调试符号。例如，行号表和基准栈信息表会在需要时生成。调试器开始时只会扫描文件，快速定位基本信息，如源文件和当前作用域的符号。当用户命令需要某些详细调试符号时（例如，打印变量），调试器会从对应文件按需读取详细的调试符号。值得注意的是，GDB 的符号加载命令中的"-readnow"选项允许用户覆写这种分阶段的符号加载策略。

1.3.3　目标管理模块

目标管理模块在系统和硬件层面处理被调试的进程。例如，控制被调试进程的运行、读写其内存、检索线程调用栈等。因为这些底层操作依赖于特定平台，在 Linux 以及许多其他 UNIX 变种中，内核提供了一个系统调用 ptrace，允许一个进程（调试器或其他工具，如系统调用追踪器 strace）查询和控制另一个进程（被调试程序）的执行。Linux 内核使用信号来同步调试器和被调试进程。ptrace 提供了以下功能：

- 追踪进程或与其分离。被追踪的进程在被追踪时，会收到一个 SIGTRAP 或者 SIGSTOP 信号。
- 读写被调试进程内存地址空间中的内容，包括文本和数据段。
- 查询和修改被调试进程的用户区域信息，例如寄存器等。
- 查询和修改被调试进程的信号信息和设置。
- 设置事件触发器，例如在调用系统 API（如 fork、clone、exec 等）或被调试进程退出时停止被调试进程。
- 控制被调试进程的运行，例如使其从停止状态恢复运行，或者在下一个系统调用时停止，或者执行到下一条指令。
- 向被调试进程发送各种信号，例如发送 SIGKILL 信号结束进程。

这些内核服务为实现各种调试器特性提供了基础，稍后将以断点为例进行讲解。ptrace 的函数原型在头文件 sys/ptrace.h 中声明，其中包括 4 个参数：请求类型、被调试进程的 ID、被调试进程中将被读写的内存地址以及将被读写的内存字节缓冲区。

```
/* Type of the REQUEST argument to `ptrace.' */
enum __ptrace_request
{
  /* Indicate that the process making this request should be traced. */
  PTRACE_TRACEME = 0,

  /* Return the word in the process's text space at address addr. */
  PTRACE_PEEKTEXT = 1,

  /* Return the word in the process's data space at address addr. */
  PTRACE_PEEKDATA = 2,

  /* Return the word in the process's user area at offset addr. */
  PTRACE_PEEKUSER = 3,

  /* Write the word data into the process's text space at address addr. */
  PTRACE_POKETEXT = 4,

  /* Write the word data into the process's data space at address addr. */
  PTRACE_POKEDATA = 5,

  /* Write the word data into the process's user area at offset addr. */
  PTRACE_POKEUSER = 6,

  /* Continue the process. */
  PTRACE_CONT = 7,

  /* Kill the process. */
  PTRACE_KILL = 8,

  /* Single step the process. */
  PTRACE_SINGLESTEP = 9,

  /* Get all general purpose registers used by a processes. */
  PTRACE_GETREGS = 12,

  /* Set all general purpose registers used by a processes. */
  PTRACE_SETREGS = 13,

  ...

  /* Set ptrace filter options. */
  PTRACE_SETOPTIONS = 0x4200,

  /* Get last ptrace message. */
  PTRACE_GETEVENTMSG = 0x4201,
```

```
};

/* Perform process tracing functions.  REQUEST is one of the values
   above, and determines the action to be taken.  */
long ptrace (enum __ptrace_request request, pid_t pid, void *addr, void *data);
```

在下面的例子中我们用 strace 命令打印出调试器 GDB 引发的所有 ptrace 调用（更多关于 strace 的功能将在第 10 章详细讨论）。这里的调试器进程正在进行一个简单的调试会话，但我们并不关心程序 a.out 做了什么，只关注调试器的操作。在这个例子中，GDB 在测试程序的入口函数 main 处设置了一个断点，然后运行这个程序。当程序运行结束后，GDB 也结束这个调试会话。系统调用跟踪程序打印了许多 ptrace 调用，笔者在这里仅列出一部分内容，目的是突出展示 GDB 的底层实现方式。

```
$ strace -o/home/myan/ptrace.log -eptrace gdb a.out
(gdb) break main
Breakpoint 1 at 0x400590: file foo.cpp, line 12.
(gdb) run
Starting program: /home/myan/a.out

Breakpoint 1, main () at foo.cpp:12
12              int* ip = new int;
(gdb) cont
Continuing.

Program exited normally.
(gdb) quit

$ cat /home/myan/ptrace.log
ptrace(PTRACE_GETREGS, 28361, 0, 0x7fbfffe650) = 0
ptrace(PTRACE_PEEKUSER, 28361, offsetof(struct user, u_debugreg) + 48, [0]) = 0
ptrace(PTRACE_CONT, 28361, 0x1, SIG_0) = 0
--- SIGCHLD (Child exited) @ 0 (0) ---
ptrace(PTRACE_GETREGS, 28361, 0, 0x7fbfffe650) = 0
ptrace(PTRACE_PEEKUSER, 28361, offsetof(struct user, u_debugreg) + 48, [0]) = 0
ptrace(PTRACE_SETOPTIONS, 28361, 0, 0x2) = 0
ptrace(PTRACE_SETOPTIONS, 28366, 0, 0x2) = 0
ptrace(PTRACE_SETOPTIONS, 28366, 0, 0x22) = 0
ptrace(PTRACE_CONT, 28366, 0, SIG_0)   = 0
--- SIGCHLD (Child exited) @ 0 (0) ---
ptrace(PTRACE_GETEVENTMSG, 28366, 0, 0x7fbfffeb90) = 0
ptrace(PTRACE_SETOPTIONS, 28361, 0, 0x3e) = 0
ptrace(PTRACE_PEEKTEXT, 28361, 0x5007e0, [0x1]) = 0
ptrace(PTRACE_PEEKTEXT, 28361, 0x5007e8, [0x1]) = 0
...
ptrace(PTRACE_PEEKTEXT, 28361, 0x400590, [0xff06e800000004bf]) = 0
```

```
ptrace(PTRACE_POKEDATA, 28361, 0x400590, 0xff06e800000004cc) = 0
ptrace(PTRACE_PEEKTEXT, 28361, 0x36a550b830, [0x909090909090c3f3]) = 0
ptrace(PTRACE_PEEKTEXT, 28361, 0x36a550b830, [0x909090909090c3f3]) = 0
ptrace(PTRACE_POKEDATA, 28361, 0x36a550b830, 0x909090909090c3cc) = 0
ptrace(PTRACE_CONT, 28361, 0x1, SIG_0) = 0
--- SIGCHLD (Child exited) @ 0 (0) ---
ptrace(PTRACE_GETREGS, 28361, 0, 0x7fbfffe750) = 0
ptrace(PTRACE_GETREGS, 28361, 0, 0x7fbfffe790) = 0
ptrace(PTRACE_SETREGS, 28361, 0, 0x7fbfffe790) = 0
ptrace(PTRACE_PEEKUSER, 28361, offsetof(struct user, u_debugreg) + 48, [0]) = 0
ptrace(PTRACE_PEEKTEXT, 28361, 0x400590, [0xff06e800000004cc]) = 0
ptrace(PTRACE_POKEDATA, 28361, 0x400590, 0xff06e800000004bf) = 0
ptrace(PTRACE_PEEKTEXT, 28361, 0x36a550b830, [0x909090909090c3cc]) = 0
ptrace(PTRACE_POKEDATA, 28361, 0x36a550b830, 0x909090909090c3f3) = 0
ptrace(PTRACE_PEEKTEXT, 28361, 0x5007e0, [0x1]) = 0
...
ptrace(PTRACE_PEEKTEXT, 28361, 0x400588, [0x10ec8348e5894855]) = 0
ptrace(PTRACE_SINGLESTEP, 28361, 0x1, SIG_0) = 0
--- SIGCHLD (Child exited) @ 0 (0) ---
ptrace(PTRACE_GETREGS, 28361, 0, 0x7fbfffe750) = 0
ptrace(PTRACE_PEEKUSER, 28361, offsetof(struct user, u_debugreg) + 48, [0xffff4ff0])
= 0
ptrace(PTRACE_PEEKTEXT, 28361, 0x400590, [0xff06e800000004bf]) = 0
ptrace(PTRACE_POKEDATA, 28361, 0x400590, 0xff06e800000004cc) = 0
ptrace(PTRACE_PEEKTEXT, 28361, 0x36a550b830, [0x909090909090c3f3]) = 0
ptrace(PTRACE_PEEKTEXT, 28361, 0x36a550b830, [0x909090909090c3f3]) = 0
ptrace(PTRACE_POKEDATA, 28361, 0x36a550b830, 0x909090909090c3cc) = 0
ptrace(PTRACE_CONT, 28361, 0x1, SIG_0) = 0
...
```

如上所示，GDB 通过 PTRACE_GETREGS 和 PTRACE_SETREGS 请求获取和修改被调试进程的上下文，又通过 PTRACE_PEEKTEXT 和 PTRACE_POKETEXT 请求读取和写入被调试进程的内存，以及执行其他一系列操作。当有事件发生时，内核通过发送 SIGCHLD 信号来暂停调试器。

下面让我们通过上述例子深入了解断点是如何工作的。在 GDB 控制台中，我们能够看到一个断点被设置在了函数 main 的起始地址 0x400590 处，其执行过程如下：

（1）调试器读取地址 0x400590 处的代码，即 {0xbf 0x04 0x00 0x00 0x00 0xe8 0x06 0xff}。需要注意的是，x86_64 架构使用小端序（详情可参见 4.1.2 节）。

（2）GDB 使用 PTRACE_POKEDATA 请求替换该地址的代码。原始数据 0xff06e800000004bf 被更改为 0xff06e800000004cc，其中第 1 字节从 0xbf 更改为 0xcc。这里的 0xcc 是一种特殊的陷阱指令。

（3）通过此操作，调试器在被调试进程的代码段中设定了断点，并使用 PTRACE_CONT 命令继续执行该进程。

（4）当程序执行到陷阱指令 0xcc 时，会触发断点并被内核终止。内核检查后发现进程正在被调试，于是会向调试器发送一个信号。

（5）GDB 显示这一信息并等待用户输入。在本例中，我们选择继续执行程序。

（6）为确保程序的完整性，GDB 会替换回原始指令 0xbf，并使用 PTRACE_SINGLESTEP 请求执行单个指令。执行后，为使断点再次生效，调试器重新插入 0xcc。

（7）如果用户设置的是一次性断点，上述操作则不会进行。处理完断点后，调试器使用 PTRACE_CONT 让程序继续执行。

调试器在一个持续的循环中工作，时刻等待被调试进程产生的事件或用户的手动干预。当被调试进程出现事件并进入暂停状态时，内核会向调试器发出信号。此时，调试器会对该事件进行检查，并基于事件类型采取相应的行动。

1.4　技巧和注意事项

在大多数情况下，使用调试器是直观的，无须了解太多的细节。只要调试器所依赖的所有内容都处于正确和良好的状态，它就能完美地工作。然而，有时候小小的问题就能带来一整天的麻烦。当调试器在我们需要的时候不工作，那将会是极度令人沮丧的。更糟糕的是，它可能给出"错误"的信息，导致我们得出错误的结论。当我们花费大量时间去追究一个错误的根源，最终却发现最基本的假设是错误的，这将会很令人挫败。在很多情况下，我们不应该错怪调试器本身，因为通常是我们自己的误解导致了这些困扰。

调试器会抱怨任何它不喜欢的事情。例如，源代码文件的时间戳比二进制文件晚，这可能意味着源代码已经被修改了；或者库文件的校验和与核心转储文件中指示的库文件不一致。如果我们忽视这些抱怨，调试器就可能像出了问题一样，例如程序不会在设定的断点处停止、不能捕获变量被意外修改的时刻、调用栈是混乱的，等等。

另一方面，调试器具有许多工程师不了解的强大功能。在大多数情况下，我们只使用了所有功能中的一小部分，以处理常见的调试需求。但是，如果我们能花更多的时间去学习调试器的高级功能，就会得到相应的回报。这将帮助我们更有效地进行调试，并解决那些偶尔会遇到的复杂问题。

1.4.1　特殊的调试符号

在之前的章节中，我们探讨了调试符号以及如何在调试过程中使用这些信息。作为功能的扩展，我们可以在需要的时候向调试器添加更多的调试符号。这在已知某个变量的具体类型但却无法打印该变量的情况下非常有用。

调试器无法理解变量的原因，主要是缺乏对应变量的调试符号。这在系统库、第三方库或遗留的二进制文件中并不罕见，因为这些库的符号可能被部分或完全剥离，或者在某些情况下，它们在编译时就没有生成调试符号。

解决这种问题的方法有两种：一种是重新编译并生成包含我们所需的调试符号的新库文件；

另一种方法是使用 Python 扩展 CDB（将在第 9 章中介绍）。当调试器成功加载新库文件的符号后，我们就能更好地调试这些二进制文件。下面，让我们通过一个第三方库的数据结构例子来看看具体的操作过程。

考虑一种情况——想要打印第三方库管理的一系列自由的内存块。这需要使用在头文件 mm_type.h 中声明的以下数据结构：

```
typedef struct _FreeBlock
{
    PageSize sizeAndTags;
    struct _FreeBlock *next;
    struct _FreeBlock *prev;
} FreeBlock;
```

首先，编译上述文件，生成带有所有调试符号的目标文件：

```
gcc -g -c -fPIC -o mm_symbol.o mm_symbol.c
```

然后，把这个目标文件加入调试会话中，这样就可以得到数据结构 FreeBlock 的类型符号。GDB 命令 add-symbol-file 可以从下面显示的目标文件中读取额外的调试符号：

```
(gdb) add-symbol-file /home/myan/bin/sh_symbols.o 0x3f68700000
(gdb) print *(FreeBlock*)0x290c098
$1 = {
 sizeAndTags = 490,
 next = 0x290d560,
 prev = 0x290ffe8
}
```

在这里，地址参数 0x3f68700000 并不重要。输入的文件通常是共享库，但也可以是目标文件。我们可以通过这种方式加入更多需要的符号。

这种方法为用户在使用调试器解释数据时提供了更大的灵活性。但请注意，这只能提供额外的类型信息，无法替换在原始二进制文件生成过程中确定的其他调试符号，如行号或变量位置。

可能使用最频繁的调试器功能就是断点设置，比如函数断点或者源代码行断点。然而在许多情况下，一个简单的断点可能是不够的。例如，当怀疑变量可能被错误修改时，常见的做法是在相关的地方设置多个断点或者在频繁执行的代码处设置断点。这可能导致另外一个问题，那就是断点会多次触发，这可能非常烦琐甚至不切实际，我们甚至会因此错过期盼的关键时刻。这是因为我们需要在许多合法的状态中找到有错误的那一个，而人的注意力是有限的。

一种常见的解决方案是设置条件断点，即将特定的条件表达式与断点关联起来。当达到断点时，调试器计算这个表达式，如果计算结果为真，那么程序会停下来等待用户的操作；如果计算结果为假，那么程序会继续运行。

读者应该意识到条件断点的性能损耗。即使看起来程序在达到断点时（条件表达式为假）没有停下来，实际上程序还是每次都会在达到断点时停止，并在计算表达式后由调试器恢复运行。如果这种开销过大，例如在频繁调用的函数中设置断点，可能导致程序明显变慢，我们必须找到一种更快的方式来检查数据。例如，通过函数拦截可以避免调试器的介入（可参看第 6 章获取更多细节）。

实际上有许多新颖的断点条件表达式，这是反映开发者经验水平的很好例子。以下是一些条件断点的例子：

```
(gdb)ignore 1 100
(gdb)break foo if index==5
(gdb)break *0x12345678 if GetRefCount(this)==0
```

- 第一条命令告诉 GDB 在它停止程序之前忽略断点 100 次。
- 第二条命令在变量 index 为 5 的条件下在函数 foo 入口处停止。
- 最后一条命令在指令地址 0x12345678 处设置断点，并附加条件，即函数 GetRefCount 返回值为 0，这种情况需要调试器调用一个函数来计算表达式。

断点可以设置在代码中，也可以设置在数据对象上。后者被称为监测点，或者数据断点。程序 bug 通常与特定的数据对象相关，并通过对这个对象的访问表现出来。在代码中设置断点的目的是允许我们检查可能错误更改数据的指令的程序状态。这种方法的一个明显不足之处是，它侧重于代码而非数据。被监视的代码可能会处理很多数据对象，大部分时间这些处理都是合法且正确的，除了可能出错的那个。因此，当怀疑的是特定的数据对象时，这种方法的覆盖范围太广，以至于无法有效地进行调试。

如果能在正确的数据对象上设置监测点，那我们就有更大的机会找到问题所在。当有太多可能错误修改数据对象的地方时，监测点是适用的。在这些情况下，代码断点可能无法提供太多帮助，因为它会过于频繁地停止程序，而这些停止并没有提供太多有用的信息。每当被监控的数据对象被覆写或读取时，监测点会根据其模式来停止程序。因此，当我们知道某个数据对象是程序失败的关键，但不清楚它何时和如何被修改为无效状态时，这种方式是最有效的。监测点是一个强大的功能，它通过关注数据引用来定位程序失败。

在大多数情况下，设置断点和监测点都很直观。但是，如果调试器的介入对问题的复现产生了显著影响，那么就需要仔细考虑。

断点和监测点使用不同的机制实现。如前面所述，调试器是通过将指定位置的指令替换为短陷阱指令来设置断点，原来的指令代码被保存在缓冲区中。当程序执行到陷阱指令，也就是达到断点时，内核会停止程序运行并通知调试器，后者从等待中醒来，显示所跟踪程序的状态，然后等待用户的下一条命令。如果用户选择继续运行，调试器会使用原来的代码替换陷阱指令，恢复程序运行。

监测点不能用指令断点的方法实现，因为数据对象是不可执行的。所以它的实现是要么定期地（软件模式）查询数据的值，要么使用 CPU 支持的调试寄存器（硬件模式）。软件监测点是通过单步运行程序并在每一步检查被跟踪的变量来实现的，这种方式使程序比正常运行要慢数百倍。

由于单步运行不能保证在多线程环境下的结果一致性，因此在多线程和多处理器的环境下，这种方法可能无法捕获到数据被访问的瞬间。硬件监测点则没有这个问题，因为被跟踪的变量的计算是由硬件完成的，调试器不用介入，它根本不会减慢程序的执行速度。但是硬件监测点在数量上是非常有限的，大多数 CPU 只有少数几个可用的调试寄存器。如果监测点表达式很复杂或需要设置很多监测点，那么数据大小可能会超过硬件的总容量。在这种情况下，调试器会隐式地回归到软件监测点，这可能会导致程序运行变得极慢。因此，应该始终注意调试器是否在软件模式下设置了监测点。如果是这样，那么我们可能需要调整调试策略。例如，可以将复杂的数据结构分解为更小的部分，以便尽量使用硬件断点。

监测点可以设置与断点类似的条件。例如，以下的 GDB 命令在变量 sum 改变且变量 index 大于 100 时停止程序：

```
(gdb)watch sum if index > 100
```

这条命令可以解读为"监视变量 sum，如果 index 大于 100，则停止程序"。

虽然硬件断点对性能的影响较小，但计算条件表达式会带来与前文提到的同样的性能损耗。内核必须临时停止程序并与调试器通信，然后由调试器计算条件并确定下一步的操作。

1.4.2　改变执行及其副作用

调试器的主要用途之一是观察被追踪进程的状态。然而，它也能够更改被调试进程的状态，从而改变其本来预设的执行路径。这种能力为调试带来无限创新的可能性。例如，若要验证当内存耗尽时程序会发生什么错误，在调试器上可以简单地设置 malloc 函数的返回值为 NULL。这是一种有效且低成本的方式，用于测试一些难以模拟或模拟成本较高的极端情况。

调试器提供了多种方式来改变程序的执行路径，最直接的方式是设置变量为新的值。调试器首先利用调试符号确定变量的内存地址，然后通过如 ptrace 方法以及内核的帮助来覆写目标进程的内存。例如，下面的命令将变量 gFlags 的值设置为 5：

```
(gdb)set var gFlags=5
```

改变线程的上下文也会影响程序的执行。例如，程序计数器（下一条要执行的指令）可以设置为另一指令的地址。这个功能通常用于重新执行一段已经运行过的代码，以便更仔细地查看其运行过程。如果要重新执行的代码段中包含了断点，那么这个断点将再次被触发。例如，下面的命令将当前线程的执行点移动到 foo.c 文件的第 123 行：

```
(gdb)jump foo.c:123
```

上述命令仅更改线程的程序计数器，线程上下文的其他部分保持不变。当前函数的栈帧仍然位于线程栈的顶部。这意味着该功能有一个限制，即如果使用上述 jump 命令跳转到了另一个函数的地址，那么根据两个函数的参数和局部变量的布局，结果可能是不可预见的。除非我们对函数调用的所有细节都了如指掌，否则跳转到另一个函数通常是不明智的。

当被调试的进程已经暂停时，我们可以在调试器内调用任何函数。调试器会在当前线程最内层的帧上为被调用的函数创建一个新的栈帧。注意，调用 C++ 类方法有些特殊，因为它"隐秘地"将 this 指针视为被调用函数的第一个参数，而调用 C 函数就简单直观一些。在下面的例子中，调试器调用了函数 malloc 来分配一个 8 字节的内存块，并打印出返回的内存块地址：

```
(gdb) print /x malloc(8)
    $1 = 0x501010
```

如果被调用的函数有副作用，那么它可能在不易察觉的情况下改变程序的行为。例如，下面的条件断点将启用临时跟踪和日志记录，每次变量 sum 的值发生改变时，GDB 命令都会调用 Logme 函数：

```
(gdb)watch sum if Logme(sum) > 0
```

1.4.3　符号匹配的自动化

希望前面的讨论已经使读者相信调试符号需要准确匹配才能使调试器真正有效。缺少正确的符号，调试器要么拒绝执行用户的命令，要么更糟糕，它可能给出错误的数据从而误导我们走入歧途。从理论上讲，找到包含匹配符号的文件并不复杂，但如果一个产品包含许多模块，并且有许多要支持的版本、服务包、热修复和补丁，要手动找到正确的调试符号文件可能会变得烦琐且易于出错。在这种情况下，自动化查找正确的调试符号文件就显得更为必要。

Windows 符号服务器就是一个可以实现这种自动化功能的工具。这个工具的基本原理很简单。首先，将调试符号文件上传到名称为"符号存储"的服务器。这些文件会按照时间戳、校验和、文件大小等参数进行排序和索引。每个文件都有多个版本，并且有不同的索引，以便进行快速查找。创建符号存储后，用户可以设置调试器的符号搜索路径，使其包含符号存储服务器。调试器将会自动通过符号服务器获取正确版本的符号文件。符号存储可以通过公司内部的 LAN 或全球互联网进行访问。例如，下面的符号搜索路径指向 Windows 的所有系统 DLL 的在线符号服务器：

```
SRV*D:\Public\WinSymbol*http://msdl.microsoft.com/download/symbols
```

- 第一个星号后的路径指向一个已下载文件的本地缓存，这将加速已下载符号文件的搜索速度。
- 第二个星号之后的 URL 指向微软的公共下载网址。

有了符号服务器的帮助，开发人员就无须手动寻找正确的符号文件了。在 Linux 或 UNIX 上，长期以来都没有类似的统一工具，直到最近几年，出现了如 elfutils debuginfod 这样的工具，才实现了类似的功能。推荐读者阅读官方文档[1]来更好地设置它。

如果由于系统要求无法使用 debuginfod，可以利用其基本原理编写脚本来自动化此过程。例如，当各种版本的二进制文件安装在文件服务器的某个位置时，脚本可以创建一个临时文件夹，找到具有匹配调试符号的正确二进制文件，然后在这些临时文件夹中创建对应的软链接。调试器 GDB 可以设置将原始二进制文件的搜索路径映射到新的临时文件夹，从而获取匹配的符号。

---

[1] https://sourceware.org/elfutils/Debuginfod.html

1.4.4   后期分析

调试器可以跟踪正在运行的进程，也可以对由系统例程在进程崩溃时生成的核心转储文件（Core Dump）进行调试。系统还为应用程序或工具软件提供了 API，可以在不终止目标进程的情况下生成进程的核心转储文件。这对于调查不间断运行的服务器程序的性能，或者对难以访问的远程程序的线下分析非常有用。

核心转储文件基本上是进程内存映像在某一时刻的快照。调试器可以将它视为一个正在运行的进程，例如，我们可以检查内存内容、列出线程的调用栈、打印变量等。然而，需要明白的是，核心转储文件只是一个静态磁盘文件，它与活动进程有本质上的区别，因为在宿主机的内核中并没有相应的进程运行的上下文。

这样的进程不能被调度到任何 CPU 上运行，用户也无法在核心转储文件中执行任何代码。进程的状态只能被查看，无法被改变。这就意味着我们无法调用函数，也无法打印需要调用函数的表达式，例如类的运算符函数。一个常见的让人感到困惑的例子是，调试器拒绝打印像 vec[2]这样的简单表达式，其中 vec 是一个 STL 向量。这是因为调试器需要调用 std::vector 的 operator[]方法来计算表达式。出于同样的原因，我们也不能在后期分析中设置断点或单步执行代码。

核心转储文件有一个标志位表明它是为什么生成的，这也是我们最先想知道的事情（将在第 6 章讨论更多核心转储文件的结构体的细节）。一些常见的生成核心转储文件的原因如下：

（1）段错误。内存访问越界或者数据内存保护陷入。它表示程序正在试图访问未分配给进程的地址空间或者被保护免于特定的操作（读、写或者是运行）的内存。正在运行的指令试图从这个地址读取或者向这个地址写入，因而被硬件异常捕获。例如，悬空指针指向已经释放的内存块和野指针指向随机地址，使用其中任何一个访问内存都可能导致段错误。

（2）总线错误。这个错误通常由访问未对齐的数据导致。例如，从奇数地址的内存读取整数。一些体系结构允许这样的行为，但可能带来潜在的性能消耗（x86），而其他体系结构（SPARC）则会以总线错误异常让程序崩溃。

（3）非法地址。当程序下一个运行指令不属于 CPU 指令集时，会抛出此异常。例如，一个函数指针持有一个不正确的地址，该地址落入堆段而不是文本段。

（4）未处理的异常。当 C++程序抛出异常且没有代码来捕获它时，就会发生此错误。C++运行库有一个默认的处理函数来捕获异常，它的作用是生成一个核心转储文件然后终止程序。

（5）浮点数异常。除数为 0、太大或者太小的浮点数都可能会导致这个错误。

（6）栈溢出。当程序没有足够的栈空间来存储函数调用和本地变量时，就会发生栈溢出。这种情况通常发生在函数被递归调用次数过多，或者函数使用了过多的本地变量的情况下。

后期分析中的一种常见问题是核心转储文件不完整或被截断，这种情况下我们只能看到调试对象的部分内存图像。这通常会阻止我们得出崩溃原因的结论，因为一些重要的数据对象是不可访问的。例如，调试器可能无法显示堆上的相关数据对象或线程的调用栈，因为与它们相关的内存没有保存在核心转储文件中。

完整的核心转储文件的大小与运行的进程的内存大小大致相同，其中不包含本地磁盘备份的加载文件，比如可执行的二进制文件。核心转储文件被截断的原因有很多，例如，系统默认设置为仅允许部分核心转储；系统管理员可能将最大核心转储文件大小设置为较低的值，以避免磁盘使用过度；核心转储设备上剩下的磁盘空间不足，或用户的磁盘配额超过了限制。如果上面的任何一个条件没有被满足，系统就会选择将一部分内存镜像保存起来而丢弃剩下的部分。

由于核心转储文件不包含任何二进制代码，而只记录每个可执行文件或库的名称、大小、路径、加载地址和其他信息，因此当我们在另外一台机器上用调试器加载和分析核心转储文件时，这些二进制文件可能缺失或者安装在不同的路径。用户需要设置正确的二进制文件路径并告知调试器。如果根据用户提供的搜索路径找到了不匹配的二进制文件，则调试器往往会打印出警告信息但是不会停止，结果可能导致错误。这跟前面讨论的符号匹配是一样的。

1.4.5　内存保护

在一些平台上，如 HP-UX，用户可能无法在已加载的共享库中设置断点。这是因为共享库默认被加载在仅可读的公共内存段中，如果它允许被某个进程覆写，必然会影响到与之共享的别的进程。因此调试器无法在代码段插入断点的陷入指令。有多种方法可以改变这个默认行为，使用户可以修改共享库加载的模式。

下面的 HP-UX 命令在输入的模块中设置标志，让系统运行时将模块加载到私有的可写段中：

```
chatr +dbg enable <modules>
```

系统加载器还会读取以下环境变量，并将所有模块加载到私有的可写段中：

```
setenv _HP_DLDOPTS -text_private
```

也可以将特定模块加载到私有的可写段中：

```
setenv _HP_DLDOPTS -text_private=libfoo.sl;libbar.sl
```

1.4.6　断点不工作

如果程序没有在预设的断点处停下，那么可以根据以下内容逐一排查，确保断点被正确设置。

（1）调试器读到的源代码与调试符号不匹配。常见原因是源代码文件在编译生成二进制以后又有新的修改。调试符号包含的源代码文件路径是在二进制构建时的，它并不包含源代码的实际内容。除非用户指定另外的源代码搜索路径，调试器会从调试符号里面的路径来加载源代码文件。如果源码文件的时间戳比二进制创建时间戳更新，调试器会发出一个警告信息。如果忽略这个警告，那么调试器看到的源代码行将不会与调试符号中的源代码行匹配，这并不罕见，因为警告消息可能被淹没在大量的其他信息中。当调试器被要求在某个特定行设置断点时，它实际上可能会把陷入指令插入别的行。

（2）如果断点要设置在一个共享库中，则在库被映射到目标进程的地址空间之前，调试器不能够插入陷入指令。如果希望调试库的初始化代码，这是很困难的，因为当我们有机会设置断点的时候，通常有点晚了。例如，调用函数 dlopen 或者 LoadLibrary 可以动态加载库，但是当函数返回时，库的初始代码已经执行完成了。幸运的是，像 GDB 这样的调试器可以将断点设置推迟到库加载到进程中时。当库文件被加载到目标进程里但是在执行任何代码之前，内核将向调试器发送一个事件。这使调试器有机会检查其延迟断点并正确设置它们。Windows Visual Studio 支持在"项目设置"对话框的"调试"选项卡上添加其他 DLL，允许用户在要加载的 DLL 中设置断点。

（3）如果启用了优化，编译器可能会打乱源代码的执行顺序。因此，调试器可能无法完全按照用户的意愿在源代码的某行设置断点。这种情况下，最好在函数入口或指令级别处设置断点，以便可靠地触发断点（有关更多详细信息，可参见第 5 章）。

1.5 本章小结

使用调试器是程序开发人员和某些工程师必备的基本技能之一。调试器通常具有大量命令，而这些命令的执行情况取决于调试器的实现和宿主系统的能力。调试器的许多功能都可能显著影响被调试的进程，有些非常有用，而有些会改变程序的行为进而干扰调试的预期，这就要求使用者对这些功能有较深入的理解。除了常用的命令外，为了更有效率地使用调试器，我们需要学习更多调试器的高级功能。当问题变得更复杂和影响范围更大时，希望调试器具有更多能力的需求也越来越多。自定义调试器命令和插件是解决这个需求的好办法。在接下来的章节，我们将看到更多关于调试器插件的示例。

第 2 章

堆数据结构

数据结构毫无疑问是任何程序的核心部分。内存分配和释放以及数据对象的构建、析构、引用和访问是一个程序最普遍的操作。因为 C/C++语言赋予程序员通过引用和指针来操纵内存对象的最大自由，所以毫不奇怪的是这些程序中的大多数 bug 都与错误的内存访问有关。笔者每天都在调试程序故障，例如段错误引发的程序崩溃，包括内部测试和客户生产环境，因此在这方面有很多的实际经验。大多数问题都可以归结为对分配的内存块的错误使用。

根据错误发生的位置是栈还是堆，内存错误可分为两种：栈错误和堆错误。

栈是分配给每一个独立的控制流（线程）的连续内存区域，用于追踪线程的动态函数调用链。每个函数在进入时会分配一个栈帧，即一个内存块，其大小取决于架构的应用程序二进制接口的规定 ABI（Application Binary Interface）和函数的传入参数、局部变量、上下文（ABI 要求保存的寄存器）、编译器临时操作区域等。任何时刻，一个线程都有一组嵌套函数，也就是调用栈，其中两个相邻的函数是调用方-被调用方（caller-callee）的关系。这些函数的栈帧像煎饼一样叠在一起，被调用函数的帧紧随其调用者栈帧之后。

随着线程运行，函数可能调用另外一个函数，另外一个函数可能再调用另外一个函数，或者函数可能返回到它的调用者。因此，线程栈会随着调用栈不断地拓展或缩小。但是栈的大小是有限制的。比如，主线程（也就是进程创建时的第一个线程）的大小是由生成这个进程的 shell 的栈大小 ulimit 设置决定的；对于 Windows，它的值被链接器存储在二进制文件中。对于动态创建的线程，传递给 API 以创建线程的参数之一是新线程的栈大小。线程一旦创建，它的栈大小上限就被固定且不能溢出。如果嵌套函数调用深度太深或者栈上有很多局部变量，栈可能被溢出。在这样的情形下，程序很大概率会崩溃，这是因为许多系统在线程的栈末尾放置了保护页以捕获栈溢出；如果没有保护页或者保护页没有足够大来抓住溢出，也可能随机损坏其他内存区域。

另一个常见的栈 bug 是局部变量覆盖栈上的其他数据对象。编译器在栈上存放了许多重要的信息，比如函数的返回地址和指向前一个栈帧的指针等，这些是函数调用和返回的必要信息，并且必须符合 ABI 的调用规则。对这些数据的损坏可以轻易搞垮程序，甚至有可能造成程序安全漏洞。

堆是程序代码显式创建和释放动态数据对象的内存区域。堆服务于同一进程下的所有线程，它的地址通常紧接在可执行文件的全局数据段之后。堆是由被称为内存管理器（或简称为分配器）的组件管理。它的工作很像一个批发商，从内核中大块获取内存，然后将它们分割成小块以满足应用程序的单独内存请求，这显然是为了减少调用内核接口的缓存方案。

除了栈和堆内存之外，全局数据也是应用程序访问的一种存储类型。它们被放置在.data节（初始化的数据）或者.bss节（未初始化的数据）。一旦模块被加载到进程中，它的全局数据位置就被分配并不再改变。全局数据的生命周期跟包含它的模块相同。只要程序在编译时生成了全局数据的调试符号，调试器就可以在任何时候任何上下文观察到程序的全局对象。用户可以随时随地查看它们的值或者设置相应的监测点。从这个意义上说，调试全局数据对象相关的内存错误相对容易。

在调试内存问题的时候，有必要了解内存的组织方式。对于栈来说，关键是栈的内存布局，我们将会在讲解架构特定 ABI 时详细讨论这一点。而对于堆来说，内存管理器使用的数据结构和底层内存分配算法无疑是最重要的。

内存管理器记录着每个堆内存块的大小和状态，即内存块是空闲的还是在使用中。这个简要信息常常可以帮助我们缩小一个棘手问题的范围，并提供强有力的证据来证明或者证伪一个理论。比如当程序因为访问一个堆对象而出错时，搞清楚这个对象是活跃的还是已经被释放了非常重要，它将引导我们在随后的调查中使用不同的调查策略，而这个状态信息可以通过底层内存块的实现来获得。

了解内存分配算法的一个例子是分析数据对象的引用关系。当发现一个结构损坏时，可以搜索进程的整个内存来寻找指向可疑结构体的所有指针。如果这样的指针存在，下一步就是确定这个引用是有效的以及持有该引用的数据对象的类型。内存管理告诉我们包含该引用底层内存块的状态。空闲内存块的引用显然是无关的；对于正在使用的内存块，我们可以根据大小将其对象的类型限制到几个有限的选项中。尽管我们不知道对象可能具有的数据成员，但通过分析内存块范围内的数据内容，也许可以找到对象类型的线索，例如通过指向对象虚函数表的指针。

内存分配和释放是大部分应用调用最频繁的函数之一。毫无疑问，性能对于内存管理器的任何实现都至关重要。同时，将进程的内存占用最小化也是必要的。虽然内存芯片的价格一年比一年低，但应用规模也在稳步增长，对内存的需求也越来越大。臃肿的进程具有糟糕的内存局部性，这反过来会影响程序的性能。因此，内存管理器需要节俭并控制内存使用，同时快速满足应用程序的内存请求。这些对性能和资源节约的竞争需求常常使内存管理器陷入两难境地，结果使内存管理器的堆数据结构和算法也变得很复杂。内存管理器是系统运行的一个重要模块，实际应用中用户也常常使用自己的实现来满足程序的特殊需求。虽然破译堆数据结构具有挑战性，但它对调试内存问题确实非常有帮助。

2.1 理解内存管理器

市场上有许多商用的内存管理器，实践中也有很多广泛应用的自定义设计和实现的内存管理器。由于我们的目标不是编写一个新的内存管理器，因此读者无须理解内存管理器设计和实现的每一个细节，研究掌握每个内存管理器也没有必要且不切实际。但是，如果需要调试涉及堆内存的问题，那么了解程序中所使用的内存管理器是绝对重要且有帮助的。

为了调试的目的，我们第一个感兴趣的是任何一个被管理的内存块的状态。换句话说，我们应该了解足够多的堆数据结构来搞明白一个内存块。虽然内存管理器可能使用不同的数据结构，但它们仍然具有很多相似之处。如果我们熟悉一种或几种典型的实现，你会更快理解其他任何一种内存管理器。

下面，笔者将介绍两种受欢迎的内存管理器——ptmalloc 和 TCmalloc。ptmalloc 是一个开源的项目，被 Linux 多个发行版和其他使用 C 运行库的应用程序使用；TCmalloc 也是一个开源项目，由 Google 团队出品。这两种实现都支持各种平台，如 Windows/Intel、Linux/Intel、AIX/PowerPC、Solaris/SPARC、HP-UX/IA 等，包括 32 位和 64 位。为了专注于调试主题，笔者将跳过一些设计和实现细节的一般性讨论，而更多关注于数据结构部分。

2.1.1 ptmalloc

ptmalloc 在 Doug Lee 开发的内存分配器的基础上增加了一层并发分配的增强功能。它是 Linux Red Hat 发行版和许多其他发行版的系统默认内存管理器。在性能和空间节省的平衡方面，它被广泛认为是最好的内存管理器之一。下面的讨论适用于 ptmalloc 2.7.0。

ptmalloc 通过两个关键的数据结构来管理堆内存块：边界标签和盒子。它们被声明在文件 malloc/malloc.c 中，源代码可以在 GNU C 运行库 glibc 里面找到。

边界标签也称为块标签，是一个小巧的数据结构，在 ptmalloc 里叫作 malloc_chunk，每个内存块里都有，用来记录当前内存块的大小和状态。因此，在 ptmalloc 术语里面，chunk 是一个内存块的别名。

```
struct malloc_chunk {

  INTERNAL_SIZE_T prev_size;  /* Size of previous chunk (if free) */
  INTERNAL_SIZE_T size;       /* Size in bytes, including overhead */

  struct malloc_chunk* fd;  /* double links -- used only if free */
  struct malloc_chunk* bk;
};
```

图 2-1 显示的是 ptmalloc 边界标签，灰色框的是边界标签。大小字段放在内存块的开始位置，它最低的两个比特分别表示当前块和前一个内存块是空闲的还是在使用中。需要注意的是，使用中的块和空闲块的边界标签的内容和大小是不一样的。正在使用中的块标签只使用了大小字段，但是空闲的内存块的标签使用了结构体 malloc_chunk 所有的 4 个字段。prev-size 是放置在空闲内存块末尾的另一个大小字段，目的是让内存管理器可以由地址低端向上合并地址高端的空闲块。

当一个内存块被释放时，ptmalloc 检查编码在大小字段的状态比特。如果前一个内存块是空闲的，那么它的开始地址会通过 prev_size 字段来计算，因此这两个内存块可以合并成一个空闲块。在 size 字段之后，是两个指向其他空闲块的指针 fd 和 bk。ptmalloc 会使用它们来构建空闲块的双链表。当应用程序请求一个新的内存块时，ptmalloc 会搜索这个链表来寻找最合适的空闲块。因为标签数据结构的存在，一个 ptmalloc 管理的最小内存块不会小于结构体 malloc_chunk 的大小，对于 64 位应用程序来说，是 32 字节。

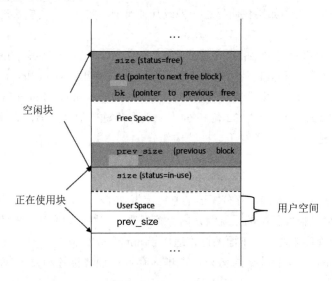

图 2-1   ptmalloc 边界标签

被分配出去的内存块的实际空间消耗仅仅只有 8 字节，也就是 size 字段使用的空间。不同于空闲块，使用中的内存块不需要双链表的下一个和前一个指针，同时它把末尾的紧邻块的 prev-size 字段给占用了，因为当它在使用的时候，我们不需要合并这个块。

所有的空闲块被收集到盒子 bins 里，这些盒子被实现为双向链表数组，并按块大小进行索引。这个数组被声明为 ptmalloc 管理堆的顶层元数据结构体 malloc_state 的数据成员：

```
typedef struct malloc_chunk* mchunkptr;
#define NBINS          96

struct malloc_state {
  ...
  mchunkptr     bins[NBINS * 2];
  ...
};
```

盒子中空闲块的大小随着数组索引的增大而增大。盒子之间的间距是仔细选择过的。因为大部分用户请求都是小块的内存，从 24 字节到 512 字节的盒子都是精确的大小，以 8 字节隔开。这些盒子被叫作小盒子（Small Bin）。

剩下的盒子以大小的对数间隔。如果找不到确切的匹配，那么分配器可以提取大一点的盒子里的内存块。如图 2-2 所示的 ptmalloc 空闲块的盒子们，显示 24 字节大小的盒子有 3 个空闲块，40 字节大小的盒子有 1 个空闲块，576 字节大小的盒子有两个空闲块，大小在 512 字节和 576 字节之间。盒子的空闲块大小大于 512 字节的，按大小排好序并用最好匹配方法分配。

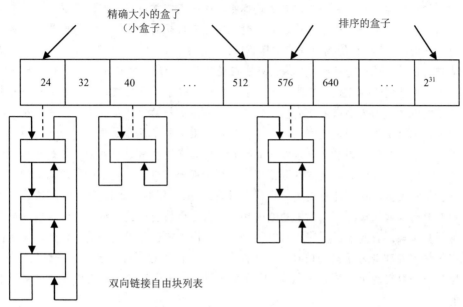

图 2-2 ptmalloc 空闲块的盒子

当接收到用户请求时，分配器首先检查并调整请求块的大小。如果有必要，取整到不小于最小块的大小（64 位程序是 32 字节），另外为了满足对齐要求可能会增加一些填充。如果调整过的请求块大小落在精确大小的小盒子（24～512 字节）上，那么计算得到对应的数组索引并检查其中的空闲链表。

如果链表具有空闲块，那么会移除链表头部空闲块并返回给用户。因为链表所有的空闲块都是同样大小，所以没有必要遍历链表。如果链表是空的，那么下一个比较大的缓存着的盒子就会被检查。如果有一个空闲块大于请求的大小，那么它会被分割成两部分：一部分满足请求并返回给用户；另外一部分叫作剩余块，会放到相应盒子中以备将来使用。

如果下一个盒子没有空闲块，分配器会继续搜索更大的盒子，直到合适的空闲块被找到。如果所有的盒子都被用光并且没有可以满足申请大小的候选内存块，ptmalloc 会转向系统的 VMM（虚拟机管理器）来获取一大块内存，并分割成两个内存块：一个返回给用户，一个被存入相应的盒子里。

当内存块被用户释放时，分配器从镶嵌的块标签中获取它的大小。如果当前内存块的前面和后面也是空闲的，ptmalloc 会试图合并它们，此时前一个和后一个空闲块会从它们相应的双链表中移除。合并后的空闲块被放到以下描述的未排序的链表列表中。除了上面描述的算法，ptmalloc 还采用了其他一些有趣的技术来提高性能和减少内存消耗。如果感兴趣，读者可通过阅读源代码来获得更多的细节。下面简要介绍一下。

● 快速盒子（Fast Bin）与小盒子相似；保存在快速盒子中的最大空闲块更小，默认值是 80

字节。如果用户释放的内存块的大小小于快速盒子的最大内存块的大小，它会被直接放入对应的快速盒子里，且不更改它的块标签，这一点非常重要。即使可以合并，它也不会跟周围的空闲块合并。当新的请求到来时，在检查常规的盒子前，会先检查快速盒子。如果有合适的，这个缓存的内存块会立即返回。同样的它的标签不需要被调整。在这种情况下，请求可以尽可能快地被满足。这个算法在经常需要构建和析构小对象的 C++ 程序中工作得很好。为了避免碎片化，快速盒子的空闲块在一些条件下会被合并。如果一个请求大于小盒子的最大块的大小或者没有空闲的块可以满足小的请求，在快速盒子中的内存块就会被处理，也就是先与邻近的空闲块合并然后放到对应的常规盒子里。

- 另外还有一种特殊的盒子叫未排序 chunks，因为在这种盒子里的内存块是未排序的。这个盒子里包含了暂时的最近内存分割带来的剩余部分或者是用户刚刚释放的空闲块。如果快速盒子和小盒子都不能够满足一个请求，那么在未排序的 chunks 里的空闲块会一个接一个地被考虑。如果找到一个匹配的空闲块，那么这个块会被返回给用户；否则，它会被放入常规盒子里。当搜索遍历完所有空闲块后，它们会重新分配到合适的盒子里。这种对最近空闲块的处理是为了提高内存的局部性和性能，因为程序往往会申请一组相关的内存块，比如一个数组的所有单元结构体，分配器采用上述考虑提高了数组内存地址顺序排列的可能性。

- 如果用户请求的大小超出了一个可调整的阈值（默认是 128KB），并且 ptmalloc 无法找到一个足够大的缓存内存块来满足该请求，那么它会从 VMM 分配一块匿名的 mmaped 内存并直接返回给用户。为了减少内存碎片和程序占用的系统内存，当这样的内存块被用户释放时，ptmalloc 不会缓存它，而是直接返回给 VMM。这在很大程度上保证了进程在运行了很长时间后，还可以保持低内存占用。

2.1.2　TCMalloc

TCMalloc（Thread-Caching Malloc）是一种高性能的内存管理器，由 Google 开发。它是一个优化过的内存分配器，旨在为 C 和 C++ 应用程序提供更快、更高效的内存分配和释放。TCMalloc 具有以下特性：

- 高性能：TCMalloc 在多线程环境中具有出色的性能，因为它为每个线程提供了本地缓存，从而减少了锁争用和全局内存管理器的争用。

- 高效的内存使用：TCMalloc 通过细粒度的内存块划分和缓存策略来减少内存碎片，从而提高内存使用率。

- 快速的内存分配与释放：相较于其他内存分配器，TCMalloc 在分配和释放内存时能达到更快的速度。

- 可扩展性：TCMalloc 的设计使其能够在多处理器、多核心系统上提供良好的性能，从而支持大型、高负载应用程序。

- 跟踪与分析工具：TCMalloc 提供了用于内存使用情况跟踪和分析的工具，有助于发现内存泄漏、内存碎片等问题。

- 易于集成：TCMalloc 可以很容易地集成到现有的 C 或 C++应用程序中，通常只需要链接到相应的库即可。

TCMalloc 的以上特性特别适用于在多线程环境中运行的 C 和 C++应用程序。它可以提高程序的性能，减少内存碎片，并帮助开发人员更好地诊断和解决内存问题。在实现方面，TCMalloc 采用了以下策略：

- 线程缓存：为了减少线程之间的锁争用，TCMalloc 为每个线程维护了一个本地缓存。这样，当一个线程请求内存分配时，它可以从自己的缓存中快速分配内存，而不需要与其他线程争用全局内存管理器。同样，当线程释放内存时，它会将内存归还给本地缓存，而不是全局内存管理器。这大大降低了锁的争用和全局内存管理器的压力。
- 大小类划分：TCMalloc 将内存分成多个大小类，每个大小类分别管理一定范围的内存块大小。这样可以使内存分配更加精确，减少内存碎片的产生。
- 页面堆：TCMalloc 使用了一种被称为页面堆（Page Heap）的结构来管理大块内存。页面堆负责分配和回收大于一定阈值（例如 32KB）的内存。通过将大块内存的管理从线程缓存和大小类管理器中分离出来，TCMalloc 可以更高效地管理大块内存，同时减少内存碎片的产生。
- 内存释放：为了进一步减少内存碎片，TCMalloc 会定期地将线程本地缓存中的空闲内存归还给全局内存管理器。这使得全局内存管理器可以更好地合并相邻的空闲内存块，从而减少内存碎片。
- 跟踪和监控（Monitoring）：TCMalloc 提供了一系列用于跟踪和监控内存使用情况的工具。这些工具可以帮助开发人员发现内存泄漏、内存碎片等问题，从而优化内存使用。

TCMalloc 包括几个主要部分：

- 页面堆（Page Heap）负责与系统接口，管理大块的以系统页为单位的内存，它支持上游的内存块缓存器，同时也直接分配系统页给大内存申请。
- 中央自由链缓存（Central Freelist Cache）是一个全局的缓存管理器，负责批量提供内存块给所有线程。
- 线程缓存（Thread Cache）负责局部的自己线程私有的小内存块缓存，来自应用的最频繁的内存申请大都由它分配。这几个部件的关系如图 2-3 所示，从图中可以看出，TCMalloc 采用了常见的由大到小、由底层向上的多梯次的结构。

1. 页面堆

下面我们再看看各个部件的主要数据结构。

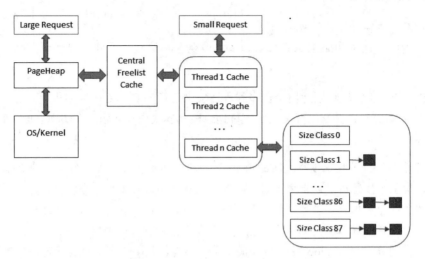

图 2-3   TCMalloc 请求分配简图

TCMalloc 的页面堆是一个用于管理大块内存的数据结构。页面堆负责分配和回收大于一定阈值（例如 32KB）的内存申请。页面堆的设计旨在高效地管理这些大块内存，同时降低内存碎片的产生。页面堆的数据结构设计如下：

- 页面（Page）：页面堆将内存划分为固定大小（例如 8KB）的页面。页面是页面堆中的基本单位。页面堆使用一个数组来存储所有页面的元数据信息，例如空闲状态、大小等。
- 跨度（Span）：跨度是一个或多个连续的页面。跨度是页面堆分配和管理内存的实际单位。每个跨度都有一个跨度描述符（Span Descriptor），其中包含有关该跨度的信息，例如起始地址、页面数、空闲状态等。
- 自由跨度列表（Free Span List）：页面堆维护了一个自由跨度列表，用于存储空闲跨度。自由跨度列表按照跨度大小进行组织，以便快速查找大小合适的空闲跨度。页面堆还可以合并相邻的空闲跨度，以减少内存碎片。
- 非空闲跨度列表（Non-idle Span List）：页面堆还维护了一个非空闲跨度列表，用于存储已分配的跨度。这可以帮助页面堆在释放内存时快速定位相关跨度。

页面堆使用一组简单的链表来管理可用的系统页，这些页可能是刚从内核分配出来或者由应用层释放返回给堆分配器的，每个链表上的节点指向地址连续且页数固定的 1～255 个系统页，最后的一个链表包含地址连续的 256 页以上的超大内存。这种结构便于迅速找到满足要求的连续地址页，如图 2-4 所示。

跨度是堆管理的主要数据结构，如图 2-5 所示。TCMalloc 需要在很多上下文里找到它以便查询或更新堆数据，由此诞生了页表（Page Map），其目的是快速地从内存地址中找到对应的跨度。在图 2-5 中，整个页表由一个全局变量记录，并由三级阵列组成（早期版本中曾为二级），它们是由 64 位内存地址的一部分（36 位至 47 位，24 位至 35 位，13 位至 23 位）组成的整数索引，最终指向地址对应的跨度结构体。当一个跨度管理多个页面时，最后一级阵列会有多个元素指向同一个跨度。页表是一个高效的插入和读取结构，其设计与内核的页表设计非常相似。

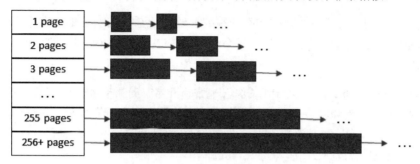

图 2-4 页面堆

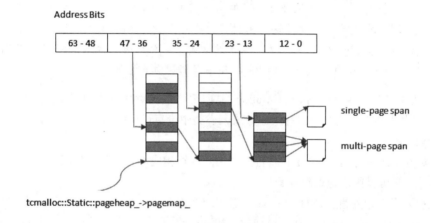

图 2-5 页表与跨度关系

页面堆的主要操作包括：

- 分配内存：当请求大块内存时，页面堆会在自由跨度列表中查找大小合适的空闲跨度。如果找到合适的跨度，页面堆会将其从自由跨度列表中移除，并添加到非空闲跨度列表中。如果没有合适的空闲跨度，页面堆会从操作系统中分配新的内存。
- 释放内存：当释放大块内存时，页面堆会根据内存地址在非空闲跨度列表中查找相应的跨度。然后将其从非空闲跨度列表中移除，并添加到自由跨度列表中。页面堆还会尝试合并相邻的空闲跨度，以减少内存碎片。

总之，页面堆的数据结构设计旨在高效地管理大块内存。通过将内存划分为页面和跨度，以及维护自由跨度列表和非空闲跨度列表，页面堆可以实现快速的内存分配和释放，同时降低内存碎片的产生。

2. 大小类划分

TCMalloc 通过大小类划分来实现对内存的精细管理，以提高内存分配的效率并减少内存碎片。大小类划分的原理是将内存块按大小分组，每个组管理一定范围内的内存块。TCMalloc 进行大小类划分的方法如下：

- 小对象（Small Object）：对于小对象（通常为几字节到几千字节），TCMalloc 使用固定间隔的大小类。例如，第一个大小类管理 8 字节的内存块，第二个大小类管理 16 字节的内存块，以此类推。这些固定大小的内存块可以减少内存碎片，因为它们在分配和回收时不会产生不匹配的空间。

- 中等对象（Medium Object）：对于中等大小的对象，TCMalloc 使用稍大的间隔进行大小类划分。例如，大小类可以按 8 字节的倍数增加（如 64 字节、72 字节、80 字节等）。这允许 TCMalloc 更高效地管理这些相对较大的内存块，同时仍然保持较低的内存碎片。

- 大对象（Large Object）：对于大对象（通常大于一个页面，例如 32KB），TCMalloc 不再使用大小类进行管理。大对象由 Page Heap 管理，如前面所述。

当应用程序请求内存分配时，TCMalloc 根据请求的内存大小查找合适的大小类。然后，TCMalloc 从该大小类中分配一个内存块。如果大小类中没有可用的内存块，TCMalloc 会从更大的大小类或 Page Heap 中获取内存并将其划分。

当应用程序释放内存时，TCMalloc 将内存块归还给相应的大小类。这样，当相同大小的内存再次被请求时，它可以快速地重新分配。

通过这种大小类划分策略，TCMalloc 能够实现对内存的精细管理，并降低内存碎片。这也使得 TCMalloc 在分配和释放内存时具有更高的性能和效率。

相对于 ptmalloc 的边界标签的位置，TCMalloc 的跨度与应用内存块在地址上并不毗邻，所以应用程序的越界读写不会直接造成跨度结构的毁坏。这就导致两种内存分配器在由非法读写造成崩溃的时候会呈现完全不同的现象：ptmalloc 常常在 malloc 与 free 函数中崩溃，这是因为程序的越界读写常常会在无意中改写边界标签，比如所属内存块的大小或者下一个自由内存块的地址，改写的过程并不会导致立即崩溃，只有当 ptmalloc 的 malloc 与 free 函数读取被篡改的边界标签，然后由此计算出别的内存地址并试图读写这个地址时，程序才会因为错误地址而崩溃；TCMalloc 的跨度结构在同样情况下不会损坏，因而 TCMalloc 的 malloc 与 free 函数不受影响，但是问题依然存在，因为毗邻的内存物体会被意外改动，其后果取决于该物体的使用环境，有可能没有任何影响，有可能改变程序的某个功能，也有可能导致程序崩溃，结果更具随机性。

2.1.3　多个堆

现代内存管理器（如 ptmalloc 和 TCMalloc 等）能够创建和管理多个堆。一个堆可以包含一个或多个段。这些段在地址上不一定是连续的。它们在逻辑上组织在一起以服务一组线程、特定的功能或者程序特定的模块。多个堆显著地提高了在多处理器上运行的多线程程序的性能，这也是当今应用程序的标准。使用多个堆还有如下优点：

- 将拥有特定堆的特定模块的内存问题隔离起来。
- 可以通过将函数的多个内存请求放到同一个堆来提高性能。同个堆的内存块倾向于具有更好的缓存局部性。
- 由于同一个堆的内存块大概率是为同一个任务创建的，因此它们倾向于有相同的生命周期，从而减少了内存的碎片。

例如，Windows 上的 C 运行时自己的 DLL 单独使用一个堆。这就是为什么即使对于像下面这样简单的程序，我们也会看到好几个堆。在程序退出之前，使用 Windbg 的拓展命令 "!heap" 来列出所有的堆。这个例子有 3 个堆，变量 p 指向一个从开始地址为 0x00330000 的默认堆里分配的内存块。

```
int main(int argc, char*argv[])
{
    void* p = malloc(8);
    return 0;
}


0:000> !heap 0
Index   Address  Name        Debugging options enabled
  1:   00150000 Segment at 00150000 to 00250000 (00007000 bytes committed)
  2:   00250000 Segment at 00250000 to 00260000 (00004000 bytes committed)
  3:   00330000 Segment at 00330000 to 00340000 (0000a000 bytes committed)

0:000> ?? p
void * 0x00000000`00333d50
```

在 ptmalloc 中，我们称堆为 "arena"，所有的 arena 都位于一个循环链表之中。为了确保堆的元数据不受损害，当线程执行操作（如内存分配或释放）时，会对 arena 进行独占锁定。如果此时有其他线程请求内存，其请求可能被拒绝。不过，ptmalloc 不会简单地等待当前线程解锁 arena，它会尝试寻找链表中的下一个可用 arena。如果找到了，该请求就由此 arena 来处理。如果连续的 arena 都被其他线程占用，ptmalloc 会继续在链表中搜索，直至找到可用的 arena。如果整个链表都被搜索完毕而没有找到空闲的 arena，系统会新建一个 arena 并与已存在的 arenas 连接起来。新建的 arena 用于处理所请求的内存分配。

为了优化性能，每个线程都有一个线程本地变量，用于记忆最后一次成功分配内存的 arena。在新的请求中，线程会优先考虑使用这个 arena，因为这样做更容易获得锁定，并且能提高内存的缓存效率。

2.2　利用堆元数据

在前面的章节中，我们看到了两种流行的内存管理器实现。正如本章开头所说的，理解堆的元数据结构对调试内存问题有很大帮助。因为堆元数据告诉我们应用程序数据对象的基本状态,它可以为查找内存损坏的原因提供重要线索。

尽管许多内存管理器看起来很相似,但它们或多或少地使用了不同的数据结构记录正在使用和已经释放的内存块。不管程序中使用何种内存管理器,我们都应该尽量去学一学它的堆数据结构,从而尽可能地发挥我们的知识优势。通过解密内存块的比特和字节,可以揭露底层数据对象的信息并以多种方式帮助调试,笔者将在本章后面的示例中详细展示。

调试器通常不知道如何去解释堆元数据,然而我们可以通过检查内存内容来获取有用信息。因为手动调查巨大的内存区域的效率是很低的,所以这是我们使用调试器插件自动化工作的好时机。笔者在每天的工作中经常使用一些这样的调试器插件,并把它们集成到了 Core Analyzer[1] 里面。关于带有 Core Analyzer 功能的 GDB 的安装和入门,将在第 10 章讲解,本章直接使用其中一些通俗易懂的命令。

这些拓展功能的命令用于显示 ptmalloc 管理的内存块或者 arena 的信息。这些命令的实现利用了内存管理器的内部数据结构体,从而查询和检验堆地址,或者遍历整个堆来寻找潜在的内存损坏;或者打印出堆的统计情况。下面是这些命令用法的一些例子。

示例 1:使用命令"heap /block"。该命令接收一个地址,然后输出这个地址所属内存块的状态。

```
(gdb) heap /block parray[12]
[Block] In-use
        (chunk=0x503430, size=64)
        [Start Addr] 0x503440
        [Block Size] 56
```

在示例中,数据组的第 12 个元素存储一个指向大小为 56 字节的内存块,并且该内存块正在使用中。注意,圆括号里的 chunk 信息是 ptmalloc 的内部数据结构,它从用户内存块的前 16 字节开始,大小是 64 字节。用户空间开始于地址 0x503440,大小是 56 字节。我们可以看到有 8 字节的内部数据结构开销。

示例 2:显示 ptmalloc 管理的 heap 可调整参数和统计信息。

```
(gdb) heap
        Tuning params & stats:
                mmap_threshold=131072
                pagesize=4096
                n_mmaps=17
                n_mmaps_max=65536
                total mmap regions created=17
                mmapped_mem=2932736
                sbrk_base=0x55555555e000
```

---

[1] https://github.com/yanqi27/Core Analyzer

```
Main arena (0x7ffff7d9bb80) owns regions:
        [0x55555555e010 - 0x55555557f000] Total 131KB in-use 82(74KB) free 1(57KB)
Dynamic arena (0x7fffe8000020) owns regions:
        [0x7fffe80008d0 - 0x7fffe821f000] Total 2MB in-use 2071(1MB) free
1316(1MB)
Dynamic arena (0x7ffff0000020) owns regions:
        [0x7ffff00008d0 - 0x7ffff0213000] Total 2MB in-use 2032(1MB) free
1564(1MB)
mmap-ed large memory blocks:
        [0x7ffff678d010 - 0x7ffff67b5000] Total 159KB in-use 1(159KB) free 0(0)
        [0x7ffff67b5010 - 0x7ffff67d9000] Total 143KB in-use 1(143KB) free 0(0)
        [0x7ffff67d9010 - 0x7ffff6805000] Total 175KB in-use 1(175KB) free 0(0)
        [0x7ffff6805010 - 0x7ffff682a000] Total 147KB in-use 1(147KB) free 0(0)
        [0x7ffff682a010 - 0x7ffff6858000] Total 183KB in-use 1(183KB) free 0(0)
        [0x7ffff6858010 - 0x7ffff687d000] Total 147KB in-use 1(147KB) free 0(0)
        [0x7ffff687d010 - 0x7ffff68ad000] Total 191KB in-use 1(191KB) free 0(0)
        [0x7ffff68ad010 - 0x7ffff68d7000] Total 167KB in-use 1(167KB) free 0(0)
        [0x7ffff68d7010 - 0x7ffff6901000] Total 167KB in-use 1(167KB) free 0(0)
        [0x7ffff6901010 - 0x7ffff6924000] Total 139KB in-use 1(139KB) free 0(0)
        [0x7ffff6924010 - 0x7ffff6949000] Total 147KB in-use 1(147KB) free 0(0)
        [0x7ffff6949010 - 0x7ffff6976000] Total 179KB in-use 1(179KB) free 0(0)
        [0x7ffff6976010 - 0x7ffff699c000] Total 151KB in-use 1(151KB) free 0(0)
        [0x7ffff699c010 - 0x7ffff69cb000] Total 187KB in-use 1(187KB) free 0(0)
        [0x7ffff69cb010 - 0x7ffff69f9000] Total 183KB in-use 1(183KB) free 0(0)
        [0x7ffff69f9010 - 0x7ffff6a28000] Total 187KB in-use 1(187KB) free 0(0)
        [0x7ffff7a2a010 - 0x7ffff7a5b000] Total 195KB in-use 1(195KB) free 0(0)

There are 3 arenas and 17 mmap-ed memory blocks Total 7MB
Total 4202 blocks in-use of 4MB
Total 2881 blocks free of 2MB
```

Heap 总共有 3 个 arena，17 个 mmap-ed 内存块，共 7MB。主 arena 开始地址是 0x55555555e010，结束地址是 0x55555557f000。

我们怎么从 ptmalloc 里获取这些信息呢？正如前面介绍的，每个内存块之前都有一个名为 malloc_chunk 的小数据结构，即块标签。如果用户输入一个由函数 malloc 返回的有效地址，则内存块的标签正好在这个地址的前面。块标签的 size 字段说明当前块的大小。为了知道当前块是在使用中还是空闲的，需要计算下一个块的地址。当前块的状态编码在下一个块的 size 字段中。可以看一下这里的代码实现[1]，摘录如下：

```
// 获取具有 prev_inuse 位标志的下一个块
struct malloc_chunk next_chunk;
if (!ca_read_variable(chunk_addr + chunksz, &next_chunk))
```

---

[1] https://github.com/yanqi27/Core Analyzer/blob/5cd12ff428bddbe3643b357bb36f85f4e8f88419/src/heap_ptmalloc_2_27.cpp#L576

```
    break;

if (prev_inuse(&next_chunk) &&
    !in_cache((mchunkptr)chunk_addr, chunksz))
{
    // 这是一个正在使用的块
    blk.size = chunksz - size_t_sz;
    if (blk.size > smallest->size)
    {
        blk.addr = chunk_addr + size_t_sz * 2;
        blk.inuse = true;
        add_one_big_block(blks, num, &blk);
    }
}
```

如果输入地址并非由 malloc 分配的有效起始地址，情况就会变得复杂起来。一方面，我们可能正在处理一个可疑的内存损坏问题。例如，用户可能错误地引用了已被释放的内存块。在这之后，ptmalloc 可能将该空闲块与邻近的空闲块合并，或将其重新分配。此时，原先的 malloc_chunk 数据结构就不再适用。如果此时试图读取那个地址前的标记，我们只会获取到随机值，这对调试并无帮助。

另一方面，应用程序有时也会合法地引用到某个有效内存块的中间位置。例如，为了实现具有继承特性的复杂 C++类，编译器可能会将一个内存块划分成多个段，每一个段代表一个基类。因此，调试器可能会碰到一个指针，指向这些片段中的某一部分，这样的片段通常对应于一个接口基类。在这种情境下，该指针不一定指向由分配器返回的实际内存块的开始，也就是说，不指向派生类的实际起始地址。简单的脚本在这种情况下可能无法准确地找到对应的内存块。于是，我们需要采用更复杂的方法，即遍历整个内存区域，以确定包含特定地址的内存块。这个实现方法将在后续的章节中进行描述。

2.3   本章小结

本章通过两个内存管理器的实现例子说明了用户的内存块是如何被管理的。为了调试的目的，我们最关心内存块的状态信息，它们编码在块标签或者其他堆元数据中。利用这些堆元数据，可以增强调试器命令用于揭示任意内存块的状态。正如我们所看到的，一旦对堆内部结构有了一点了解，就很容易获得需要的信息。如果读者使用不同的内存管理器，那么鼓励你编写类似的工具，很快你就会发现这并不困难。有了这些知识和辅助工具，我们就做好了挑战棘手的内存问题的准备。

第 3 章
内存损坏

内存损坏通常指代码覆写一块不属于自己的内存，或者即使内存属于改写者，但错误的写操作导致内存数据超出有效范围。例如，在竞争条件下，由于多个线程在没有协调的情况下同时改写一个数据，导致最终的内容可能失去意义。这些损坏的数据可能是内存管理器的内部堆数据结构，也就是元数据，也可能是用户空间的应用程序的数据对象。这些错误的最终表现通常是五花八门的。

内存损坏可能是我们需要调试的最棘手的问题之一。主要原因在于这类问题的发生、传播和爆发具有随机性。内存损坏和内存访问的问题，如内存上溢与下溢、重复释放、访问已释放的内存、使用未初始化的变量等，通常在问题发生的时刻或地方不会有什么症状，被损坏的数据要么深深潜伏在其他数据结构中，要么沿着控制流传播到很远，直到很久以后程序在看似毫不相关的地方崩溃。

内存损坏导致的症状受许多因素影响而变化多端，受影响的程序可能崩溃、行为奇怪，或者生成异常的计算结果。由内存损坏导致的程序崩溃是内核确定程序在访问无效内存时采取的措施，这就是众所周知的段错误或者访问错误异常，表示当前指令访问的内存地址不属于程序分配的地址空间（更多细节见第 6 章）。大多数标准和文档只能简单地警告说内存错误的结果是未定义的，这对于调试来说没有太多帮助。

有时候崩溃发生在错误代码运行时，这使开发人员很容易发现问题，所以这种情况的崩溃是一件"好事"。然而大多数情况下，代码 bug 的损坏内存从内核角度来看是正常合法的，因为代码访问的地址是内核分配给进程的空间，虽然可能不是内存管理器分配的内存块的应用空间。所以程序不会立马崩溃，相反，数据会被悄悄地错误修改。这就像一个时间炸弹，意外爆炸是迟早的事情。不幸的是，大部分内存损坏的情况属于后者，所以调试内存错误非常困难。

因为很多时候最后的失败出现在不相关的地方，这会让大多数缺乏经验的工程师感到吃惊，他们经常得到的结论是——内存损坏的受害者是问题所在。当面对这样的问题时，我们需要搞明白程序是怎么样达到最后的状态的，从而确定错误的根源。换句话说，我们需要明白内存损坏的"未定义"行为是什么，也就是要解释 bug 是怎么样从开始隐藏到最后并以出其不意的方式显露出来的。这需要了解更多关于内存管理器的数据结构、编译器特性、架构协议和程序逻辑的密切知识。任何经历过的人都会说这是非常具有挑战性的。在深入讨论调试内存损坏的技巧前，让我们看一些常见的内存错误以及它们是怎么损坏堆的元数据的。

3.1 内存是怎么损坏的

应用程序逻辑层各式各样的错误可能会导致内存损坏。内存损坏的常见原因是问题代码访问的数据对象超出了内存管理器或者编译器分配的底层内存块的边界。下面列出各种在实践中经常看到的内存访问错误。相比于那些大型程序实际存在的 bug，这些例子看上去可能简单和愚蠢，大型程序由于众多变量和复杂逻辑会隐晦难懂。因为例子中的元数据被损坏的方式是相似的，所以可以用相同的策略来攻克实际的问题。

3.1.1 内存溢出与下溢

内存溢出肯定是最常遇到的内存损坏之一。它发生在当用户代码访问的内存超出了内存管理器或者编译分配给用户内存块的最后 1 字节时。正如前面展示的，典型内存管理器的实现会在每个内存块开始处隐藏一个小的数据结构——块标签。这个数据结构包含了内存块的大小和它的状态信息（即空闲或者正在使用），以及其他的更多信息（取决于特定的实现）。

如果用户代码的写入超过了分配内存块的用户空间，它就会覆写下一个内存块的标签。这会损坏内存管理器的堆元数据结构并导致未定义行为。只有当下一个块被释放或者分配，也就是当下一个块的标签被内存管理器用来计算的时候，破坏才会表现出来或者往下游传播。

某些内存管理器不会在内存块镶嵌块标签，这时被损坏的内存会是下一个内存块里的应用数据。会导致的后果取决于该数据稍后是怎么被使用的。

内存管理器分配的内存块被覆写的代码示例如下：

```
// 示例 1
char* CopyString(char* s) {
    char* newString = (char*) malloc(strlen(s));
    strcpy(newString, s);
    return newString;
}
// 示例 2
int* p = (int*) malloc(N*sizeof(int));
for (int i=0; i<=N; i++){
    p[i] = 0;
}
```

在示例 1 中，用户代码没有考虑到字符串终止字符'\0'，因而超出了内存块 1 字节。示例 2 往内存 p[0]到 p[N]写入总共 N+1 个整数，而不是被分配的 N 个整数。它将覆写分配内存块之后一个整数大小的内存。我们可以通过检查它的内容来更好地理解内存是如何被破坏的。下面的调试输出展示了示例 1 对 ptmalloc 元数据造成的破坏。

```
// 在内存损坏之前（调用 strcpy 之前）
(gdb) print newString
$1 = 0x501030 ""
```

```
(gdb) x/5gx 0x501030-8
0x501028:      0x0000000000000021      0x0000000000000000
0x501038:      0x0000000000000000      0x0000000000000000
0x501048:      0x0000000000000031

// 调用 strcpy 之后
(gdb) x/5gx 0x501030-8
0x501028:      0x0000000000000021      0x7274732073696854
0x501038:      0x3220736920676e69      0x2e73657479622034
0x501048:      0x0000000000000000
```

调用 strcpy 之前，变量 newString 被分配到地址为 0x501030 的内存块中。标签块位于该地址的 8 字节之前，即 0x501028，值 0x21 意味着这个块的大小是 32 字节且正在使用中。下一个块的标签可以通过将当前块地址加上其大小来计算，即 0x501048，它显示了下一个块的大小是 48 字节，并且也在使用中（0x31）。当函数 strcpy 被调用以后，内存被填充了传入的字符，这个块标签没有被改变，但是下一个块的标签被字符串终止字符抹掉了。之后，当下一个内存块被用户释放时，ptmalloc 将会遇到问题。

值得一提的是，例子中的 bug 并不总是会损坏堆元数据。每个内存管理器有最小块大小和对齐的要求。如果用户请求的大小小于最小块大小，则请求会调整为最小块的大小；如果大小不是对齐的倍数，它会向上取整满足对齐要求。由于大小调整的结果，实际分配给用户的内存可能会比请求的更大。添加的字节填充拓展了用户可用的空间。

对于示例 1，如果传入的字符串（包含 8 字节的块标签）小于 32 字节或者不是 16 字节的倍数（ptmalloc 最小块大小和对齐要求），那么在分配的内存块中就会至少有 1 字节填充，在这种情况下，会默认覆写 1 字节的终止字符。难怪这个错误可以长时间休眠而不暴露，直到传入的字符串具有"正确"的长度。

这个例子中还有一个微妙的地方是字节序。因为测试是在小端机器上运行的，所以终止字符会覆写下一个块标记的最低有效字节。如果程序在大端机器上运行，则块标签的最高有效字节将被覆写。由于该字节很可能是 0（对于小于 65536 TB 的块），因此溢出不会产生任何不良影响。

与内存溢出相反，内存块也可能被"下溢"，这意味着用户代码在可用字节之前修改了一个内存块。从先前的讨论中可以明显看出，当前块的标签将被破坏，而不是下一个块的标签。其后果与内存溢出类似，也是不可预测的，这取决于破坏的性质，比如写入的字节内容，以及内存块何时被用户释放。

3.1.2　访问释放的内存

另一种常见的内存损坏是非法访问已释放的内存，这通常发生在用户代码持有指向已释放内存块的悬空指针或引用时。当代码通过这样的指针修改内存值时，它会破坏底层数据。同样地，症状变化因许多因素而异。例如，释放的内存可能已经返回给内核，在这种情况下，当程序访问这个内存的时候它会立即崩溃；释放的内存可能被再一次分配给用户，用于其他数据对象，从而导致数据对象意外地被破坏；如果内存被内存管理器缓存，这块内存可能会被用于其内部数据结构，修改它可能会破坏堆元数据。

下面举一个这种内存损坏的例子。函数 copyString 从调用者处获取一个缓冲区，并将源字符串复制到缓冲区中。在这个例子中，笔者将一个已释放的内存块作为缓冲区传递。该块有 16 字节的用户空间，其起始地址为 0x501030。在用户错误写入已释放内存之前，这 16 字节的空间被 ptmalloc 用作指向下一个和上一个空闲块的指针。这些指针将同一大小类别的空闲块链接在一起，并锚定到相应的 bin 中，细节可以参考 2.1 节中的讨论。在用户代码调用 strcpy 函数后，这两个指针被破坏了，指向下一个空闲块的指针 0x00000036a59346b8 被篡改成 0x6620737365636361，后者显然不是一个可访问的地址。当 ptmalloc 稍后访问此空闲块时，它很可能会崩溃或继续损坏另一个数据对象。

```
// 访问释放的内存
char* CopyString(char* buffer, char* s)
{
return strcpy(buffer, s);
}

// 在访问释放的内存之前
(gdb) x/5gx buffer-8
0x501028:       0x0000000000000021      0x00000036a59346b8
0x501038:       0x00000036a59346b8      0x0000000000000020
0x501048:       0x0000000000000030

// 以已释放内存作为目标地址调用 strcpy 之后
(gdb) x/5gx buffer-8
0x501028:       0x0000000000000021      0x6620737365636361
0x501038:       0x0000003600656572      0x0000000000000020
0x501048:       0x0000000000000030
```

3.1.3　使用未初始化的值

一个未初始化的变量理论上具有随机和不可预测的值。根据它的使用方式，其不良影响也是不同的，可能恰巧是我们期望的缺省值（例如 0），从而没有任何影响；也可能是以前变量留下的野指针，一旦使用就会导致内存损坏。

一个经常出现的谜团是，程序在调试版本上工作正常，产生正确的结果，但是在发行版本上，即使输入和运行环境完全相同，行为也变得奇怪，甚至是崩溃。未初始化变量是这种现象的常见原因。

如果未初始化变量位于堆中，则其后果跟内存管理器的实现有很大关系。调试版本的内存管理发行版本跟使用不一样的分配算法是很常见的。因此，内存的分配位置以及随机性会有区别。Windows C 运行时内存管理器就是一个明显的例子：在调试模式，它会使用字节模式 0xcd 填充已分配的内存，但是在发行版本中则不会进行任何操作，意味着新分配的内存的字节是随机的。这就可以解释为什么未初始化内存的症状会如此不一样。

位于栈上的未初始化变量没有涉及内存管理器，而是通过编译器在编译时分配的。未初始化变量的内容取决于它的位置和底层内存的访问历史。因为栈随着控制流动态地扩展和收缩，栈内存不断变化。

有一种情况是未初始化的栈变量的值总是 0，即在第一次访问栈内存时，未初始化的栈变量像未初始化的全局变量一样。这是因为出于安全的考虑，内核提供的物理内存页会在依附到进程虚拟空间时被置零，否则一个进程就有可能通过未清理的物理内存页读取另一个进程的数据。这可能也是有 bug 的程序在调试版本看起来工作正常的原因。尽管它没有初始化栈变量，但它的初始值是 0，因此也能正常工作。发行版本可能会有所不同，因为编译器可能会选择寄存器来存储变量，而寄存器相对栈内存是真正的"随机"。这是调试版本和发行版本的行为有所区别的另外一个原因。

这种类型的内存错误的另一个观察是，不同的架构暴露这种问题的概率不一样。具有更多工作寄存器的架构（像 x86_64）大概率会比那些具有更少寄存器的架构（像 x86）更容易显现问题，这仅仅是因为编译器可以在优化代码时把更多的变量从栈移动到寄存器。

3.2　调试内存损坏

调试内存损坏的真正挑战在于，程序错误时并不能揭示导致错误的有缺陷的代码。通常，程序在有 bug 的代码做出错误的内存访问时，不会显示任何症状，但是程序中的某个变量意外地被改变为不正确的值。在一些文献中，这被叫作传染。随着程序继续运行，该变量会感染其他变量。这种错误传播最终会发展为严重的失败：程序要么崩溃，要么生成错误的结果。由于导致错误的原因和结果之间的距离很长，崩溃时的变量和执行代码与实际错误往往没有关联，而且在时间和位置方面可能会表现出很多随机性。

图 3-1 展示了从初始感染变量到最终程序崩溃的典型感染链。水平轴表示程序的执行时间（每个时间事件代表程序状态的变化）；纵轴是程序状态，包括一组变量。符号"O"表示变量处于有效状态，"X"表示被感染。在 t_0 时刻，程序处于完美状态，所有变量均有效。在 t_1 时刻，变量 v_4 被感染，但这并不是灾难性的。程序在 t_2、t_3 等时间点向前推进，直到 t_n。在 t_2 时刻，变量 v_3 也被感染。在 t_3 时刻，变量 v_2 被感染，此时变量 v_4 超出了作用域（其"X"被标记为灰色）。当最终被感染的变量 v_1 在 t_n 时刻导致程序失败时，它已经远离初始感染点，即 t_1 时刻的变量 v_4。注意，变量 v_2 也超出了作用域，而变量 v_3 从被感染状态改为有效状态，这是由于程序可能正确地处理了错误的数据，尽管不能回顾性地定位和修复起因。对于工程师来说，要确定第一个被感染的变量 v_4 以及相关的有缺陷的代码是非常困难的，因为存在着复杂性和无数种可能导致程序最终失败的情况。

以下示例展示了错误代码损坏内存却没有在犯罪现场留下让我们调查的痕迹。这个简单的程序写入一块已释放的内存，它最终在内存分配函数中崩溃，但这个函数看起来与"罪犯"无关。

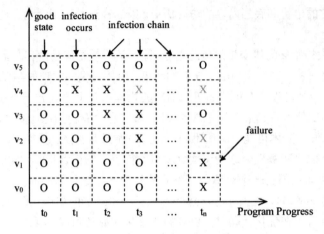

Program State

图 3-1   内存错误的传播

```c
#include <stdlib.h>
#include <stdio.h>
#include <string.h>
void AccessFree(){
    // 一个临时数组
    long* lArray = new long[10];
    delete lArray;

    // 访问已释放的内存并损坏它
    lArray[1] = 1;
}
void Victim() {
    void* p = malloc(32);
    free(p);
}

int main(int argc, char** argv)
{
    // 程序初始化
    void* p = malloc(128);
    char* str = strdup("a string");
    free(p);

    // 初次感染
    AccessFree();

    // 更多工作......

    // 因先前感染而失败
```

```
    Victim();

    return 0;
}
```

使用 ptmalloc 作为默认内存管理器的 Linux Red Hat 发行版运行这个程序，当程序接收到段错误信号时，我们将会看到如下函数调用栈：该线程正在调用函数 Victim，该函数仅仅尝试从堆分配 32 字节的内存；但是，正如前一节所示，函数 AccessFree 覆写了一块已释放的内存，因此损坏了堆元数据，更准确地说是用来记录空闲块链表的指针。这个问题直到 ptmalloc 为了重用空闲块而访问指针时才会出现。

```
Program received signal SIGSEGV, Segmentation fault.
0x0000003f53a697e1 in _int_malloc () from /lib64/tls/libc.so.6
(gdb) bt
#0  0x0000003f53a697e1 in _int_malloc () from /lib64/tls/libc.so.6
#1  0x0000003f53a6b682 in malloc () from /lib64/tls/libc.so.6
#2  0x00000000004006ea in Victim () at access_free.cpp:17
#3  0x0000000000400738 in main (argc=1, argv=0x7fbffff4b8) at access_free.cpp:34
```

通常在程序失败时，程序的状态不足以得出确定的结论。对于上面的例子，仅仅通过审阅代码就很容易发现 bug，但是对于实际应用的复杂程序，这不会是一个有效的方法。面对上万甚至百万行代码，我们往往无从下手，因此调试内存损坏非常困难。

3.2.1　初始调查

调试内存损坏实际上是从故障点溯源到最初感染的罪魁祸首。这可能非常困难，甚至不可能，即使看似简单的情况也是如此，就像上面的例子一样。但是，我们应该努力发现尽可能多的感染变量，以便更接近有缺陷的代码。这个恢复感染链的分析过程至少需要对程序有深入的了解，需要了解架构特定信息以及使用调试器的经验。

当发现问题时，第一个动作是调查程序的当前状态，这是感染链的终点。分析非常重要，因为它确定了我们需要采取的后续行动。有各种方法和风格来检索和分析失败程序的大量信息。下面将描述一些基本但具体的步骤。每个步骤都是为了缩小搜索范围并为下一步提供指导方向。有些步骤只适用于特定情况，例如只有当感染变量从堆中分配时才需要堆分析。

1. 查找失败的直接原因

这是任何调查的起点。可观察到的失败必然是由源代码最后一条语句，或者更准确地说是 CPU 正在执行的最后一条指令所造成的。在崩溃的情况下这是显然的，但是对于非崩溃性失败，可能就有些困难。崩溃情况可能与信号或者进程接收的异常相结合，这说明了异常退出的原因。例如，最常见的段错误信号或者 AV（访问违规）异常意味着程序试图访问不属于进程映射段集合的内存地址，或者访问权限有问题，比如写入只允许读的地址；信号总线错误意味着访问不正确对齐地址的内存；信号非法指令意味着线程当前的程序计数器指向不可执行的指令，这通常是因为程序计数器的值是基于损坏的数据对象计算出来的，比如调用已经释放了的数据对象的虚函数。当程序抛出了异常而没有处理这类异常的代码时，C++运行库实现的默认对未处理异常的操作，通常是先生成一个核心转储文件，然后终止程序。

2. 定位最后一个被感染的变量以及解释它是如何导致程序失败的

程序的失败通常与最后一条指令尝试访问的地址有关，而这个地址是通过一个被感染的变量直接或间接计算出来的。如果这个地址就是变量的值，这种情况下直接确定导致程序失败的原因很容易。但有时，这个地址是多个计算步骤包括内存解引用的结果，这就需要仔细检查要评估的复杂表达式。例如，由于指向无效地址（如空指针）而导致的内存访问失败，由于无效的指向对象虚函数表的指针而导致调用对象虚函数失败，由于数据成员未对齐而导致读取对象的数据成员失败，等等。该变量可以是一个传入参数、局部变量、全局变量或由编译器创建的临时对象。我们应该清楚地了解该变量的存储类别、作用域和当前状态。它是否在线程栈上、进程堆上、模块的全局数据段上、寄存器中，还是属于线程特定存储，这对问题的原因有重要影响。在大多数情况下，该变量是一个堆数据对象。我们应该确保底层内存块的大小与该变量的大小匹配，以及确定内存块是正在使用还是空闲。如果它是空闲的，首先我们就不应该访问它。

3. 检查线程上下文

检查当前线程上下文中的所有其他变量，注意那些可能受感染变量影响的变量，其中一些可能也被感染了。失败线程的上下文包括所有的寄存器值、本地变量、传入参数、被访问的全局变量。通过审阅代码和线程上下文，我们可以更好地梳理感染链。

4. 检查是否被线程共享

如果以上步骤没有得出结论，我们应该继续检查受感染变量是不是被多个线程共享，甚至正在被其他线程访问。如果有这种可能，就必须梳理其他线程上下文。如果幸运，我们可以找到在其他线程中的罪魁祸首，当然更可能的是我们没有这样的好运气。即使没有看到其他线程破坏了受感染的变量，通过观察其他线程此刻在做什么，也可以形成一个更丰富的问题背景，最终将有助于我们形成更为现实的问题原因的理论。

5. 检查分析受感染区域的内存模式

如果错误数值来源未知的内存，一个有效的方法是读取受感染区域的内存的数值规律，以便找出它是如何被感染的，以及是由谁感染的。有些内存模式具有显著的特征，可以直接归纳到原因。例如，具有可识别内容的字符串，具有明显特征的众所周知的数据结构，带有调试符号的指令或全局数据对象，指向另一个有效内存地址的指针，等等。

一旦我们以 ASCII 格式呈现一块内存，就很容易识别其中的字符串，指针则不太明显。然而，我们也有办法将它们与整数、浮点数和其他数据类型区分开来：检查进程的地址映射，内存指针应该落在一个有效的内存段中；数据对象的指针应该对齐在适当的边界上；64 位指针有许多位是固定的，要么是 0，要么是 1，因为实际使用中系统只使用了 64 位线性虚拟地址的一部分（32 位指针则较难识别），例如，Intel x86_64 CPU 目前仅使用 48 位有效地址，其余的 16 位地址总是 0；同样地，AIX/PowerPC 的堆地址最大有效位是 43 位（虚拟地址位），其余 21 位始终都是 0。

示例 1：下面来看几个例子。下面代码列表中的内存内容似乎是一个可打印的字符数组。如果将内存打印为字符串，它会变成一个域名。通过进一步搜索代码，可以找到使用该字符串的地方。

```
(gdb) x/4x 0xc03318
0xc03318:    0x7461686465726d76    0x61646c6e65706f2e
0xc03328:    0x736f7263696d2e70    0x2e79676574617274
(gdb) x/s 0xc03318
0xc03318:    "vmredhat.openldap.corpx.com"
```

示例 2：全局对象包括函数或者变量，具有类似下面内存区域的关联调试符号。我们感兴趣的内存区域的前 8 个字符看起来像一个指针。通过询问调试器指针指向的内存是否与已知符号相关（GDB 命令是 info symbol），可以确定它是 CreateInstance 方法的指令。第二个指针指向位于库的.data 段中的对象的虚表。第三个地址属于库的.bss 或者未初始化数据段中全局对象。需要注意的是，在地址 0x1ff6c00 处的字节模式 0xfdfdfdfdfdfdfdfd，这是内部工具的数据结构签名，用来跟踪内存的使用情况。

```
(gdb) x/64gx 0x1ff6ad8
0x1ff6ad8:    0x0000002ab0ce860a    0x0000002ab0ce7f8f
0x1ff6ae8:    0x0000002a9701a48c    0x0000002a9701c8e9
0x1ff6af8:    0x0000002a97020cf1    0x0000002a9701ad8a
...
0x1ff6bc8:    0x0000000000000000    0x0000000001ff6a30
0x1ff6bd8:    0x0000000001ff3a80    0x00000000000000c8
0x1ff6be8:    0x0000000000030900    0x0000002000000000
0x1ff6bf8:    0xffffffff40200960    0xfdfdfdfdfdfdfdfd
0x1ff6c08:    0x0000002ab0ea0930    0x0000002ab0ea0a48

(gdb) info symbol 0x0000002ab0ce860a
ATL::CComCreator<ATL::CComObject<AIAuthServer> >::CreateInstance(void*, _GUID const&,
void**) + 46 in section .text

(gdb) info symbol 0x0000002ab0ea0930
vtable for ATL::CComObject<AIAuthServer> + 16 in section .data

(gdb) info symbol 0x2ab0b00e20
gSR_LDAP_AuthAux in section .bss
```

示例 3：下面的代码列表展示了另外一种模式。从表面上看，这个 40 字节的内存块似乎由 1 个整数、3 个指针和另外 2 个整数组成。其中两个指针指向的内存块也具有同样的构成。因为程序使用了很多的 STL 数据结构，所以猜测这是一个类 std::map<int, int>的树节点并不困难。g++编译器实现的 STL map 使用了红黑树。树节点声明为 std::_Rb_tree_node_base，隐式地跟随

std::pair<key,value>（在本例中，键值都是整数类型）。这正是我们在列出的内容中观察到的。通过查询内存管理器，了解指针地址指向的内存块的大小和状态，可以进一步确认我们的猜测。

```
(gdb) x/5gx 0x503100
0x503100:  0x0000000000000001  0x00000000005030a0
0x503110:  0x00000000005030d0  0x0000000000503160
0x503120:  0x0000000a00000005

(gdb) ptype std::_Rb_tree_node_base
type = class std::_Rb_tree_node_base {
  public:
    std::_Rb_tree_color _M_color;
    std::_Rb_tree_node_base *_M_parent;
    std::_Rb_tree_node_base *_M_left;
    std::_Rb_tree_node_base *_M_right;
    ...
}

(gdb) heap /b 0x503100
[Block] In-use
       (chunk=0x5030f0, size=48)
       [Start Addr] 0x503100
       [Block Size] 40

(gdb) heap /b 0x00000000005030a0
[Block] In-use
       (chunk=0x503090, size=48)
       [Start Addr] 0x5030a0
       [Block Size] 40
...
```

当把所有这些串联在一起，我们可以更好地理解内存是怎样被访问的。第 10 章将介绍一个强大的工具——Core Analyzer，它有一个用来自动分析内存模式的函数，可以更好地辅助我们调试。

6. 调查受感染变量的相邻内存

如果一块内存以看似随机的方式被损坏，并且在审阅代码以后无法使用设计逻辑来解释，那么我们应该将调查拓展到与受感染变量相邻的内存块。由于内存溢出比内存下溢更常见，因此应该优先检查挨着感染内存区域的上一个内存块（地址较低的内存块）。可以通过找到拥有怀疑内存块的变量，并查看相关的代码来确定是否存在这种可能性。

7. 哪个堆拥有受感染的变量

如果感染的变量来自堆中，并且进程存在多个堆，则要找出这个数据对象属于哪个堆。为什么要关心这个呢？因为很多调试过程都是从大量的可能性集合缩小范围，最终定位 bug 的（分而治之的策略）。

8. 堆分析

如果涉及堆内存，则完整的堆分析可能会有所帮助。最简单的分析可能是遍历堆并验证所有堆数据结构和内存块的一致性和有效性。如果有任何堆数据结构被损坏的方式，那么这可能是问题的标志，有必要进一步调查。

9. 寻找共同特征

如果同一类环境出现多个故障实例，我们应该努力找到它们之间的共性。如果所有的故障都发生在同一个地方，有相同的调用栈，那就显而易见了。如果所涉及的数据对象是相同类型的，那么即使它们是为堆动态分配的因而最终表现不一样，但其相似性也是不可忽视的。这些失败模式的知识可以很好地指导下一步调试，也许会涉及内存检查工具或者改造代码（Instrument Code，后续章节会简单介绍）。

10. 构造假设

完成以上步骤后，我们可以根据收集到的信息构建出程序会失败的一个或多个假设。如果没有足够多的证据表明任何理论，我们应该重复前面的步骤，或者深入挖掘以前可能忽视的地方，或者用不一样的方法运行更多的测试来暴露问题，希望得到更多相关的线索。

以上步骤可以让我们在面对复杂问题时具有下手的地方和思考的方向。对于实际项目的代码，通常有很多的变量和信息要浏览，这需要更多的耐心和坚持，但是当我们最终确定 bug 时，回报也是巨大的。

3.2.2　内存调试工具

如果初始调查没有结论（很多时候是这样的），我们应该怎么继续调查呢？

一个常见的方式是根据搜集到的信息在受控的环境中重现问题。如果问题是可重现的，那么我们可以更近距离地观察问题并用各种方式引导程序。通过透彻地审阅代码，可能得到内存损坏的新理论，就可以在调试器下重新运行程序，在内存块即将被损坏的地方设置数据断点。因为每次程序运行时被损坏的内存块的地址可能会不一样，这种方法可能不可靠。

如果重现问题的时机非常关键，那么调试可能会有所谓的海森堡效应，即调试器带来的失真会改变程序的行为并防止问题重现（后续章节会介绍真实工作中遇到的例子）。另外，为避免内存损坏传播得更远，我们也可以通过各种特制工具尽可能早地检测内存损坏。在后续章节中，我们将会看到这样一些工具和它们的实现。

3.2.3　堆与栈内存损坏对比

数据对象是从堆上分配还是在栈上分配对于内存损坏的情况下有着显著差异。

堆对象由内存管理器在运行时分配，它的地址取决于很多因素：

- 具体内存管理器实现的分配策略。
- 内存分配与释放请求的历史，例如它们的大小分布和顺序会影响内存管理器缓存哪些空闲内存块，以及是从缓存中选择新内存块还是从全新的段分配。
- 多线程多处理器环境下的并发内存请求等。

由于其动态特性，堆对象通常在同一程序的各个实例中具有不同的地址。每次分配时，其相邻的数据对象也可能不同。

另一方面，栈变量是由编译器静态分配的。它相对于函数栈帧的地址是固定的，并且相邻变量是已知且不变的。因为内存损坏与罪魁祸首和受害者的相对位置有很大关系（它们通常在地址空间中是相邻的），所以堆内存损坏通常呈现出更多的随机性，而栈内存损坏可能是一致的。

静态分析工具可有效防止多种类型的栈内存损坏。事实上，所有的编译器都已经内置了很多分析功能。例如，如果启用了一定级别的警告，它们能够报告使用未初始化变量的错误。其他专门的工具，如 PC-Lint，有更全面的检查列表来发现潜在的问题，如无限字符串复制等。

如果静态分析无法检测到栈内存损坏，那么我们可以尝试在调试器下运行程序。由于损坏的栈对象通常是一致的，我们可以使用数据监测点来捕获罪魁祸首代码。如果每次重现问题时，创建的包含可疑变量的栈帧的位置是变化的，或者调用函数时并不总是发生损坏，则此方法可能不可行。

调试栈内存损坏的另一种方法是通过添加检查与跟踪代码，或在可疑变量周围添加填充字节来检测变量，以吸收错误的覆写。这需要重新编译程序，因此有时可能不太方便。

3.2.4　工具箱

调试堆内存损坏有大量工具可供选择，从免费的开源工具到昂贵的商业产品，从轻量级插件到具有丰富功能的重型程序。令一些工程师惊喜的是，许多内存管理器已经嵌入了强大的调试功能，只需调用 API、设置环境变量或者注册表即可启用这些功能。

无论这些工具看起来如何不同，底层算法实际上非常相似。内存调试工具基本上有 3 种类型。第一种也是最常用的类型是在分配的用户空间周围，即在每个内存块的末尾或开始处添加额外的填充。额外字节（填充）具有固定的字节模式。设计正确的应用程序不应触及这些填充字节。但有缺陷的代码可能会超越分配的内存块的上下边界，从而修改填充字节，并很可能改变其字节模式。调试工具会在特定位置检查这些填充字节，通常是在内存分配 API 的入口处，例如函数 malloc 和 free 中。如果填充的固定字节模式更改后被调试工具检测到，那么该工具会通过在控制台上打印一条消息、在报告文件中记录错误或该工具支持的任何通信渠道通知用户内存损坏。

第二种内存调试工具使用系统保护页。思路是在怀疑被越界的内存块之前或之后放置一个不可访问的系统页面。为了检测代码是否对已释放的内存进行无效访问，刚释放的内存块会暂时保留一段时间，即使它能够很好地满足新的内存请求，也不会立即重新使用。我们还可以进一步将已释放的用户空间设置为不可访问。当缺陷代码试图非法访问受保护的内存时，系统都会通过硬件检测到该操作并在内存访问指令处停止程序。此方法会在发生无效内存访问时立即将其捕获，因此，可以非常有效地找到根本原因。然而，频繁分配系统页面并将它们设置为保护模式的开销在时间和空间方面都是巨大的，如果影响大到足以改变程序的行为，我们可能根本无法重现故障。

第三种内存调试工具称为动态二进制分析。广受欢迎的基于 Valgrind 的工具就是这种类型的主要示例。Valgrind 是一个动态二进制检测框架，它将客户端程序转换为平台中立的中间表示，然后在其控制下运行。Valgrind 会发送程序运行中的一系列事件，比如内存访问、系统调用等。许多工具作为该框架的插件开发，它们通过接收特定的事件来诊断程序的错误。Memcheck 就是这样一个常用的插件工具，旨在检测各种内存错误，包括无效访问和内存泄漏。客户端程序的每次内存访问都由 Valgrind 执行，并且每次发生时都会通知 Memcheck。Memcheck 在内部使用影子内存来跟踪程序的内存使用情况。换句话说，被调试程序内存的每个字节都被 Memcheck 中的另一个专用内存投影。影子内存记录了被监控内存的信息，是否正在使用或空闲、是否初始化等。程序代码的每一次内存访问都伴随着影子内存的更新。当发生错误时，例如内存溢出与下溢、访问已释放的内存、重复释放同一内存、使用未初始化的数据等，Memcheck 可以通过查询其影子内存立即发现错误。它还可以检测到位的内存错误，并且涵盖所有内存段，包括栈变量。这种方法的缺点是由于细粒度和软件模式检查而导致性能下降太多。据统计，使用 Memcheck 会使程序速度降低约原来的 1/22。然而，这个工具无须重新编译程序的特性以及强大的功能使其成为调试内存损坏的一个重要选择。

在许多情况下，初步调查可以为下一步调试步骤提供指导。选择正确的工具并明智地使用它可以在通宵工作（这对许多程序员来说并不陌生）和与家人一起共度时光之间产生很大的不同。也许这有点夸张，但读者应该明白笔者的意思。我们将在第 10 章详细讨论内存调试工具。

3.3　实战故事 2：神秘的字节序转换

本节介绍的例子是由于对象成员神秘地进行了字节序转换而导致的随机服务器崩溃。这是笔者近几年来遇到的最棘手的问题之一。在调试过程中，笔者犯了一些错误，也因此学到了很多东西，笔者将在最后对此进行评论。

3.3.1　症状

一位外国客户在多台 AIX 机器上运行我们的服务器程序，多次遇到服务器崩溃。他将核心转储文件发送给我们。在加载和检查了大约 20 个转储文件后，我们发现服务器似乎在许多不相关的地方崩溃了。例如，在 STL（标准模板库）映射、缓存对象的哈希表中崩溃，以及一半的核心转储文件显示的是内存管理器对内部数据结构进行操作时的调用栈。

在某些情况下，发生段错误时服务器会很忙碌，然而超过一半的崩溃却发生在服务器完全空闲的情况下，除了像监控许可证合规性的看门狗线程等这样的最低限度的活动之外。所有收集到的信息都表明问题可能是内存损坏。

但是，我们无法在测试环境中重现崩溃。因此只能建议客户使用调试库以收集更多线索。但客户突然在没有进一步解释的情况下关闭了问题，只是告诉我们服务器不再崩溃。如果只是这样一个快乐的结局就好了。

一个月后,客户重新提出了问题,并声称服务器在每周二都会相当稳定地崩溃。无论我们如何询问,他们都坚称他们的生产环境没有发生任何变化,周二也没有什么特别的安排。他们在周二做的事情和其他工作日做的完全相同。以下是来自核心转储文件的一些回溯信息。

回溯 1:服务器在尝试分配小块时在内存管理器中崩溃。

```
shi_allocSmall2(), line 1743 in "heap.c"
MemAllocPtr(), line 1333 in "heap.c"
shi_new(), line 418 in "shaix.c"
BinaryImpl.SetBinary(), line 52 in "BinaryImpl.cpp"
BinaryImpl.BinaryImpl(), line 34 in "BinaryImpl.cpp"
BinaryImpl.CreateBinary(), line 196 in "BinaryImpl.cpp"
WriteByteStreamImpl.__dftdt()(), line 240 in "WriteByteStreamImpl-.cpp"
ReserveBytes(), line 124 in "WriteByteStreamImpl.cpp"
ReserveInt64(), line 747 in "WriteDataStreamImpl.cpp"
WriteBlockHeader(), line 80 in "WriteBlockStreamImpl.cpp"
...
```

回溯 2:服务器在哈希表中崩溃,该哈希表正在搜索其表以查找匹配项。

```
unnamed block in CTable.CTable::LRUReplace(), line 509 in "CTable-.cpp"
CTable::LRUReplace(), line 509 in "CTable.cpp"
CTable::Replace(), line 278 in "CTable.cpp"
AIContentServer::FindObjectC(), line 778 in "AIContentServer-.cpp"
AIContentServer::FindObjectH(), line 3088 in "AIContentServer-.cpp"
...
```

3.3.2   分析和调试

最初我们认为罪魁祸首是回溯中显示的代码。由于访问的对象被许多线程共享,因此怀疑原因可能是竞态条件。然而,在对相关代码进行了广泛的代码审查以及作者再次对核心转储文件进行调试之后,没有找到任何证据,因此无法得出结论。

对核心转储的进一步分析揭示了一个共同的模式。崩溃的直接原因都是由于解引用了位于 40 字节内存块中的无效指针。例如,std::map<int,int> STL 数据结构的节点为 40 字节,指向其左或右相邻节点的一个数据成员是无效的。每当应用程序代码试图通过跟随这些指针来遍历树时,它就会在错误的指针处崩溃。另一个例子是哈希条目数据对象,它也是一个 40 字节长的数据结构。所有具有相同哈希值的条目都被链接在一起。哈希条目中有一个指针,指向链表上的下一个哈希条目。但是该指针已被损坏,当遍历哈希表时会导致服务器崩溃。

以下清单是一个典型的故障线程的上下文(对 AIX 调试器 dbx 不太熟悉的读者可以猜测命令的意义或参考相关手册)。崩溃的直接原因是访问保存在寄存器 r4 的地址的内存。从地址 0x0000000139dfdb38 开始的数据对象中检索到无效地址。内存管理器的元数据显示该对象的大小为 40 字节。

```
$r0:0x0000000073f74820    $stkp:0x00000001134f6150
```

```
$toc:0x08001000a0da9bf0    $r3:0x01000000d0003079
$r4:0x01000000d0003041     $r5:0x00000001134f6ab8
$r6:0x0000000000000001     $r7:0x00000000101c509f
$r8:0x00000000001c509f     $r9:0x0000000000000000
$r10:0x0000000000000000    $r11:0x0000000000000000
$r12:0x08001000a0cdaaf8    $r13:0x0000000113500800
$r14:0x000000000000000d    $r15:0x0000000000000000
$r16:0x000000000000000c    $r17:0x000000000000000a
$r18:0x0000000000000009    $r19:0x0000000000000001
$r20:0x00000001115d5e38    $r21:0x08001000a0a8d918
$r22:0x0000000000000003    $r23:0x00000001116ef808
$r24:0x0000000000000047    $r25:0x000000000000000b
$r26:0x00000001134f6ab8    $r27:0x00000001134f6520
$r28:0x0000000000000020    $r29:0x0000000139dfdb38
$r30:0x00000001114f8840    $r31:0x00000001134f6ab8
$iar:0x08000000083129e4    $msr:0xa00000000000d032
$cr:0x4200018b
$link:0x08000000083129f0   $ctr:0x0800000007169734
$xer:0x20000012
$mq:0x00000000

    Condition status = 0:g 1:e 5:o 6:l 7:leo
    [unset $noflregs to view floating point registers]
    [unset $novregs to view vector registers]
in CTable::ReadSearch() at line 392 in file "CTable.cpp" ($t268)
0x8000000083129e4 (CTable::ReadSearch()+0x3c) e8840038
ld   r4,0x38(r4)


(dbx)=> 0x0000000139dfdb38 /5llx
0x0000000139dfdb38:  1000000d0003041 100000068c4df39
0x0000000139dfdb48:  1003ff84c68        1116e9d78
0x0000000139dfdb58:  f507201000000

(dbx)=> block 0x0000000139dfdb38
[Small Block] In-use
[Start Addr] 0x139dfdb38
[Block Size] 40
```

另外一个有趣的模式是，所有这些坏指针都以一种类似于每 4 字节转换一次字节序的方式被破坏。例如，一个值为 0x1122334455667788 的 64 位指针变为 0x4433221188776655。如果这些指针再次反转它们的字节序，它们就会变得有效并且看起来与其他数据对象一致。服务器程序在与数据库服务器、Web 服务器或客户端应用程序等客户端通信时进行大量序列化，这些客户端可能具有不同的字节序，需要来回转换它们。因此，我们怀疑问题与序列化代码有某种关联。

我们多次试图在内部重现故障，但仍然没有成功。因此，我们再次询问客户星期二与一周中的其他日子相比有何独特之处。客户确认服务器在星期二运行计划的作业，但这些作业的运行与其他工作日完全相同，根本没有区别。我们无法在内部运行客户的这些预定作业，因为它需要客户的数据库，该数据库庞大且包含敏感信息。

由于我们无法在内部重现这个问题，因此不得不在客户现场进行调试。我们决定构建一个新的库来调查这个问题。从迄今为止收集到的信息来看，我们怀疑问题是一些序列化代码访问了已释放的对象，并破坏了内存块的堆元数据。

我们知道内存管理器为某个固定大小（如 40 字节）的已释放内存块保持一个单链表（这是我们的服务器所用的定制内存管理器的实现方法），如图 3-2 所示已释放内存块的前 8 字节保存指向链表下一个节点的指针，内存管理器维护链表头部的指针。当应用程序请求分配 40 字节的内存时，内存管理器弹出链表头部的节点，并将锚指针重置为链表上的下一个节点。这需要解引用头节点的内存块以获取下一个节点地址。

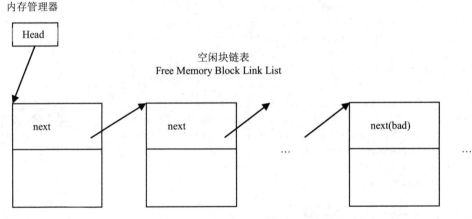

图 3-2   内存管理器的空闲块结构

很多时候，服务器崩溃是因为头节点保存了一个无效的指针。这个指针应该指向链表上的下一个节点，就像上面描述的那样，它看起来是经过字节序转换的。很明显，这个内存块在崩溃之前的某个时候就已经损坏了，但是从核心转储文件中，我们看不到任何正在引用或更改此内存块的活动线程。

调试库的设计是希望在发生内存错误时能尽早发现它。我们插入了新的代码，检查空闲块链表上前 5 个块的完整性，并确保所有的下一个指针都是有效的。我们没有检查所有节点，因为链表通常很长，过多的检查可能会改变执行时序并掩盖真实问题。我们每发现一个可疑的指针，就调试代码立即生成一个核心转储文件，希望能捕获正在改变指针值的罪魁祸首。

第二周，正如希望的那样，我们收到了几个新的核心转储文件。我们的调试代码确实在空闲块链表中找到了一个错误的指针。然而，当我们再次搜索整个核心转储文件时，却找不到任何正在引用该内存块的代码。

我们进一步认为，很有可能某些代码保留了对空闲块的悬空引用。尽管该块已被内存管理器释放并放入空闲块链表中，但我们的代码仍对该内存块进行操作，并错误地进行了字节序转换。找出谁释放了内存块以及所有者是否在释放后访问了数据对象，可能会对我们有所帮助。

我们重写了 delta 调试库，使 40 字节的内存块膨胀到 128 字节，用于存储释放块的调用者的回溯信息（见图 3-3）。当服务器由于损坏的指针而崩溃时，我们可以检查调用者的回溯信息，希望调用者可以为我们提供哪些代码可能是相关的线索。我们将库文件发送给客户，同时祈祷能成功。但过了一星期，客户打电话告诉我们服务器没有崩溃，并且它在后续一个多月里都没有崩溃。然而，我们却高兴不起来，反而相当失望，因为这个错误还潜伏在那里，但我们仍然对此一无所知。我们思考了一下，并初步得出结论：每 40 字节内存块的高成本回溯显著改变了执行时序，并因此掩盖了问题，我们必须寻找其他途径。

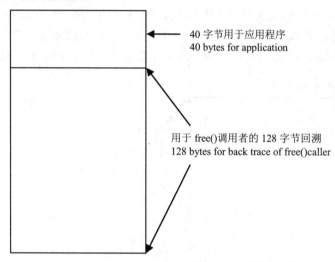

40 字节用于应用程序
40 bytes for application

用于 free()调用者的 128 字节回溯
128 bytes for back trace of free()caller

图 3-3　额外的填充存储回溯调用栈

回到序列化的线索，由于指针值在每组 4 字节内进行了字节序转换，因此我们怀疑这是 Unicode 字符串的序列化，每个字符为 4 字节。我们搜索了代码库，寻找 Unicode 字符串序列化。有两个库可能与之相关。这次我们在以下几个方面更改了调试库：

（1）在序列化函数的字节序转换中插入了新的调试代码，该代码将确认内存块的大小是否为 40 字节长。对于 40 字节的内存块，我们确保它们尚未被释放；否则，将捕获罪魁祸首并生成一个核心转储文件以供审查。

（2）删除了以前用于检索回溯的调试代码，因为它显然阻止了崩溃。

（3）更改了调试代码以验证整个空闲块链表的完整性。我们决定检查所有节点，而不仅仅是前 5 个节点，以便尽可能接近内存损坏的时间。

第二周，客户使用这些调试库上传了一些新的核心转储文件。不幸的是，调试序列化代码没有捕获到任何异常。所有核心转储文件都是由内存管理器中的调试代码生成的，因为它沿着空闲块链表发现了一个错误的指针。令我们沮丧的是，没有发现任何核心转储文件有对损坏的内存块的引用。看来，罪魁祸首的代码早已完成操作，并没有留下任何痕迹。

读者可以想象，问题已经持续了几个月，我们的压力越来越大。客户也开始变得不耐烦，因为我们已经尝试了好几个调试库，但仍然没有找到问题的原因。我们试图通过向客户发送一个创可贴修复程序来安抚客户，该修复程序将通过隐藏 bug 来防止服务器崩溃（那时我们已经知道，将40 字节块增大到更大的尺寸，服务器就不会崩溃）。

笔者决定坐下来，清空脑袋，从头开始。笔者加载并检查了所有以前的核心以及调试代码生成的最新核心。一个新的模式引起了笔者的注意，之前我们都没有意识到这个特点——损坏块之前的内存块内容始终保持一致，它们应该是同类型的对象，更重要的是它们可能与问题有关。如果是罪魁祸首越界并写入下一个块，这就可以解释为什么增量库使用膨胀的内存块可以防止服务器崩溃（因为越界将被填充字节吸收）。笔者迅速构建了另一个调试库来验证这个理论。这次 40 字节块用 8 字节填充，并填充固定模式，如图 3-4 所示。如果我们的理论是正确的，那么填充字节也应该进行字节序转换。

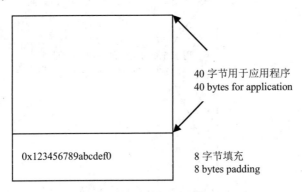

图 3-4　用于监测溢出的填充

在接下来的一周里，我们收到了新的核心转储文件，显示出我们所预期的内存损坏情况——由于空闲块链表的下一个指针无效，服务器在相同的位置崩溃了。如下面的代码列表所示（加粗字体突出显示填充字节模式），损坏的内存块从地址 0x01280903a8 开始，这是服务器崩溃的直接原因（其下一个指针 0x100000008010928 无效）。

```
0x0000000128090378:  2800000000        145533050
0x0000000128090388:  3030303030303030  31303000000000
0x0000000128090398:  100000000         78563412f0debc9a

0x00000001280903a8:  100000008010928   6500720000730069
0x00000001280903b8:  0                 1d00000030
0x00000001280903c8:  1280c0398         123456789abcdef0

0x00000001280903d8:  ff6d647730303170  7000000128090390
0x00000001280903e8:  128090390         0
```

```
0x00000001280903f8:  0                    123456789abcdef0
```

在此受害者之前的地址 0x128090378 上的内存块，其填充模式的字节序转换为
0x78563412f0debc9a。这与紧接着的损坏指针的模式完全相同，且该块是所有成千上万个 40 字节
块中唯一一个固定模式被非法修改的。由此笔者确信内存损坏是由这个越界的块引起的。

满怀新的希望，接下来要找出罪魁祸首内存块的数据类型和相关代码，这应该会引导我们找
到 bug。但这并不容易。笔者不得不通过扫描堆和检查内存内容来追踪对象引用。从 0x128090378
处的块开始，找到了两个引用它的地方：

```
(dbx)=> ref 0x0000000128090378 32 1
[0x1283a0078] = 0x128090378  64-byte in-use
[0x1283a0090] = 0x128090378

(dbx)=> heap /block 0x1283a0078
[Small Block] In-use
[Start Addr] 0x1283a0078
[Block Size] 64
```

上面代码中的"ref"命令是第 11 章将介绍的工具的命令。它搜索被调试进程的内存空间以找
到给定的值，在本例中是 0x128090378。"heap /block"是另一个命令，它向内存管理器查询块信
息。虽然有两个地方包含这个值，但它们实际上属于同一个内存块，这意味着有这样一个数据结构，
两个数据成员指向同一个地址。这个 64 字节数据对象的内容如下：

```
(dbx)=> 0x1283a0078 /8llx
0x00000001283a0078:  128090378 1280903a0
0x00000001283a0088:  1280903a0 128090378
0x00000001283a0098:  0 0
0x00000001283a00a8:  1283301b0 0
```

它们看起来像是指向堆上某个位置的指针，其中两个指向有问题的损坏块。对于不熟悉 AIX
系统的人来说，堆对象地址通常是一个 9 位数的十六进制数。它并不能告诉我们这是什么类型的对
象。因此，必须继续搜索第二级引用。

```
(dbx)=> ref 0x1283a0078 32 2
[0x126a32358] = 0x1283a0078
[0x126a323c8] = 0x1283a0078
[0x126a32438] = 0x1283a0078
[0x126a32e48] = 0x1283a0078
[0x126a32eb8] = 0x1283a0078
[0x126a32f28] = 0x1283a0078
[0x126a32f98] = 0x1283a0078
[0x126a33008] = 0x1283a0078
[0x126a330e8] = 0x1283a0078
[0x1280b0430] = 0x1283a0078
[0x16100f718] = 0x1283a0078
```

有 11 个内存块指向地址 0x1283a0078。其中一些是空闲块，可以立即忽略。通过查看所有正在使用的内存块的内容，有一个块很突出：0x1280b0430。它是一个 80 字节的内存块，其内容如下：

```
(dbx)=> heap /block 0x1280b0430
[Small Block] In-use
[Start Addr] 0x1280b03e8
[Block Size] 80

(dbx)=> 0x1280b03e8 /10llx
0x00000001280b03e8:  8001000a016a7d0  8001000a016a8c0
0x00000001280b03f8:  8001000a016a6b8  8001000a0168490
0x00000001280b0408:  0                1
0x00000001280b0418:  8001000a016b1e8  0
0x00000001280b0428:  126a332c8        1283a0078
```

注意内存块前 8 字节 0x8001000a016a7d0，它看起来像一个非堆指针值。通过比较进程的内存映射，很明显这个地址属于共享库的全局.data 部分，在这种情况下，它可能是指向某个 C++类的虚拟表的指针。如果这是真的，我们可以通过检查虚拟表轻松地找出类型。我们的服务器程序是用 IBM 的 Visual Age C++编译器编译的，其虚拟表由指向一个小型数据结构的指针组成，称为官方过程描述符（Official Procedure Descriptor）。结构的一个数据成员是实际的函数地址。

以下 dbx 命令显示了函数名称：

```
(dbx)=> 0x8001000a016a7d0 /8llx
0x08001000a016a7d0:  8001000a016cb40  8001000a016cb58
0x08001000a016a7e0:  8001000a016cb70  8001000a016cb88
0x08001000a016a7f0:  8001000a016cba0  8001000a016cbb8
0x08001000a016a800:  8001000a016cbd0  8001000a016cbe8

(dbx)=> 0x8001000a016cb40 /3llx
0x08001000a016cb40:  800000001bb3380  8001000a016ea48
0x08001000a016cb50:  0

(dbx)=> listi 0x800000001bb3380
0x800000001bb3380 (AIMsg::QueryInterface(const _GUID&,
                void**)) 7c0802a6 mflr r0
```

第一个命令列出了虚拟表的内容，这些内容是指向官方过程描述符的指针。第二个命令列出了第一个官方过程描述符的内容，其中包括函数地址、TOC（目录）地址和使用了环境指针的语言的环境指针（大多数为 0）。第三个命令反汇编了函数的第一条指令，显示了 AIMsg::QueryInterface 的函数名称。

由此我们可以确定，从 0x1280b03e8 开始的 80 字节内存块是类 AIMsg 的一个实例。通过以其 C++类型打印出内存块的全部内容，进一步证实了这一点。首先类 AIMsg 的大小是 80 字节。其次，对象的所有数据成员看起来都合理。我们一直在查找的引用 0x00000001283a0078 属于嵌套数据结构 mMsgBuf 的数据成员 mpMiniBuffer。

```
    (dbx)=> print sizeof(AIMsg)
80

    (dbx)=> print *( AIMsg*) 0x1280b03e8
mMemoryContractPtr.mpData = (nil)
mnRef.mnAtomicLongData = 1
mMsgBuf.mnRef.mnAtomicLongData = 0
mMsgBuf.mpRegionLockCS.StrongBase<Synch__CriticalSection *,
  Base__DeleteOperatorGeneric<Synch__CriticalSection>>
  ::mData = 0x0000000126a332c8
mMsgBuf.mpMiniBuffer = 0x00000001283a0078
```

　　有些读者可能会好奇为什么调试器打印出的上面清单中类 AIMsg 的数据成员总共只有 40 字节。仔细观察 80 字节内存块的内存内容，有 5 个类似指针的数据成员，一共 40 字节，都指向同一个区域，即类的虚表。因为类 AIMsg 有多个基类，所以编译器必须生成 5 个隐藏的数据成员，它们是指向基类的虚拟表的指针。下面列出 AIMsg 类的声明，解释它的内存布局。

```
class AIMsg :
    public IPersistMemory,
    public IStream,
    public IAIMsg2,
    public IAIIMsg
{
public:
    AIMsg(Base::MemoryContract* ipMemoryContract = NULL);
    virtual ~AIMsg() throw();
    STDMETHOD(QueryInterface)(REFIID riid, LPVOID * ppvObj);
    ...
private:
    Base::SmartPtrI<Base::MemoryContract>
                                  mMemoryContractPtr;
    Synch::AtomicLong mnRef;
protected:
    LAIMsgBuf mMsgBuf;
};
```

数据成员 mpMiniBuffer 是一个指向 64 字节大小的结构体 MiniBuffer 的指针：

```
    (dbx)=> print sizeof(MiniBuffer)
64

    (dbx)=> print *(MiniBuffer *)0x1283a0078
mpBeginBuffer = 0x0000000128090378
mpEndBuffer = 0x00000001280903a0
mpEndData = 0x00000001280903a0
```

```
mpCurrentPosition = 0x0000000128090378
mMemoryContractPtr.mpData = (nil)
mpWStrings._Head = 0x00000001283301b0
mpWStrings._Size = 0
```

这个 MiniBuffer 对象直接指向了有问题的 40 字节内存块。应用程序逻辑表明，该缓冲区用于接收一个网络消息，该消息需要转换一些数据成员的字节序，预计消息以固定的 68 字节头开始，后面跟随着不同大小的消息体。换句话说，网络消息缓冲区的长度应至少为 68 字节。我们的代码首先处理此头部以获取消息的特征，例如大小、类型等。我们怀疑一个仅为 40 字节长的格式不正确的消息欺骗了服务器，将 40 字节缓冲区视为 68 字节消息头，因此溢出到其后面的内存块，随着紧邻在消息缓冲区后面并成为受害者的对象的不同，服务器可能会在各种地方随机崩溃。这个理论与我们迄今为止的所有证据和实验相吻合。

对这一新发现倍感兴奋，笔者马上编写了另一个调试库来证明罪魁祸首确实是消息缓冲区，并找到了这个格式错误消息的来源。调试库的设计是为了追踪任何 40 字节长的消息，以揭示问题的来源。

果然，我们在下周如预期那样获得了信息。结果显示，消息来自客户本地网络中的另一台服务器，在生成的核心转储文件中包含了它的 IP 地址。在与客户确认后，发现拥有该 IP 地址的服务器托管了一个网络安全程序，该程序定期扫描所有内网机器以查找安全漏洞。该程序发送的 TCP/IP 数据包恰好与我们的服务器使用的消息头格式相同。它欺骗我们的服务器程序处理这个消息包作为一个客户端消息，并触发了这个 bug。我们终于找到的问题的源头，结束了一段漫长的寻找神秘问题的旅程。

笔者随后编写了一个简单的 perl 脚本，向服务器发送一个具有相同 40 字节消息的 TCP 数据包。脚本轻松地再现了服务器程序崩溃的问题，从而完全证实了我们的理论，并给问题画上了句号。

3.3.3　错误和有价值的点

在整个调试过程中，我们使用的调试库的数量前所未有。这显然是不理想的，客户几乎对我们服务器程序的稳定性失去了信心。回顾过去，笔者意识到自己犯了一些错误，这些错误延迟了问题的解决。首先，在早期阶段，忽略了内存溢出的可能性。通常，被覆写的内存会被更改为与原始值无关且随机的新值。但是，这个 bug 仅在原地转换为受害内存块的字节序，这不是内存溢出的典型表现。因此，笔者过于迅速地将调查范围缩小到释放的内存访问。其次，笔者过于担忧调试库对性能的影响。原因是过多的开销可能会改变程序的执行时间，并阻止错误的再现。这种担忧被证明是没有根据的。调试库应该在允许的范围里全面检查堆数据结构。这可能会在一定程度上降低服务器的性能，但是，对堆数据完整性的彻底验证将为我们提供更多线索来捕获错误。

在经历了漫长的调试过程并最终解决此问题后，也有一些亮点：虽然我们无法现场调试实时进程，但调试库确实暴露了有问题的内存块，尽管我们花了一些时间才做对；笔者开发了一个调试器插件并将它不断完善为 Core Analyzer，这在分析核心转储方面帮助很大。AIX 调试器（dbx）没有搜索堆中特定模式的功能，使用人工的方法在一个大小为千兆字节的核心转储文件中查找引用是一项艰巨的任务，可以说是不可能完成的。但是，找到这些引用至关重要，因为它们可以建立数据对象之间的关系。Core Analyzer 在这个案例和许多其他情况下被证明是有帮助且功能强大的。我们将在第 11 章深入学习它。

3.4　实战故事 3：覆写栈变量

大多数内存调试工具可以检测堆上的内存损坏。然而，当损坏发生在栈上时，这些工具就无能为力了。因此，在某些情况下，栈内存损坏可能更难以调试。由于栈变量是在编译时由编译器分配的，因此在程序运行时无法填充。

栈帧随着函数调用链的变化而不断被创建和丢弃，这取决于程序运行时的逻辑。尽管栈变量的相对位置（即相对于函数栈帧的偏移量）是由编译器静态确定的，但它没有固定的内存地址，因为每次创建栈帧时，它可能具有不同的起始地址。这使得调试变得稍微困难一些。与众多堆调试工具相比，调试栈内存损坏的工具要少得多。以下故事是一个栈变量覆写的例子。

3.4.1　症状

我们的服务器程序在客户站点上意外崩溃。好吧，崩溃总是意想不到的，因为我们希望服务器程序全年无休地运行，或者至少停机时间很短。客户注意到崩溃最有可能在重负载时发生。我们下载了核心转储文件，发现了如下回溯信息：

```
#0  0x0000002a95910bfb in
    Synch::Semaphore::SmartLock::ReleaseResource ()
#1  0x0000002a9716cbc7 in LAINetReactor::startListen ()
#2  0x0000002a9716c316 in LAINetReactor::Run ()
#3  0x0000002a9674ff3e in LAIThreadPoolTask::Run ()
#4  0x0000002a9673c8e7 in LAIThread::Run ()
#5  0x0000002a9591917e in Synch::RunnableProxyImpl::Run ()
#6  0x0000002a95910dfc in Synch::ThreadImpl::ThreadFunction ()
#7  0x0000003137206137 in start_thread () from
    /lib64/tls/libpthread.so.0
#8  0x00000031369c7113 in clone () from /lib64/tls/libc.so.6
```

3.4.2　分析和调试

多个核心转储文件一致显示服务器在一个函数 Synch::Semaphore::SmartLock::ReleaseResource 中崩溃，即上面列出的第 0 帧。该对象（Semaphore::SmartLock 类）似乎无效。通过向上移动一层栈到第 1 帧可知，该对象实际上是函数 LAINetReactor::startListen 的局部变量 aSemaphoreLock。下面列出缩短过的源代码。

```
Int LAINetReactor::startListen(Int32 iTimeOut)
{
```

```
...
for(;;)
{
    Synch::Semaphore::SmartLock aSemaphoreLock
                    (*(mServer->mpAcceptSemaphore));
    fd_set temp_hs = read_hs;

    FD_SET(listener, &temp_hs);
    int error = select(highsock+1, &temp_hs, NULL, NULL,
                    &timewait);
    if (error==0) // timeout
    {
        if(fAccepting)
            aSemaphoreLock.ReleaseResource();
    }

    LAINetHandle newHandle = INVALID_SOCKET;
    if(FD_ISSET(listener, &temp_hs))
    {
        newHandle = accept(listener, &remote_addr,
                        &addr_size );
    }

    if(newHandle != INVALID_SOCKET)
    {
        FD_SET(newHandle, &read_hs);
    }
    ...
}
}
```

局部变量 aSemaphoreLock 是由传入参数 this->mServer->mpAcceptSemaphore 构造的。注意，帧#1 中的此对象属于 LAINetReactor 类。调查集中在这个对象上。由于此对象由多个线程共享，因此认为这里可能存在线程安全问题。然而，在经过广泛的代码审查和压力测试之后，并没有找到任何证据证明这是罪魁祸首。关于这个理论，我们无法得出结论。

我们不得不回到原点，从另一个角度审视这个问题。怀疑局部变量 aSemaphoreLock 受到了破坏。为了证实或反驳这一点，我们稍微修改了一下代码，并制作了一个调试库，使得 aSemaphoreLock 被哑变量包围，这些哑变量充当内存填充以吸收任何可能的覆写破坏。

```
Int LAINetReactor::startListen(Int32 iTimeOut)
{
    ...
    for(;;)
    {
        char dumb_var1[8];
```

```
        Synch::Semaphore::SmartLock aSemaphoreLock
                        (*(mServer->mpAcceptSemaphore));
        char dumb_var2[8];
        ...
    }
}
```

此修改起到了作用，服务器不再崩溃。

受到这个进展的鼓舞，我们仔细研究了 LAINetReactor::startListen 函数中栈变量的布局，发现局部变量 temp_hs 在栈上紧挨在 aSemaphoreLock 的前面。这个变量是 fd_set 类型的数据结构，它是一个大小为 FD_SETSIZE 的位数组。数组的每一位都映射到从 0 到 FD_SETSIZE-1 的相应文件描述符。系统 API select 使用这个位数组作为输入和输出参数，以监视与指定文件描述符相关的 IO 事件。这个数据结构在系统头文件 select.h 中声明，代码如下：

```
/* The fd_set member is required to be an array of longs. */
#define __FD_SETSIZE   1024
typedef long int __fd_mask;
typedef struct
{
  __fd_mask fds_bits[__FD_SETSIZE / __NFDBITS];
 # define __FDS_BITS(set) ((set)->fds_bits)
} fd_set;
```

在系统头文件中定义了几个宏来按位访问这个数组，但是它们都没有边界检查：

```
/* Access macros for `fd_set'. */
#define FD_SET(fd, fdsetp)      __FD_SET (fd, fdsetp)
#define FD_CLR(fd, fdsetp)      __FD_CLR (fd, fdsetp)
#define FD_ISSET(fd, fdsetp)    __FD_ISSET (fd, fdsetp)
#define FD_ZERO(fdsetp)         __FD_ZERO (fdsetp)
#define __NFDBITS               (8 * sizeof (__fd_mask))
#define __FDELT(d)              ((d) / __NFDBITS)
#define __FDMASK(d)             ((__fd_mask) 1 << ((d) % __NFDBITS))
#define __FD_ZERO(s) \
  do { \
    unsigned int __i; \
    fd_set *__arr = (s); \
    for (__i = 0; __i < sizeof (fd_set) / sizeof(__fd_mask); \
       ++__i) \
      __FDS_BITS (__arr)[__i] = 0; \
  } while (0)
#define __FD_SET(d, s) (__FDS_BITS(s)[__FDELT(d)] |= __FDMASK(d))
#define __FD_CLR(d, s) (__FDS_BITS(s)[__FDELT(d)] &= ~__FDMASK(d))
#define __FD_ISSET(d, s) ((__FDS_BITS (s)[__FDELT(d)] &
                        __FDMASK(d)) != 0)
```

因此有理由相信数组可能会溢出。虽然有几行代码会读取位数组，但只有一行代码会写入它，这可能会破坏数组后面的变量。

```
FD_SET(newHandle, &read_hs);
```

回顾函数的源代码，局部变量 newHandle（一个文件描述符）是从系统调用 accept 返回的。程序试图通过套接字接收客户端连接，一旦有新连接进入，这个系统调用将为其返回一个文件描述符。如果 newHandle（新套接字连接的文件描述符）超出了 fd_set 位数组的范围，即大于 FD_SETSIZE，它最终会覆写数组 temp_hs 的最后一位，并破坏其后面的局部变量 aSemaphoreLock。有了这个假设，我们又制作了一个调试库，用于检查和记录系统调用 accept 返回的所有文件描述符。果然，我们在日志文件中看到，在高负载下，文件描述符可能大于 FD_SETSIZE。

进一步调查发现，系统调用 accept 返回的文件描述符大于 FD_SETSIZE，究其原因是服务器进程使用了超过 FD_SETSIZE 或 1024 个文件描述符，用于其他 IO，例如常规文件、管道和套接字连接。而此前我们从未想过会使用这么多文件描述符，也没有检查边界。

3.5   本章小结

本章首先介绍了一些常见的内存损坏问题；然后讨论了调试各种内存访问错误的一般过程，尤其是初始调查；接着广泛讨论了常见内存调试工具的工作原理，并且详细阐述了两个在实际工作中如何调试内存错误的故事。这将帮助读者在面对内存损坏的问题时更加从容，并且为接下来更加深入地学习调试工具打下基础。

第 4 章

C++对象布局

第 2 章讨论了内存管理器如何进行内存管理。当内存管理器分配一块内存后，其所有权便转移到了请求该内存的应用程序代码上。内存管理器会将这块内存标记为正在使用，直至应用程序释放它为止，期间不会对它进行任何操作。在内存使用过程中，内存管理器并不知道也不关心应用程序如何使用它，只要应用程序不越过内存块用户空间的边界即可。

本章将讨论应用程序或编译器如何使用分配好的内存，即如何布局数据结构以及对象如何被创建、更新和销毁。那么，这与调试有何关系呢？一个内存块的内容可以反映存储在该内存块中的对象的逻辑状态。因此，理解内存块中的每个比特和字节以及它们与对象之间的关联是有益的。当一个对象处于损坏或不一致的状态时，这里的知识可以帮助工程师找出可能的原因。

本章首先介绍对齐和大小端（Alignment and Endian）的概念，然后详细解析 C++对象的布局方式。

4.1 对齐和大小端

对齐和大小端都是与计算机内部如何表示和存储数据相关的概念，但它们涉及的方面是不同的。

4.1.1 对齐

各种处理器架构支持类似的原始数据类型，例如字节（Byte）、半字（Half Word）、字（Word）和双字（Double Word）等。不同的指令被设计用于处理特定的数据类型，例如加载 1 字节的指令与加载一个字的指令是不同的。

一些架构（如 SPARC）要求内存索引的地址正确对齐。例如，一个字（在 C/C++中是整数）必须是 4 字节对齐的，这意味着对应的地址必须能被 4 整除。如果地址没有按照要求对齐，用访问字的指令访问该地址将会抛出一个硬件异常。这通常会导致应用程序产生一个总线错误信号。而其他一些架构（如 x86 系列）没有如此严格的要求，但是我们通常是对齐的，否则在某些情况下会有性能损失。因此，所有编译器默认会将数据放在合适的对齐位置，即使在那些不强制要求对齐的架构中。

C/C++数据类型，如字符、短整数、整数、长整数、浮点数、双精度浮点数等，在目标架构中都有相应的数据类型。因此，编译器会相应地对齐这些数据类型。对于复合数据类型（如结构体和数组），编译器必须确保所有数据字段在任何嵌套层次上都是对齐的。

结构体的对齐要求是所有单个字段中的最大要求。数组的对齐要求与数组中每个元素的要求相同。如果复合类型具有多个层级，那么这些规则适用于所有层级。例如，以下这个 C 语言结构体：

```
struct aggr_type{
    char c;
    int i;
    short s;
    double d;
};
```

在所有的字段中，字段 d 的对齐要求最大，为 8 字节。因此，这个结构体 aggr_type 需要按 8 字节对齐。它同时也需要一些填充，从而确保每个字段满足对齐要求。

图 4-1 描绘了以上结构体对应的填充（灰色的方框）。字段 c 一共有 3 字节的填充，字段 s 有 6 字节的填充。这些填充使得紧接的字段 i 和字段 d 相应地对齐在需要的 4 字节和 8 字节上。

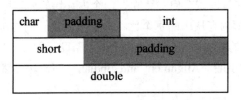

图 4-1　数据结构对齐填充

有些面试题喜欢询问如何排列相应的字段以便更省空间。当编译器为栈分配变量时，会确保每个变量，无论是原始类型还是复合类型，都满足其对齐要求。此外，ABI 还会指出整个栈帧需要满足某个最小对齐值，以确保栈上的局部变量和系统数据都能正确对齐。因此，栈变量之间存在许多对齐填充。

堆中分配的数据对象也需要满足相同的要求。然而内存管理器只知道请求的内存块大小，并不了解背后的数据对象的数据类型，也不知道它的对齐要求。为了正常工作，内存管理器会确保返回的内存块满足目标架构的最大可能对齐要求，尽管这意味着一些空间浪费，因为实际的数据对象的对齐可能并不需要这么严格。举个例子：大多数 CPU 架构最大的对齐要求是 16 字节，如果应用程序申请 12 字节的内存，那么内存管理器返回的内存块的地址需对齐在 16 字节上，也就是说必须能被 16 整除。如果内存管理器的可分配内存的起始地址不在 16 字节边界上，那么它需要浪费几字节，从下一个 16 的整数倍的地址处开始分配。

4.1.2　大小端

具体的处理器架构还需要确定内存中数据的字节顺序，即采用大端还是小端方案。

在小端序（Little Endian）中，一个多字节数据的最低位字节（最不重要的字节）放在最低地

址处，而最高位字节（最重要的字节）放在最高地址处。在大端序（Big Endian）中，一个多字节
数据的最高位字节（最重要的字节）存储在最低的内存地址处，而最低位字节（最不重要的字节）
存储在最高的内存地址处。

x86 处理器采用的是小端字节序，而 PowerPC 和 SPARC 采用大端字节序。有趣的是，Itanium
芯片可以通过一个开关设置为大端或小端字节序。

举个例子，让我们看看下面的变量：

```
unsigned long var = 0x0123456789abcdef;
```

在小端架构中（x86_64），调试器显示的内存布局如下：

```
(gdb) x/8x &var
0x7fbffff4a8:  0xef 0xcd 0xab 0x89 0x67 0x45 0x23 0x01
```

最低字节 0xef 被放在了低地址 0x7fbff4a8，同时最高字节 0x01 被放在了高地址 0x7fbfff4af。
同样的变量在大端的机器上（UltraSPARC）显示相反的内存布局：

```
0xffffffff7ffffa50:  0x01 0x23 0x45 0x67 0x89 0xab 0xcd 0xef
```

笔者在一开始接触大端小端的时候，总是忘记它们具体的布局方式。这里说一说笔者的记忆
方法：小端对应的英文是 Little-Endian，也就是小地址存放尾部的数字（即低位的数字）。同理，
大端对应的英文是 Big-Endian，即大地址存放尾部的数字（即低位的数字）。

另外值得指出的一点是，在调试器里面，一般的输出都是从低地址到高地址。

了解目标处理器架构的字节顺序非常重要，因为在涉及跨平台数据传输或在不同架构之间共
享数据时，字节顺序的差异可能导致问题。在这些情况下，通常需要进行字节序转换以确保数据的
正确性。

4.2　C++对象布局

C++被广泛应用于大型程序中。调试 C++程序存在一些独特的挑战，其中一个复杂之处在于
C++数据对象的内存布局。除了在源代码中明确声明的数据成员（例如 C 结构）之外，编译器还
需要在 C++数据对象中插入一些隐藏的数据成员和辅助函数，以实现 C++语义，例如继承和多态
性。

以下示例将帮助读者了解底层的实现，以及如何使用编译器和其他实用程序查看复杂 C++对
象的内部。下面列出的源代码是稍作更改的生产代码摘录，读者可以忽略类的实际功能，重点关注
它们的数据结构布局。

```
// 基本数据类型
typedef struct _GUID
{
    unsigned int Data1;
    unsigned short Data2;
```

```
    unsigned short Data3;
    unsigned char Data4[8];
} GUID;

extern "C" const GUID IID_IClassFactory;

typedef int(_ATL_CREATORARGFUNC)(void* pv,
                                 const GUID & riid,
                                 void** ppv,
                                 unsigned long* dw);
typedef int(_ATL_CREATORFUNC)(void*pv, const GUID&riid, void** ppv);

struct _ATL_INTMAP_ENTRY
{
    const GUID* piid;
    unsigned long dw;
    _ATL_CREATORARGFUNC* pFunc;
};

struct _ATL_CHAINDATA
{
    unsigned long dwOffset;
    const _ATL_INTMAP_ENTRY* (*pFunc)();
};

// 基类
struct IUnknown
{
public:
    virtual int QueryInterface(const GUID&riid, void**ppvObject)= 0;

    virtual unsigned int AddRef(void) = 0;

    virtual unsigned int Release(void) = 0;
};

struct IClassFactory : public IUnknown
{
public:
    virtual int CreateInstance(IUnknown* pUnkOuter,
                               const GUID& riid,
                               void** ppvObject) = 0;

    virtual int LockServer(bool fLock) = 0;
};
```

```
class CComObjectRootBase
{
public:
    CComObjectRootBase() {}

    int FinalConstruct();

    void FinalRelease();

    static int
    InternalQueryInterface(void* pThis,
                           const _ATL_INTMAP_ENTRY* pEntries,
                           const GUID& iid,
                           void** ppvObject);

    unsigned int OuterAddRef();

    unsigned int OuterRelease();

    int OuterQueryInterface(const GUID& iid, void** ppvObject);

    void SetVoid(void*);

    void InternalFinalConstructAddRef();

    void InternalFinalConstructRelease();

    static int _Cache(void* pv,
                      const GUID& iid,
                      void** ppvObject,
                      unsigned long dw);

    static int _Delegate(void* pv,
                         const GUID& iid,
                         void** ppvObject,
                         unsigned long dw)
    {
        int hRes = ((int)0x80004002);
        IUnknown* p = *(IUnknown**)((unsigned long)pv + dw);
        if (p != 0)
            hRes = p->QueryInterface(iid, ppvObject);
        return hRes;
    }

    static int _Chain(void* pv,
                     const GUID& iid,
```

```
                        void** ppvObject,
                        unsigned long dw)
    {
        _ATL_CHAINDATA* pcd = (_ATL_CHAINDATA*)dw;
        void* p = (void*)((unsigned long)pv + pcd->dwOffset);
        return InternalQueryInterface(p,
                                      pcd->pFunc(),
                                      iid,
                                      ppvObject);
    }

    unsigned int m_dwRef;
    IUnknown* m_pOuterUnknown;
};

template <class ThreadModel>
  class CComObjectRootEx;

template <class ThreadModel>
  class CComObjectLockT
{
public:
    CComObjectLockT(CComObjectRootEx<ThreadModel>* p)
    {
        if (p)
            p->Lock();
        m_p = p;
    }

    ~CComObjectLockT()
    {
        if (m_p)
            m_p->Unlock();
    }
    CComObjectRootEx<ThreadModel>* m_p;
};

template <class ThreadModel>
class CComObjectRootEx : public CComObjectRootBase
{
public:
    typedef ThreadModel _ThreadModel;
    typedef typename _ThreadModel::AutoCriticalSection _CritSec;
    typedef CComObjectLockT<_ThreadModel> ObjectLock;

    CComObjectRootEx()
```

```cpp
        {
            m_pcritsec = new _CritSec();
        }

    virtual ~CComObjectRootEx()
    {
        if (m_pcritsec)
        {
            delete m_pcritsec;
            m_pcritsec = 0;
        }
    }

    unsigned int InternalAddRef()
    {
        return _ThreadModel::Increment(&m_dwRef);
    }

    unsigned int InternalRelease()
    {
        return _ThreadModel::Decrement(&m_dwRef);
    }

    void Lock()
    {
        if (m_pcritsec)
            m_pcritsec->Lock();
    }

    void Unlock()
    {
        if (m_pcritsec)
            m_pcritsec->Unlock();
    }

protected:
    void _SetSubjectObject() { }

private:
    _CritSec *m_pcritsec;
};

class CComFakeCriticalSection
{
public:
    CComFakeCriticalSection() { }
```

```
    void Lock() { }

    void Unlock() { }

    void Init() { }

    void Term() { }
};

class CComMultiThreadModel
{
public:
    static unsigned int Increment(unsigned int* p)
    {
        return ++(*p);
    }

    static unsigned int Decrement(unsigned int * p)
    {
        return --(*p);
    }

    typedef CComFakeCriticalSection AutoCriticalSection;
};

// 我们感兴趣的类
class CComClassFactory : public IClassFactory,
                        public CComObjectRootEx<CComMultiThreadModel>
{
public:
    CComClassFactory() { }

public:
    typedef CComClassFactory _ComMapClass;
    static int _Cache(void* pv,
                      const GUID& iid,
                      void** ppvObject,
                      unsigned long dw)
    {
        _ComMapClass* p = (_ComMapClass*)pv;
        p->Lock();
        int hRes = CComObjectRootBase::_Cache(pv,
                                              iid,
                                              ppvObject,
                                              dw);
```

```
        p->Unlock();
    return hRes;
}


IUnknown* _GetRawUnknown()
{
    return (IUnknown*)((unsigned long)this+_GetEntries()->dw);
}


IUnknown* GetUnknown()
{
    return _GetRawUnknown();
}


int QueryInterface(const GUID& iid, void** ppvObject)
{
    return InternalQueryInterface(this,
                                  _GetEntries(),
                                  iid,
                                  ppvObject);
}


unsigned int AddRef()
{
    return InternalAddRef();
}


unsigned int Release()
{
    return InternalRelease();
}


const static _ATL_INTMAP_ENTRY* _GetEntries()
{
    static const _ATL_INTMAP_ENTRY _entries[] = {
       {&IID_IClassFactory,
         ((unsigned long)(static_cast<IClassFactory*>
         ((_ComMapClass*)8))-8), ((_ATL_CREATORARGFUNC*)1)},
       {0, 0, 0}};
    return _entries;
}


virtual int CreateInstance(IUnknown * pUnkOuter,
                           const GUID & riid,
                           void** ppvObj)
```

```
    {
        // fake
        return 0;
    }

    virtual int LockServer(bool fLock)
    {
        // fake
        return 0;
    }

    void SetVoid(void* pv);

    _ATL_CREATORFUNC* m_pfnCreateInstance;
};

// 测试代码
IClassFactory* GetClassFactory()
{
    CComClassFactory* lpNewFactory = new CComClassFactory;
    IClassFactory* lpFactoryInterface = lpNewFactory;
    CComObjectRootBase* lpRootBase = lpNewFactory;

    lpFactoryInterface->LockServer(false);

    return lpFactoryInterface;
}

void ReleaseClassFactory(CComClassFactory* ipFactory)
{
    delete ipFactory;
}
```

我们感兴趣的类是 CComClassFactory，它有两个基类，这些基类又有各自的基类。图 4-2 显示了它们的继承关系。

该示例中的类相当复杂，包含虚函数和多重继承。编译器必须以一种透明的方式布置类，以使这些特性对源程序透明。此外，它还需要生成辅助对象（如虚函数表、typeinfo 对象等）。下面让我们来看看它是如何做到的。本示例中使用的编译器是 g++，它具有一个很好的命令行选项"-fdump-lang-class"。该选项会从编译器的视角输出对象的详细布局，有助于我们理解对象的内存内容。以下清单是生成的文件，用于展示代码中的类。

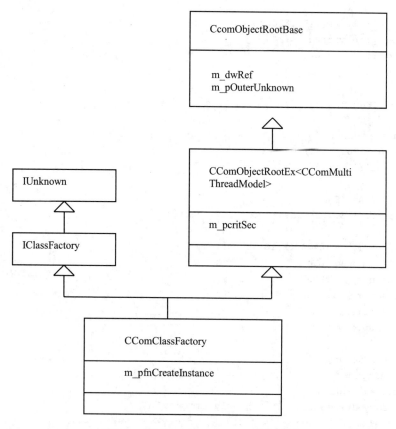

图 4-2　类 CComClassFactory 的继承树

```
Class _GUID
   size=16 align=4
   base size=16 base align=4
_GUID (0x2a985d4c80) 0

Class _ATL_INTMAP_ENTRY
   size=24 align=8
   base size=24 base align=8
_ATL_INTMAP_ENTRY (0x2a985d8700) 0

Class _ATL_CHAINDATA
   size=16 align=8
   base size=16 base align=8
_ATL_CHAINDATA (0x2a985d8b80) 0

Vtable for IUnknown
IUnknown::_ZTV8IUnknown: 5u entries
0     0u
```

```
8     (int (*)(...))(&_ZTI8IUnknown)
16    __cxa_pure_virtual
24    __cxa_pure_virtual
32    __cxa_pure_virtual


Class IUnknown
  size=8 align=8
  base size=8 base align=8
IUnknown (0x2a985d8f80) 0 nearly-empty
  vptr=((&IUnknown::_ZTV8IUnknown) + 16u)


Vtable for IClassFactory
IClassFactory::_ZTV13IClassFactory: 7u entries
0     0u
8     (int (*)(...))(&_ZTI13IClassFactory)
16    __cxa_pure_virtual
24    __cxa_pure_virtual
32    __cxa_pure_virtual
40    __cxa_pure_virtual
48    __cxa_pure_virtual


Class IClassFactory
  size=8 align=8
  base size=8 base align=8
IClassFactory (0x2a985f0600) 0 nearly-empty
  vptr=((&IClassFactory::_ZTV13IClassFactory) + 16u)
 IUnknown (0x2a985f0680) 0 nearly-empty
    primary-for IClassFactory (0x2a985f0600)


Class CComObjectRootBase
  size=16 align=8
  base size=16 base align=8
CComObjectRootBase (0x2a985f0c00) 0


Class CComFakeCriticalSection
  size=1 align=1
  base size=0 base align=1
CComFakeCriticalSection (0x2a9861ad00) 0 empty


Class CComMultiThreadModel
  size=1 align=1
  base size=0 base align=1
CComMultiThreadModel (0x2a98632300) 0 empty


Vtable for CComObjectRootEx<CComMultiThreadModel>
CComObjectRootEx<CComMultiThreadModel>::_ZTV16CComObjectRootExI20CComMultiThreadMo
```

```
delE: 4u entries
    0      0u
    8      (int (*)(...))(&_ZTI16CComObjectRootExI20CComMultiThreadModelE)
    16     CComObjectRootEx<ThreadModel>::~CComObjectRootEx [with ThreadModel =
CComMultiThreadModel]
    24     CComObjectRootEx<ThreadModel>::~CComObjectRootEx [with ThreadModel =
CComMultiThreadModel]

    Class CComObjectRootEx<CComMultiThreadModel>
      size=32 align=8
      base size=32 base align=8
    CComObjectRootEx<CComMultiThreadModel> (0x2a98632c80) 0

vptr=((&CComObjectRootEx<CComMultiThreadModel>::_ZTV16CComObjectRootExI20CComMultiThrea
dModelE) + 16u)
      CComObjectRootBase (0x2a98632e80) 8

    Vtable for CComClassFactory
    CComClassFactory::_ZTV16CComClassFactory: 13u entries
    0      0u
    8      (int (*)(...))(&_ZTI16CComClassFactory)
    16     CComClassFactory::QueryInterface
    24     CComClassFactory::AddRef
    32     CComClassFactory::Release
    40     CComClassFactory::CreateInstance
    48     CComClassFactory::LockServer
    56     CComClassFactory::~CComClassFactory
    64     CComClassFactory::~CComClassFactory
    72     -8u
    80     (int (*)(...))(&_ZTI16CComClassFactory)
    88     CComClassFactory::_ZThn8_N16CComClassFactoryD1Ev
    96     CComClassFactory::_ZThn8_N16CComClassFactoryD0Ev

    Class CComClassFactory
      size=48 align=8
      base size=48 base align=8
    CComClassFactory (0x2a98632b80) 0
      vptr=((&CComClassFactory::_ZTV16CComClassFactory) + 16u)
      IClassFactory (0x2a9863c580) 0 nearly-empty
        primary-for CComClassFactory (0x2a98632b80)
      IUnknown (0x2a9863c600) 0 nearly-empty
        primary-for IClassFactory (0x2a9863c580)
      CComObjectRootEx<CComMultiThreadModel> (0x2a9863c680) 8
        vptr=((&CComClassFactory::_ZTV16CComClassFactory) + 88u)
      CComObjectRootBase (0x2a9863c700) 16
```

文件以_GUID、_ATL_INTMAP_ENTRY、_ATL_CHAINDATA 等数据结构开头，这些是所谓的 PODS（Plain Old Data Structures，普通的旧数据结构）。PODS 的技术定义可以在 ANSI/ISO C++标准中找到。它基本上是指像 C 结构一样的数据结构，不具有成员函数或基类，也没有其他 C++特性（如继承或多态性）。因此，PODS 的内存布局与 C 结构相同。

对于每个数据结构，g++首先输出其总大小和对齐要求。例如，_GUID 结构体需要对齐 4 字节，因为它所有数据成员中的最大对齐（Data1）是 4。然后编译器打印出数据结构的层次结构。括号内的数字是编译器内部数据对象的地址，表示源代码的语法树。我们可以忽略这个数字，因为对关心编译器实现的人可能对它有兴趣。最后一个数字是相对于主结构体的嵌套数据结构的偏移量，如果没有继承，则为 0。

```
Class _GUID
    size=16 align=4
    base size=16 base align=4
_GUID (0x2a985d4c80) 0
```

使用虚函数、继承等特性的 C++数据结构具有更复杂的内存布局。除了类本身的布局外，编译器为每个类生成一个虚函数表 vtable，我们可以把它看作一个隐性的全局变量。虚函数表实际上就是一个指向虚函数的指针数组。C++的多态性是通过这个表实现的。虚函数表中的条目在运行时被重新定位，以指向相应的函数。

如果一个类声明了虚函数，或者直接或间接地派生自另一个声明了虚函数的类，那么为了定位 vtable，编译器会在类的布局中添加一个隐藏的成员变量，即指向类的 vtable 的指针。让我们仔细看一下示例代码中的每个类。

（1）IUnknown 类的虚函数表 vtable 有 5 个条目：

```
Vtable for IUnknown
IUnknown::_ZTV8IUnknown: 5u entries
0      0u
8      (int (*)(...))(&_ZTI8IUnknown)
16     __cxa_pure_virtual
24     __cxa_pure_virtual
32     __cxa_pure_virtual

Class IUnknown
    size=8 align=8
    base size=8 base align=8
IUnknown (0x2a985d8f80) 0 nearly-empty
    vptr=((&IUnknown::_ZTV8IUnknown) + 16u)
```

由于文件是以 64 位模式编译的，因此每个条目长度为 8 字节，即一个函数指针的大小。表的第 1 个条目是到派生类对象的偏移量（如果 vtable 是为基类生成的）。该值加到嵌套基类的地址上，即基对象的 this 指针，结果是派生类对象的地址。对于 IUnknown 类，没有基类，因此值为 0。稍后我们将看到此条目不为 0 的示例。

　　第 2 个条目指向该类的 typeinfo 对象。这是编译器生成的对象，在运行中抛出异常时用于栈展开。第 3、第 4 和第 5 个条目分别是指向类的虚函数 QueryInterface、AddRef 和 Release 的函数指针。由于这些函数是纯虚函数，因此被设置为 g++运行时函数__cxa_pure_virtual，这只是一个未解析虚函数的通用陷阱。

　　IUnknown 类几乎为空，因为它只有一个隐藏的数据成员 vptr，是指向 IUnknown 的 vtable 的指针。注意该指针指向第三个条目，即第一个虚函数，而不是 vtable 的开头。这是由编译器选择的实现方式。

　　（2）ClassFactory 类派生自基类 IUnknown。它也是一个纯虚类，没有任何数据成员，即几乎为空。类布局显示 IUnknown 是 IClassFactory 的主基类。主基类是指编译器选择与派生类共享相同起始地址的基类。通常需要虚函数表的基类会被选择为主基类，因为它的 vtable 是派生类 vtable 的子集，所以它可以在布局中与派生类共享指向 vtable 的指针。这为每个类实例节省了一个隐藏的数据成员，或者 8 字节。在我们的示例中，基类 IUnknown 与派生类 IClassFactory 共享 vptr。引用的虚拟表经过精心安排，使得 IUnknown 的条目与 IClassFactory 的条目在表布局中重叠。

　　（3）CComFakeCriticalSection 类为空。它没有任何数据成员。它也不需要 vtable，因为没有虚函数或继承。编译器还是给它分配了 1 字节。

　　（4）模板类 CComObjectRootEx<CComMultiThreadModel>派生自基类 CComObjectRootBase。它有一个虚析构函数，因此隐藏的数据成员 vptr 被分配在类布局的开头。

　　（5）紧接着是大小为 16 字节的基类 CComObjectRootBase，它是一个 PODS。CComObjectRootEx<CComMultiThreadModel> 类 的 唯 一 数 据 成 员 m_pcritsec 从 基 类 CComObjectRootBase 结束处开始，占用 8 字节。因此，该类的总大小为 32 字节。

　　（6）最后一个类 CComClassFactory 是最有趣的一个。该类的虚函数表有 13 个条目。

```
Vtable for CComClassFactory
CComClassFactory::_ZTV16CComClassFactory: 13u entries
0     0u
8     (int (*)(...))(& _ZTI16CComClassFactory)
16    CComClassFactory::QueryInterface
24    CComClassFactory::AddRef
32    CComClassFactory::Release
40    CComClassFactory::CreateInstance
48    CComClassFactory::LockServer
56    CComClassFactory::~CComClassFactory
64    CComClassFactory::~CComClassFactory
72    -8u    ← 第十个条目
80    (int (*)(...))(& _ZTI16CComClassFactory)
88    CComClassFactory::_ZThn8_N16CComClassFactoryD1Ev
96    CComClassFactory::_ZThn8_N16CComClassFactoryD0Ev

Class CComClassFactory
```

```
   size=48 align=8
   base size=48 base align=8
CComClassFactory (0x2a98632b80) 0
   vptr=((&CComClassFactory::_ZTV16CComClassFactory) + 16u)
 IClassFactory (0x2a9863c580) 0 nearly-empty
   primary-for CComClassFactory (0x2a98632b80)
  IUnknown (0x2a9863c600) 0 nearly-empty
    primary-for IClassFactory (0x2a9863c580)
 CComObjectRootEx<CComMultiThreadModel> (0x2a9863c680) 8
   vptr=((&CComClassFactory::_ZTV16CComClassFactory) + 88u)
  CComObjectRootBase (0x2a9863c700) 16
```

第 1 个条目为 0，因为它是具体类的 vtable。第 2 个条目指向类 CComClassFactory 的 typeinfo 对象。第 3 个到第九个条目是虚函数指针。第 10 个到第 13 个条目是基类 CComObjectRootEx<CComMultiThreadModel>的嵌入式虚拟表。注意第 10 个条目的值为-8。在运行时，dynamic_cast 运算符可以用它来计算从指向此基类的指针到派生类的地址。换句话说，通过将-8 添加到指向基类 CComObjectRootEx<CComMultiThreadModel>的指针，能得到具体类 CComClassFactory 的地址。这意味着基类位于具体类开始后的 8 字节处。通过下面的代码我们也许可以加深理解。

```
Void f(CComObjectRootEx<CComMultiThreadModel> *p_to_base) {
auto p_to_derived = dynamic_cast< CComClassFactory*>(p) //得到指向派生类的指针
}
```

另一方面，static_cast 运算符可用于将派生类转换为其基类之一。它不需要 vtable 的帮助，偏移量可以由编译器静态确定，只需将一个立即偏移数添加到派生类即可得到基类的地址。我们将在本节后面看到编译器生成的代码。

条目 11 是类 CComClassFactory 的类型信息对象的指针。这是为了在应用程序持有对基类的引用时生成的运行时对象识别。条目 12 和条目 13 是类 CComClassFactory 的析构函数的 thunk。thunk 是编译器添加的包含几条指令的微代码，用于将指针从基类（这里是 CComObjectRootEx<CComMultiThreadModel>）调整为派生类（CComClassFactory），然后执行若干个成员函数，这里是派生类的常规析构函数。

CComClassFactory 类的大小为 48 字节。它从指向类虚表的第 3 个条目的 vptr 开始，即类的第一个虚函数 Queryinterface。基类 IClassFactory 是选定的主基类，它也从类布局中的偏移量 0 开始。IClassFactory 还有一个基类，即 IUnknown，它是 IClassFactory 的主要基类，因为它是唯一的基类。现在我们看到这两个嵌套的基类都从偏移量 0 开始，并与具体类 CComClassFactory 共享指向相同虚表的指针。基类 CComObjectRootEx<CComMultiThreadModel>从偏移量 8 开始，如代码列表中所示，它占用 32 字节。在此之后，也就是从偏移量 40 开始的最后 8 字节，是 CComClassFactory 类的唯一数据成员 m_pfnCreateInstance。

```
Class CComClassFactory
```

```
  size=48 align=8
   base size=48 base align=8
CComClassFactory (0x2a98632b80) 0
  vptr=((&CComClassFactory::_ZTV16CComClassFactory) + 16u)
 IClassFactory (0x2a9863c580) 0 nearly-empty
    primary-for CComClassFactory (0x2a98632b80)
   IUnknown (0x2a9863c600) 0 nearly-empty
      primary-for IClassFactory (0x2a9863c580)
  CComObjectRootEx<CComMultiThreadModel> (0x2a9863c680) 8
    vptr=((&CComClassFactory::_ZTV16CComClassFactory) + 88u)
   CComObjectRootBase (0x2a9863c700) 16
```

图 4-3 展示了类 CComClassFactory 的内存布局。注意，编译器并没有将两个隐藏的数据成员命名为 vptr_1 和 vptr_2，它只使用相同的 vptr 标记它们，为了在下面的讨论中区分它们，笔者给它们进行了编号。

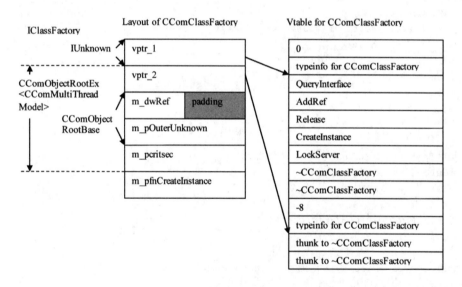

图 4-3　类 CComClassFactory 的内存布局

现在我们看到编译器如何布局一个复合类的基类和数据成员了。虚拟函数表是全局对象，具有与模块相同的生命周期。作为模块磁盘映像的一部分，它们在加载并重新定位到进程中后不会更改。然而，类实例（即数据对象）是动态的，具体取决于程序逻辑的设计，它们在创建，并在销毁时经历以下几个阶段。在对象的短暂生命周期中，其内存内容也会被多次更改。

（1）为对象请求大小合适的内存块。一般情况下，内存分配器返回的内存块包含由先前使用后留下的"随机值"，但是如果这块内存的系统页是第一次被进程使用，那么系统已经进行了清零处理。

（2）对象的构造函数对内存进行初始化，包括由编译器设置指向 vtable 的隐藏数据成员，并执行用户初始化代码。

（3）在运行中，应用程序代码会读写对象数据成员以反映程序的状态。数据对象即将退出声明范围时，析构函数会对其进行最后一次更改，这大致与初始化过程相反。

（4）释放内存块，也是最后一步。

如果工程师了解在对象创建、初始化、使用、销毁和释放时内存布局的应有的状态，那么将有助于在出现问题时验证对象的合法性。

为了更好地理解编译器如何创建和销毁一个对象，尤其是如何处理那些隐藏的数据成员，让我们深入研究一下指令级别的操作。以下命令为上述示例代码生成的汇编文件。笔者在文件中添加了一些注释。虽然不需要了解所有指令，但是应该能猜到其中大部分内容。我们的目的是理解对象 **CComClassFactory** 的完整生命周期。注意，汇编文件中的函数名称是编译器给的修饰名。

```
$g++ -g -S atlcom.cpp


############################################################
## 函数: GetClassFactory()
############################################################
_Z15GetClassFactoryv:
## 函数序言
    pushq    %rbp
    movq     %rsp, %rbp
    pushq    %rbx
    subq     $56, %rsp

## 调用 operator new(unsigned long) 函数
    movl     $48, %edi
    call     _Znwm@PLT

## 将分配的内存块的指针存储在[%rbp-40]中
    movq     %rax, -40(%rbp)

## 调用 CComClassFactory::CComClassFactory() 函数
    movq     -40(%rbp), %rdi
    call     _ZN16CComClassFactoryC1Ev@PLT

## 跳过处理异常的代码
    jmp      .L3

## 清理异常情况下的代码
    movq     %rax, -48(%rbp)
    movq     -48(%rbp), %rbx
    movq     -40(%rbp), %rdi
## 调用 operator delete(void*) 函数
    call     _ZdlPv@PLT
    movq     %rbx, -48(%rbp)
```

```
        movq    -48(%rbp), %rdi
        call    _Unwind_Resume@PLT
```

将局部变量 lpNewFactory 赋值在[%rbp-16]中

```
.L3:
        movq    -40(%rbp), %rax
        movq    %rax, -16(%rbp)
```

源代码：　IClassFactory* lpFactoryInterface = lpNewFactory;
将局部变量 lpFactoryInterface 赋值在[%rbp-24]中

```
        movq    -16(%rbp), %rax
        movq    %rax, -24(%rbp)
```

源代码：　CComObjectRootBase* lpRootBase = lpNewFactory;
检查派生类是否为 NULL
如果是，将基类设置为 NULL
否则，基类 CComObjectRootBase 位于派生类的偏移量 16 字节处

```
        cmpq    $0, -16(%rbp)
        je      .L6
        movq    -16(%rbp), %rax
        addq    $16, %rax
        movq    %rax, -56(%rbp)
        jmp     .L7
.L6:
        movq    $0, -56(%rbp)
```

将局部变量 lpRootBase 赋值在[%rbp-32]中

```
        movq    -56(%rbp), %rax
        movq    %rax, -32(%rbp)
```

源代码：　lpFactoryInterface->LockServer(false);
虚函数的地址位于基类 IClassFactory 的 vptr+32 处
这对应于 CComClassFactory 的虚函数表的第 7 个条目

```
        movq    -24(%rbp), %rax
        movq    (%rax), %rax
        addq    $32, %rax
```

现在，函数指针存储在%rax 中
设置第一个参数，隐藏的 this 指针存储在%rdi 中
设置第二个参数为常量 false 或 0，存储在%esi 中

```
        movq    -24(%rbp), %rdi
        movq    (%rax), %rax
        movl    $0, %esi
        call    *%rax
```

源代码：　return lpFactoryInterface;

```
        movq    -24(%rbp), %rax
```

```
    addq    $56, %rsp
    popq    %rbx
```

函数结语
```
    leave
    ret
```

```
#########################################################
```
函数: CComClassFactory::CComClassFactory()
```
#########################################################
_ZN16CComClassFactoryC1Ev:
```
函数序言
```
    pushq   %rbp
    movq    %rsp, %rbp
    subq    $16, %rsp
```

将 this 指针存储在栈上[%rbp-8]中
```
    movq    %rdi, -8(%rbp)
```

调用 IClassFactory::IClassFactory()函数
```
    movq    -8(%rbp), %rdi
    call    _ZN13IClassFactoryC2Ev@PLT
```

this+8
调用 CComObjectRootEx<CComMultiThreadModel>::CComObjectRootEx()函数
```
    movq    -8(%rbp), %rdi
    addq    $8, %rdi
    call    _ZN16CComObjectRootExI20CComMultiThreadModelEC2Ev@PLT
```

设置 vptrs
将 this->vptr_1 设置在 CComClassFactory 虚表中的偏移量 16 处
```
    movq    -8(%rbp), %rdx
    movq    _ZTV16CComClassFactory@GOTPCREL(%rip), %rax
    addq    $16, %rax
    movq    %rax, (%rdx)
```
将 this->vptr_2 设置在 CComClassFactory 虚表中的偏移量 88 处
```
    movq    -8(%rbp), %rdx
    addq    $8, %rdx
    movq    _ZTV16CComClassFactory@GOTPCREL(%rip), %rax
    addq    $88, %rax
    movq    %rax, (%rdx)
```

函数结语
```
    leave
    ret
```

```
########################################################
## 函数：IUnknown::IUnknown()
########################################################
_ZN8IUnknownC2Ev:
## 函数序言
    pushq   %rbp
    movq    %rsp, %rbp

## 将 this 指针存储在栈上[%rbp-8]中
    movq    %rdi, -8(%rbp)
## 将 this->vptr 设置在 IUnknown 虚表中的偏移量 16 处
    movq    -8(%rbp), %rax
    movq    _ZTV8IUnknown@GOTPCREL(%rip), %rdx
    addq    $16, %rdx
    movq    %rdx, (%rax)


.LBE6:
## 函数结语
    leave
    ret


#########################################################
## 函数：IClassFactory::IClassFactory()
#########################################################
_ZN13IClassFactoryC2Ev:
## 函数序言
    pushq   %rbp
    movq    %rsp, %rbp
    subq    $16, %rsp

## 将 this 指针存储在栈上[%rbp-8]中
    movq    %rdi, -8(%rbp)

## 调用 IUnknown::IUnknown()函数
    movq    -8(%rbp), %rdi
    call    _ZN8IUnknownC2Ev@PLT
## 将 this->vptr 设置在 IClassFactory 虚表中的偏移量 16 处
    movq    -8(%rbp), %rdx
    movq    _ZTV13IClassFactory@GOTPCREL(%rip), %rax
    addq    $16, %rax
    movq    %rax, (%rdx)


## 函数结语
    leave
    ret
```

```
##########################################################
## 函数: CComObjectRootEx<CComMultiThreadModel>::CComObjectRootEx()
##########################################################
_ZN16CComObjectRootExI20CComMultiThreadModelEC2Ev:
## 函数序言
    pushq    %rbp
    movq     %rsp, %rbp
    subq     $16, %rsp


## 将 this 指针存储在栈上[%rbp-8]中
    movq     %rdi, -8(%rbp)


## 调用 IUnknown::IUnknown()函数
    movq     -8(%rbp), %rdi
    call     _ZN8IUnknownC2Ev@PLT


## 将 this->vptr 设置为 IClassFactory 虚表中的偏移量 16 处
    movq     -8(%rbp), %rdx
    movq     _ZTV13IClassFactory@GOTPCREL(%rip), %rax
    addq     $16, %rax
    movq     %rax, (%rdx)


## 函数结语
    leave
    ret



##########################################################
## 函数: ReleaseClassFactory()
##########################################################
_Z19ReleaseClassFactoryP16CComClassFactory:
## 函数序言
    pushq    %rbp
    movq     %rsp, %rbp
    subq     $16, %rsp


## 将 this 指针存储在栈上[%rbp-8]中
    movq     %rdi, -8(%rbp)


## 如果对象为 NULL，则不进行任何操作
    cmpq     $0, -8(%rbp)
    je       .L18
## 通过虚表条目获取析构函数
## 调用位于[this->vptr+48]的函数指针,该函数指针指向 CComClassFactory::~CComClassFactory()
析构函数
    movq     -8(%rbp), %rax
```

```
    movq    (%rax), %rax
    addq    $48, %rax
    movq    -8(%rbp), %rdi
    movq    (%rax), %rax
    call    *%rax


.L18:
## 函数结语
    leave
    ret


###########################################################
## 函数: CComClassFactory::~CComClassFactory()
###########################################################
_ZN16CComClassFactoryD0Ev:
## 函数序言
    pushq   %rbp
    movq    %rsp, %rbp
    subq    $16, %rsp


## 将 this 指针存储在栈上[%rbp-8]
    movq    %rdi, -8(%rbp)


## 将 this->vptr_1 设置在 CComClassFactory 虚表中的偏移量 16 处
    movq    -8(%rbp), %rdx
    movq    _ZTV16CComClassFactory@GOTPCREL(%rip), %rax
    addq    $16, %rax
    movq    %rax, (%rdx)
## 将 this->vptr_2 设置在 CComClassFactory 虚表中的偏移量 88 处
    movq    -8(%rbp), %rdx
    addq    $8, %rdx
    movq    _ZTV16CComClassFactory@GOTPCREL(%rip), %rax
    addq    $88, %rax
    movq    %rax, (%rdx)
## 调用 CComObjectRootEx<CComMultiThreadModel>::~CComObjectRootEx()函数
## 调整 this 指针到相应的基类
    movq    -8(%rbp), %rdi
    addq    $8, %rdi
    call    _ZN16CComObjectRootExI20CComMultiThreadModelED2Ev@PLT
## 仅当 this 是具体类而不是基类时才释放内存块
    movl    $1, %eax
    andl    $3, %eax
    testb   %al, %al
    je      .L36
## 调用 operator delete(void*)函数
    movq    -8(%rbp), %rdi
```

```
   call    _ZdlPv@PLT
.L36:
## 函数结语
   leave
   ret


############################################################
## 函数: CComObjectRootEx<CComMultiThreadModel>::~CComObjectRootEx()
############################################################
_ZN16CComObjectRootExI20CComMultiThreadModelED2Ev:
## 函数序言
   pushq   %rbp
   movq    %rsp, %rbp
   subq    $16, %rsp


## 将 this 指针存储在栈上 [%rbp-8] 中
   movq    %rdi, -8(%rbp)


## 将 this->vptr 设置在 CComObjectRootEx<CComMultiThreadModel>虚表中的偏移量 16 处
   movq    -8(%rbp), %rdx
   movq    _ZTV16CComObjectRootExI20CComMultiThreadModelE@GOTPCREL(%rip), %rax
   addq    $16, %rax
   movq    %rax, (%rdx)
## 源代码:
## if (m_pcritsec)
##      {
##          delete m_pcritsec;
##          m_pcritsec = 0;
##      }
   movq    -8(%rbp), %rax
   cmpq    $0, 24(%rax)
   je      .L45
   movq    -8(%rbp), %rax
   movq    24(%rax), %rdi
   call    _ZdlPv@PLT
   movq    -8(%rbp), %rax
   movq    $0, 24(%rax)
## 编译器不会真正释放内存块，因为编译器知道这是基类之一的析构函数
   movl    $1, %eax
   andl    $0, %eax
   testb   %al, %al
   je      .L42
   movq    -8(%rbp), %rdi
   call    _ZdlPv@PLT


.L42:
```

```
## 函数结语
   leave
   ret
```

对这段汇编代码，读者可能一开始会觉得很复杂，因为它有点长并且涉及嵌套的基类和编译器生成的代码。但是，如果结合嵌入的注释进行阅读，就不难理解类的构造函数和析构函数是如何构建的。下面我们用伪代码进一步理一理。

1）初始化（new CComClassFactory）

（1）调用 operator new 分配大小为 sizeof（CComClassFactory）即 48 字节的堆内存。

（2）在刚分配的内存上，调用 CComClassFactory 的构造函数。

　　①调用 IClassFactory 的构造函数，无须调整 this 指针。

　　　　i. 调用 IUnknown 的构造函数，无须调整 this 指针。

　　　　　　设置 this->vptr 在 IUnknown 虚表偏移量 16 处。

　　　　　　运行 IUnknown 的用户初始化代码。

　　　　ii. 设置 this->vptr 在 IClassFactory 虚表偏移量 16 处。

　　　　iii. 运行 IClassFactory 的用户初始化代码。

　　②调用 CComObjectRootEx<CComMultiThreadModel>的构造函数，注意它的 this 指针在具体类的 8 字节偏移处，以及 this+8。

　　　　i. 调用 IUnknown 的构造函数，无须调整 this 指针。

　　　　　　设置 this->vptr 在 IUnknown 虚表偏移量 16 处。

　　　　　　运行 IUnknown 的用户初始化代码。

　　　　ii. 设置 this->vptr 在 IClassFactory 虚表偏移量 16 处。

　　　　iii. 运行 CComObjectRootEx<CComMultiThreadModel>的用户初始化代码。

　　③设置 this->vptr_1 在 CComClassFactory 虚表偏移量 16 处。

　　④设置 this->vptr_2 在 CComClassFactory 虚表偏移量 16 处。

（3）运行 CComClassFactory 的用户初始化代码。

在对象创建和初始化之后，隐藏的数据成员 vptr_1 和 vptr_2 将不会改变，它们对用户代码是透明的。应用程序拥有该对象，并可以按设计访问其数据成员。当应用程序释放对象并调用其析构函数后，所有的数据成员，不管是隐藏的还是显式的就都结束了，再访问它们就是无效且未定义的行为。

2）终结序列

终结序列与初始化顺序相反，如以下伪代码所示：

```
Finalization (delete CComClassFactory*):
```

调用 CComClassFactory 的析构函数。

①设置 this->vptr_1 在 CComClassFactory 虚表偏移量 16 处。

②设置 this->vptr_2 在 CComClassFactory 虚表偏移量 88 处。

③调用 CComObjectRootEx<CComMultiThreadModel>的析构函数，this+8。

 i. 设置 this->vptr 在 CComObjectRootEx<CComMultiThreadModel>虚表偏移量 16 处。

 ii. 调用 CComObjectRootEx<CComMultiThreadModel>的析构函数。

④调用 CComClassFactory 的析构函数的用户代码。

⑤调用 operator delete 来释放内存。

有趣的部分是对象的两个指针 vptr_1 和 vptr_2，它们指向 CComClassFactory 对象的不同虚函数表条目。它们在初始化或终止这些基类的阶段被重置为指向相应基类的虚函数表，以提供正确的上下文。如果在运行时检查对象，我们将看到这些指针的不同值，这取决于对象的状态。注意，从上面的指令代码可以看出，对于已释放或已销毁的对象，其 vptr 可能会被重置为指向其中一个基类的 vtable。我们将在下一节的实战故事中看到，当错误地访问已释放的对象时，它如何影响程序的行为。

4.3　实战故事 4：访问已经释放的数据

4.3.1　症状

程序在测试期间崩溃，调用栈显示代码正在调用一个对象的成员函数。但是，故障线程没有执行该方法，反而执行了 C++运行库的纯虚函数。此函数向程序发送终止信号并使程序崩溃。

4.3.2　分析和调试

源代码显示调用的成员函数是一个虚函数。这个类是从一个声明了纯虚函数的基类派生的。正如我们之前看到的，如果对象的析构函数被调用，它的虚指针 vptr 将改为指向基类的虚函数表，应用程序在对象被析构后不应再引用它。在本例中，程序错误地调用了已删除对象的虚函数，最终掉入 C++运行库的陷阱函数，而不是用户实现的函数。以下简化的代码说明了原因。

```
#include <stdio.h>

class Base
{
public:
    virtual void f() = 0;
    virtual ~Base() {};
};

class Derived: public Base
{
public:
```

```
    Derived(int i): mid(i) {}
    ~Derived() {}

    virtual void f() { printf("f() is called in class
                                Derived\n"); }
private:
    int mid;
};

int main()
{
    int rc = 0;

    Base* lpBase = new Derived(8);
    lpBase->f();
    delete lpBase;
    lpBase->f();

    return rc;
}
```

　　考虑到现有的症状，我们可以有把握地认定被访问的对象已经被析构了。内存管理器的元数据进一步确认了底层内存块已经被释放，并且不再处于应用程序的掌控之下。通过深入的代码检查与调试，我们发现这个对象可能被多个线程访问，却未得到适当的同步保护。因此，就可能出现这样一种情况：当一个线程正在访问该对象时，另一个线程已经将它删除。

4.4　搜索引用树

　　除了实验用的小程序，真正的生产中使用的程序会有许多数据对象。一个数据对象可以简单到像字符、整数、浮点数等基础类型，或者复杂到像具有多重继承的 C++对象。这些对象通过设计中的众多交叉引用相互关联，一个对象可能被多个其他对象共享或引用。应用程序代码通常需要通过多个间接引用来访问最终的目标对象。这种复杂关系使得当出现问题时，很难找出原因。

　　在典型的调试会话中，我们手头上可能有一个或多个可疑的数据对象。成功的关键有时在于找出哪些对象正在持有对可疑数据对象的引用，并可能潜在地错误地访问它。然而，如果没有足够的上下文信息，我们甚至可能不知道一个对象的数据类型。如果有调试符号可用，那么所有局部和全局变量的类型就是已知的。然而，由于堆对象没有调试符号来描述它，而且它们的数量远大于局部和全局变量，因此调试器对此也束手无策。通常的办法是找到引用该对象的局部或全局变量，然后间接地找出堆对象的类型。

　　以内存损坏为例，如实战故事 4 所述，我们可能看到一个状态无效的数据对象，并怀疑其相邻的内存块有问题。为了证明这个假设，我们需要知道相邻的对象是什么，从而检查代码如何在上下文中访问它。再举一个例子，当一个线程被阻塞时，我们通常会搜索所有线程（包括被阻塞的线程本身）的调用栈，以找到对线程被阻塞的同步对象的引用，从而找出谁正在持有互斥锁。

因此，需要找出所有对我们怀疑的对象的引用。怎么做呢？简而言之，搜索一个对象的引用就是找出所有直接或间接引用给定数据对象的活跃变量。

这听起来并不复杂，对于小程序来说确实也很容易，我们可以简单地手动检查有限数量的变量。然而，对于一个具有大地址空间的进程来说，这通常是一项艰巨的任务。例如，服务器程序在启动时有两百多个线程，并可以动态增长到一千多个；在堆上分配了大量内存用于数据处理，可能从几百兆字节到几百吉字节。

要手动找到一个引用，通常需要将进程附加到调试器，然后切换到每个活动线程，并检查该线程的每个函数的每个局部变量。这显然很辛苦，至少是非常耗时的。笔者数次在深夜里接到部门的邮件，工程师们描述他们是如何在干草堆中找到针的，笔者在钦佩他们的敬业的同时也深表同情。不难看出，这种方法有几个明显的缺点：

- 需要大量的时间和耐心，即使是有经验的工程师也是如此。难怪许多工程师会放弃这项艰苦的工作，而是等待问题在更容易调试的地方重复出现。
- 通过手动检查很难找出间接引用。本地变量可能指向堆对象，该堆对象又指向另一个堆对象。在到达疑似数据之前经历多个间接引用是很常见的，因此需要查看的数据对象会以指数级增长。
- 难以做到完整搜索。当我们手动搜索引用时，通常会搜索目标对象的起始地址，即 C++对象的 this 指针。然而，许多引用仅是整个对象的一部分或者是一个切片，例如 C++对象的纯接口。通过搜索 this 指针可能会得出不完整的结果。

当然，更好的方法是自动进行，至少大部分自动化，并且建立一些智能化的环节。本书介绍的工具（见第 11 章）以更通用、系统化的方式采取以下步骤进行操作：

步骤 01 确定目标对象所属的内存段：全局数据段、线程栈或堆。这需要一些对进程地址空间的了解（详见第 6 章）。

步骤 02 揭示对象在其上下文中的底层变量。全局数据对象是最简单的。如果包含该对象的模块是带有调试符号编译的，那么调试器应该能找出来。由于全局数据具有固定的位置和等同于已加载模块的长寿命，优化对全局数据的调试能力没有影响（我们将在第 5 章中看到）。读者也可以使用 readelf、objdump、nm 等实用程序从二进制文件中获取这些信息。

例如，下面的调试器命令显示给定地址 0x3f53c2fd38 的全局变量 stdin。

```
(gdb)x 0x0000003f53c2fd38
0x3f53c2fd38 <stdin>: 0x53c2fb00
```

此变量驻留在/lib64/tls/libc.so.6 模块的.data 节中。因此，我们还可以使用 nm 工具列出所有全局符号，并将地址与变量关联起来。

```
$ nm -g /lib64/tls/libc.so.6
0000003f53c2fd38 D stdin
```

上述输出中的第 1 列是符号的虚拟地址；第 2 列是符号类型，"D"表示全局数据对象；第 3 列显示符号的名称。在这个例子中，该机器上的 C 运行时库使用 prelink 进行了处理。因此，二进制文件中的虚拟地址对应于进程中变量的实际虚拟地址。我们将在第 6 章中详细介绍 prelink。

位于线程栈或寄存器中的对象一般为函数的局部变量，相应的栈帧已经创建。如何确定它的上下文呢？首先通过审查进程映射来确认其所处的线程栈——实际上，我们应该已经知道这一点，因为这就是确定数据对象在线程栈内的依据。接下来，需要寻找包含数据对象的栈帧和函数。这一步相对简单，因为我们可以展开所有的栈帧，通过帧指针计算每个栈帧的地址范围。

虽然调试器拥有完整的调试符号，能够识别所有局部变量的存储类型和位置，但是经常缺乏支持逆向查找给定数据对象地址的功能。利用调试器的插件功能，我们可以弥补这个不足。如果因编译器的激进优化而使得局部变量的调试符号缺失，我们仍可以通过对二进制指令的分析来揭示局部变量的分配情况（更多的细节可以在第 5 章找到）。总的来说，无论采取哪种方法，一旦我们理解了所有函数局部变量的布局，就能轻易找到需要搜索的变量。

如果数据对象属于堆，则很难确定其类型和所有者，因为动态创建的堆对象没有相应的调试符号。但是，我们仍然可以通过引用它的已知变量来间接挖掘它。以下步骤适用于堆数据对象。

步骤 01　查询内存管理器获取底层内存块的大小，它应该等于或稍大于（由于对齐或最小块大小的要求）对象的大小；查询它的当前状态，是空闲还是正在使用，如果内存块是空闲的，内存管理器应该是唯一主动引用它的；查询内存块的起始地址。具有继承的 C++对象有点复杂，因为从应用程序的角度看它具有多个切片。怀疑的对象可能是完整数据对象的切片视图。因此，它的地址可能不同于底层内存块的起始地址，而是指向块中间的某个位置。来自内存管理器的这些元数据可以用来验证数据对象的真实类型或提出的原因理论，例如访问已释放的对象。

步骤 02　在某些使用场景下，编译器可能会为一个对象生成类型信息（typeinfo）。类型信息对象有足够的标识信息，例如类名，可以用来确定对象类型。具有虚函数或虚继承的对象有一个隐藏的指针，指向其虚函数表，该表由同一类的所有实例共享。这个指针插入在数据对象的最前面，所以我们可以通过解引用这个指针来获取它的值。由于虚函数表是一个全局对象，因此它的调试符号会给我们一些关于真实对象类型的提示，例如 4.2 节示例中的 CComClassFactory 的虚函数表。对于没有任何嵌入标识的对象，我们必须使用下一步通过引用它的其他变量来间接地揭示类型。

步骤 03　一旦我们知道了怀疑对象的正确大小和起始地址，要查找它的引用，则只需扫描进程地址空间，以查找指向实际对象任何部分的指针。这应该包括全局数据段、线程栈、堆、内存映射区域、共享内存段等。如果找到引用（我们应该能够找到至少一个引用，否则数据对象处于泄漏状态，代码无法通过任何途径访问），则使用步骤 1 中的方法来确定持有引用的对象。如果它再次位于堆上并且其类型无法识别，则需要递归执行步骤 3 和 4，直到最终得到一个已知符号。这可能会很烦琐，因为可能涉及多次迭代。

4.3 节中的访问已释放的数据的案例研究为我们提供了一个优秀的例证，展示了如何针对损坏的数据对象进行引用树搜索。在本节的尾声，笔者将演示另一个具备完整源代码的示例，让这个概念更易于理解。虽然这个示例的代码错误非常简单，甚至可笑，但它很好地展示了上面讨论的如何确定数据对象的类型和所有者的技术。

```cpp
#include <stdlib.h>
#include <stdio.h>
#include <string.h>

class Base1
{
public:
    virtual void doSomething() = 0;
private:
    int index1;
};

class Base2
{
public:
    virtual void doSomething() = 0;
private:
    int index2;
};

class Derived : public Base1, public Base2
{
public:
    virtual void doSomething()
    {
        number = 9;
    }
private:
    int number;
};

class Derived2 : public Base2
{
public:
    virtual void doSomething()
    {
        number = 9;
    }
private:
    int number;
};
```

```
void foo(Base2* ipBase2)
{
    ipBase2->doSomething();
}

int main()
{
    Base2* lpBase2  = new Derived;

    memset(lpBase2, 0, sizeof(Base2));

    foo(lpBase2);

    return 0;
}
```

在此示例中，类 Derived 继承自两个基类：Base1 和 Base2。在 main 函数中，首先在堆上创建了一个 Derived 的对象，接着它的基类 Base2 被清零。不幸的是，代码使用系统函数 memset 清零，这会清除指向 Base2 虚函数表的指针。当从该基类调用虚函数 doSomething 时，程序会由于指向虚函数表的指针无效而崩溃。

下列命令展示了如何在调试器 GDB 下编译和运行示例文件。

```
$g++ -g -O foo.cpp
$gdb a.out
(gdb) run
Starting program: a.out

Program received signal SIGSEGV, Segmentation fault.
0x000000000040063f in foo (ipBase2=0x501020) at foo.cpp:35
35       }
(gdb) bt
#0  0x000000000040063f in foo (ipBase2=0x501020) at foo.cpp:35
#1  0x0000000000400687 in main () at foo.cpp:44
```

此程序是在使用调试符号以及第一级优化下进行编译的。程序在运行函数 foo（入参为 0x501020）时崩溃。通过检查崩溃时的上下文，我们得知崩溃源自参数 ipBase2，它被声明为指向 Base2 的指针。崩溃的直接原因是函数距 foo 开头 7 字节处的 CALL 指令。指令的操作数是寄存器%rax 中的地址值，它是 NULL。如以下汇编代码所示，它的值是由前面的指令通过解引用寄存器%rdi 设置的。根据 x86_64 ABI 的函数调用约定（见第 5 章）我们知道，寄存器%rdi 保存的是参数 ipBase2，它是指向纯虚类 Base2 的指针。

```
(gdb) x/i $rip
0x40063f <foo(Base2*)+7 at foo.cpp:35>: callq  *(%rax)
(gdb) p/x $rax
$1 = 0x0
```

```
(gdb) x/3i 0x400638
0x400638 <foo(Base2*) at foo.cpp:34>:   sub    $0x8,%rsp
0x40063c <foo(Base2*)+4 at foo.cpp:35>: mov    (%rdi),%rax
0x40063f <foo(Base2*)+7 at foo.cpp:35>: callq  *(%rax)
```

假设我们处于一个更复杂的上下文中，不清楚 ipBase2 指向的对象是如何陷入错误状态的。为了找出答案，首先需要确定对象的真实类型，以及哪些部分引用了它。例子中有两个类，Derived 和 Derived2，它们都是从虚基类 Base2 派生的。

鉴于对象指向虚函数表的指针没有什么帮助（GDB 显示其隐藏数据成员_vptr 为 NULL），我们需要找到其他方法。

```
(gdb) p ipBase2
$2 = (Base2 *) 0x501020
(gdb) p *ipBase2
$3 = {
  _vptr.Base2 = 0x0,
  index2 = 0
}
```

可以向内存管理器查询分配给持有实际对象的底层内存块的信息。下面的结果（"heap /block" 命令将在第 11 章详细介绍）确认了数据对象的类型是 Derived，内存块的大小与 Derived 类的大小匹配。它的隐藏数据成员_vptr 也指向 Derived 的虚函数表。参数 ipBase2、0x501020 指向的地址距离内存块开始的偏移量为 16 字节，这是基类 Base2 的偏移量。

```
(gdb) heap /block 0x501020
[Block] In-use
    [Start Addr] 0x501010
    [Block Size] 40
(gdb) x/gx 0x501010
0x501010: 0x00000000004007d0
(gdb) x 0x00000000004007d0
0x4007d0 <vtable for Derived+16>: 0x0000000000400698
```

接下来搜索对该对象的所有引用。我们也确实找到了一个对象引用，它是函数 main 中的寄存器%rdi。

```
(gdb) info reg
rax        0x0       0
rbx        0x0       0
rcx        0x20fd1   135121
rdx        0x522000  5382144
rsi        0x501000  5246976
rdi        0x501020  5247008
...
```

由于代码经过了优化，因此在上下文中没有足够的调试符号来定位分配在寄存器%rdi 中的局部变量。但是，通过检查 main 函数的代码，我们可以确定这个寄存器持有局部变量 lpBase2，并通过它进行了破坏，如下面以粗体字标示出的指令。

```
(gdb) x/20i main
0x400646 <main at foo.cpp:39>:          sub     $0x8,%rsp
0x40064a <main+4 at foo.cpp:40>:        mov     $0x20,%edi
0x40064f <main+9 at foo.cpp:40>:        callq   0x400558 <_Znwm@plt>
0x400654 <main+14 at foo.cpp:40>:       lea     0x10(%rax),%rdi
0x400658 <main+18 at foo.cpp:40>:       movq    $0x4007d0,(%rax)
0x40065f <main+25 at foo.cpp:40>:       movq    $0x4007e8,0x10(%rax)
0x400667 <main+33 at foo.cpp:40>:       test    %rax,%rax
0x40066a <main+36 at foo.cpp:40>:       mov     $0x0,%eax
0x40066f <main+41 at foo.cpp:40>:       cmove   %rax,%rdi
0x400673 <main+45 at foo.cpp:42>:       movq    $0x0,(%rdi)
0x40067a <main+52 at foo.cpp:42>:       movq    $0x0,0x8(%rdi)
0x400682 <main+60 at foo.cpp:44>:       callq   0x400638 <foo(Base2*) at foo.cpp:34>
```

从上述汇编代码可以看到，函数创建了一个大小为 32 字节的新对象（mov $0x20, $edi，内存分配器将其四舍五入为 40 字节），然后将基类 Base2 的地址分配给寄存器%rdi。基类最初存放位于 0x4007e8 的类 Base2 的虚函数表，然后在对象被传递给函数 foo 之前，它被代码错误清零，最终导致程序崩溃。

4.5　本章小结

本章描述了编译器如何在分配的内存块上布局 C/C++对象。为了对齐的目的，编译器可能会在对象中插入填充字节，还可能添加隐藏的数据成员来实现某些语言语义。这些对开发者是透明的，但在内存损坏的情况下对程序行为有直接影响。因此，我们在检查一个对象的内存内容时，需要意识到它们的存在。它们还可以用来在其上下文中识别或验证一个对象的状态。本章后半部分展示了如何利用这些信息来追踪那些我们怀疑的与正在调查的问题有关的对象的引用。

第 5 章

优化后的二进制

软件公司通常会根据同一份源代码构建两个版本的二进制文件：调试版和发布版。调试版用于内部测试，带有编译器可以提供的最详细的调试符号。发布版面向最终用户，通常会启用最大程度的性能优化选项。根据所选优化级别或启用的优化算法集合，发布版相较于调试版会缺少一些调试功能。优化级别越高，编译器生成的调试符号就越少。这是因为在允许积极优化时，编译器会尝试各种算法和技巧以提高性能，而这些通常会在不影响语义的前提下改变源程序的代码执行顺序或者变量的存储时间和类型，从而不可避免地牺牲了某些源代码的调试功能。

许多不熟悉情况的工程师习惯于调试版的便利功能，当面对发布版的时候可能会倍感沮丧。例如，优化代码中的断点可能无法按预期触发，本地变量不能显示或者给出不符合逻辑的数值。因此，如果不知道如何调试发布版，将无法面对生产中的许多实际困难。但是，开发人员在开发过程中主要使用调试版，甚至许多人尽可能地避免使用发布版。然而，公司构建并向客户发送的最终产品是经过优化且可能已剥离调试符号的发布版。不仅如此，系统库和第三方库通常也是高度优化的，其调试符号也是去除或者删减过的。因此，我们必须学会在某个时候调试经过优化的代码。掌握这种技能对软件工程师至关重要。

本章将以 x86_64 架构为例介绍汇编编程，目的并非教读者使用机器指令重写应用程序，而是帮助读者轻松阅读和理解编译器生成的一些汇编代码。这将增强读者在进行低级别调试时的能力。最重要的是，观察编译器如何将高级源代码翻译成最终的机器指令，将帮助读者对语言本身的理解提升到一个全新的层次。

5.1 调试版和发行版的区别

如果程序在调试版（又称调试构建）和发布版（又称发布构建）中的运行情况完全相同，那就太理想了，我们只需要在向客户发布构建之前测试调试构建，就可以找出所有的错误。遗憾的是，现实远非理想。我们可能都有这样的经验，在相同的测试环境下，调试构建工作得很好，而发布构建却神秘地失败。我们可能会急于得出结论，认为是编译器优化算法的错误。然而，通常并非如此。相反，我们应该关注那些可能影响测试结果的调试构建和发布构建之间的差异。它可以解释为什么一个程序在一种构建中成功，但却在另一种构建中失败的细微原因。调试版和发行版的具体区别如下：

（1）在某些平台上，根据构建模式，会将不同的运行时库链接到用户程序中。因此，运行时行为将有所不同，并可能产生不同的结果。例如，Windows 调试运行时库使用了不同的内存分配算法。当被要求分配 8 字节的内存时，发布版本的分配器可能只返回一个 8 字节的内存块，而调试版本分配的内存则超过 8 字节。额外的字节用于调试目的，如跟踪内存泄漏、验证已释放内存等。调试分配器在用户内存块的开始之前和结束之后都添加了一个填充模式，这可能掩盖溢出用户空间的代码错误，因此错误以不同的方式显示或被默默吸收。调试版本在将分配的内存返回给用户之前还可以初始化内存内容，而发布版本为了实现最大性能不会对用户空间执行任何操作。大多数其他平台（如 Linux）采用同一个运行时库，调试构建和发布构建的程序都链接到相同的运行时库。它们也支持各种调试功能，只需通过配置打开即可。例如，Linux RedHat 发行版的 C 运行时库接收 MALLOC_CHECK_ 环境变量，它可以设置为 0、1 或 2，以改变内存管理器的行为，实现调试目的。

（2）有些代码在一个构建中执行，但由于使用了条件编译，在另一个构建中甚至可能不会生成相同的代码。典型的例子是断言语句，它只在调试构建中编译和执行。断言在发布版本中完全消失了，因为代码被 "#ifdef_DEBUG" 和 "#endif" 的预处理器指令包围。如果断言表达式有任何副作用（即改变程序状态），则调试版本与发布版本的行为肯定会有所不同。我们应当避免这种代码。

（3）局部变量和函数参数的存储位置可能会有所不同，因为优化器会尽可能地利用寄存器；另一方面，编译器在调试构建中总会为局部变量和参数分配栈内存。这种差异可能会改变错误传播的方式以及最终表现出来的症状。笔者见过的其中一种错误就是这个类别——一个局部数组覆写并破坏了后面的变量，有趣的是调试构建没有任何症状，但发布构建却总是运行出错。结果发现，跟在有问题的数组后面的变量是不同的：在调试构建中是一个布尔变量，而在发布构建中是函数的返回地址。在调试构建中，编译器在布尔变量前面放入额外的填充字节进行对齐，这些字节被修改了但没有实质性的损坏。然而，对于发布构建，编译器将布尔变量放在一个寄存器中，因此函数的返回地址被安排在溢出的数组后面。不幸的是，或者从揭示错误的意义上来说幸运的是，当程序从被调用的函数返回时，它失败了。另一个典型的例子是使用未初始化的局部变量。这可能也是发布构建显示失败而调试构建不显示失败的最常见的原因。我们知道，这个变量在调试构建中是在栈上分配的，如果编译器决定在发布构建中将它存储在一个寄存器中，并且根据我们如何使用未初始化的变量来定，那么这个错误只在发布构建中出现的可能性很大。原因是，虽然栈内存未初始化，但它可能恰好包含一个可以容忍的值，当内存第一次被访问时，它总是 0，而一个寄存器通常有更随机和不可预测的值。这类错误在许多可用寄存器的架构上更易被观察到，因为优化器有可能把更多的变量分配在寄存器中。例如，笔者在 Linux/x86_64 上看到了很多由于使用未初始化的变量而导致失败的情况，而同样有错误的程序在 Win32/x86 上却运行得很好。这并不奇怪，因为 x86 只有少数可供优化器使用的临时寄存器，而 x86_64 则有更多的这些寄存器（对于使用未初始化的变量，最好的方式是通过编译器解决，但是有许多历史遗留代码让解决问题变得困难）。

（4）当优化器比较激进时，它可能会基于一些我们没有足够重视的假设来优化代码。例如，对变量别名的处理。下面是一个实际的例子，在升级编译器之前，以下代码一直运行良好，但升级编译器以后，它的行为出现了意想不到的变化。

```
typedef struct _GUID
{
    unsigned int Data1;
```

```
       unsigned short Data2;
       unsigned short Data3;
       unsigned char Data4[ 8 ];
} GUID;

inline bool IsGUIDNULL(const ::GUID& irGUID)
{
    return ((reinterpret_cast<const int*>(&irGUID))[0] == 0
        && (reinterpret_cast<const int*>(&irGUID))[1] == 0
        && (reinterpret_cast<const int*>(&irGUID))[2] == 0
        && (reinterpret_cast<const int*>(&irGUID))[3] == 0);
}

void bar()
{
    GUID guid;

    guid.Data1 = 0;
    guid.Data2 = 0;
    guid.Data3 = 0;
    guid.Data4[0] = 0;
    guid.Data4[1] = 0;
    guid.Data4[2] = 0;
    guid.Data4[3] = 0;
    guid.Data4[4] = 0;
    guid.Data4[5] = 0;
    guid.Data4[6] = 0;
    guid.Data4[7] = 0;

    if (!IsGUIDNULL(guid))
    {
        // Fails here
        fprintf(stderr, "test failed\n");
    }
}
```

数据结构 GUID 有 4 个数据成员，类型分别为 unsigned int、unsigned short、unsigned short 和 unsigned char[8]。在函数 IsGUIDNULL 中，不是将输入 GUID 结构的数据成员逐一与 0 进行比较，而是将整个结构转换为 const unsigned int[4]以提高比较的速度。从表面上看，这没有什么问题，但最终却失败了。以下优化的汇编代码揭示了它为什么会失败。

```
00000000 <_Z3barv>:
   0:   55                  push    %ebp
   1:   31 c0               xor     %eax,%eax
   3:   89 e5               mov     %esp,%ebp
   5:   83 ec 28            sub     $0x28,%esp
```

```
8:      8b 55 ec                mov     0xffffffec(%ebp),%edx
b:      c7 45 e8 00 00 00 00    movl    $0x0,0xffffffe8(%ebp)
12:     66 c7 45 ec 00 00       movw    $0x0,0xffffffec(%ebp)
18:     66 c7 45 ee 00 00       movw    $0x0,0xffffffee(%ebp)
1e:     c6 45 f0 00             movb    $0x0,0xfffffff0(%ebp)
22:     c6 45 f1 00             movb    $0x0,0xfffffff1(%ebp)
26:     85 d2                   test    %edx,%edx
28:     c6 45 f2 00             movb    $0x0,0xfffffff2(%ebp)
2c:     c6 45 f3 00             movb    $0x0,0xfffffff3(%ebp)
30:     c6 45 f4 00             movb    $0x0,0xfffffff4(%ebp)
34:     c6 45 f5 00             movb    $0x0,0xfffffff5(%ebp)
38:     c6 45 f6 00             movb    $0x0,0xfffffff6(%ebp)
3c:     c6 45 f7 00             movb    $0x0,0xfffffff7(%ebp)
40:     75 10                   jne     52 <_Z3barv+0x52>
42:     8b 4d f0                mov     0xfffffff0(%ebp),%ecx
45:     85 c9                   test    %ecx,%ecx
47:     75 09                   jne     52 <_Z3barv+0x52>
49:     8b 55 f4                mov     0xfffffff4(%ebp),%edx
4c:     85 d2                   test    %edx,%edx
4e:     75 02                   jne     52 <_Z3barv+0x52>
50:     b0 01                   mov     $0x1,%al
52:     85 c0                   test    %eax,%eax
54:     74 02                   je      58 <_Z3barv+0x58>
56:     c9                      leave
57:     c3                      ret
58:     c7 44 24 04 00 00 00    movl    $0x0,0x4(%esp)
5f:     00
60:     a1 00 00 00 00          mov     0x0,%eax
65:     89 04 24                mov     %eax,(%esp)
68:     e8 fc ff ff ff          call    69 <_Z3barv+0x69>
6d:     c9                      leave
6e:     c3                      ret
```

　　函数 IsGUIDNULL 在上述代码中被函数 bar 内联，然后源代码被编译器的优化打乱了顺序。函数 IsGUIDNULL 的第一行，将 GUID 数据结构的前 4 字节与 0 进行比较，被放在函数 bar 中的初始化 GUID 变量的语句之前。这看起来像是编译器的 bug，至少笔者是这么认为的，但是并非如此。如果我们仔细研究 C/C++语言的别名规则，就可以知道不同数据类型的变量被假定为非别名，这意味着它们所引用的内存是不同的。编译器可以自由地以任何它认为在优化模式下最高效的顺序来访问非别名变量。在本例中，函数 bar 中的局部变量 guid 和函数 IsGUIDNULL 的输入参数 irGUID 是同一个对象，显然 irGUID 是 guid 的别名。然而，编译器 GCC 认为它们有不同的数据类型，irGUID 被强制转换为类型 const unsigned int[4]。从而导致源代码的顺序被打乱。而在没有优化的情况下，生成的代码与源代码的控制流程完全一致。

　　（5）与调试版本相比，发布版本运行速度更快。这显然是预料之中的，也是我们构建发布代码的主要原因。更快的执行可能会改变程序的流程，特别是对于逻辑与时间敏感事件有很大关系的多线程和/或多进程程序。因此，这种依赖于动态调度因素的程序在发布版本下的行为可能与调试版本下的行为截然不同。一些仅在发布版本中出现的线程安全问题、竞争条件或死锁，就是这种差异的证据。

调试版和发布版之间还有许多其他差异。上面列出的是我们应该注意的现实中最重要和最有可能发生的事情。与调试版本相比，发布版本可以执行不同的指令或者相同的指令但顺序不同，但编译器应保证正确和一致的语义。优化器如何发挥其魔力超出了本书的范围，本书将专注于如何调试优化程序。对此关键是要了解优化对程序可调试性的影响，有充分的心理准备，这样才可以利用仅有的调试符号解决抛给我们的任何问题。

5.2　调试优化代码的挑战

有几年工作经验的软件开发人员都非常清楚调试版本提供了什么样的调试能力。如果读者对此不确定，就可能需要阅读第 1 章关于调试符号以及调试器如何工作的内容。另一方面，对于一些软件开发人员来说，优化构建可能仍然以某种方式充满神秘感，因为他们习惯于调试构建，当一些调试功能在发布构建下不再工作时，会感到震惊，甚至对编译器和调试器失去信心。对优化后的程序进行调试确实很困难，有些工程师会选择放弃，希望任何在发布构建中出现的问题都能在调试构建中复现。当调试器无法提供重要信息时，有些人还会忽视深入研究的必要性。

尽管可以通过测试调试版本来修复大多数错误和缺陷，但在对产品有足够的发布信心之前，我们仍需要在发布版本上进行全面的测试调试工作。通常的情况是，在经过长时间的开发后，我们认为已经修复了所有问题并涵盖了所有场景，但最终发布版本却在客户端出现了问题。在这种情况下，我们承受着修复发布版本错误的巨大压力，而调试器无法提供帮助。这听起来似曾相识，产品完全没有错误，但在客户那里可能出现各种错误，需要我们给予解释。现实情况是，我们最终还是需要调试发布版本。

笔者并不是说不应该在开发和内部测试期间尽最大努力将缺陷数量减少到最低限度，而是无论我们付出多大努力，程序中总会有错误，迟早会出现。当问题只发生在客户的现场，而我们无法在内部重现它时，由于我们没有一个可控的环境来调试问题，就会让事情变得更加困难。简而言之，我们需要随时做好准备来应对不同的环境挑战。

在深入调试优化代码的技术细节之前，让我们先弄清楚优化是如何降低程序的调试能力的。鼓励读者在调试和发布模式下编译正在处理的一些文件。通过比较生成的汇编代码，能够很快识别出一些明显的差异。读者可以使用网上提供的在线编译器，它们有不同的种类和版本，也可以选择不同的编译选项。

- 执行顺序。一方面，调试版本为每个可执行的源代码行生成代码，它们的排列顺序与它们在源文件中出现的顺序完全相同。另一方面，对于发布版本，源语句被四处移动以获得更好的性能，例如，提取公共表达式、提取不变量或更好地使用 CPU 的管道和缓存等。源代码行生成的汇编代码可以移动到前一个源代码行的指令之前，或者与另一个源代码行的汇编代码交叉混合。如果编译器认为不需要某些源代码行，甚至可以将它删除，例如永远不会执行的死代码，或者根本没有副作用的代码。

- 局部变量和传入参数的存储。在调试版本中，总是为它们分配栈内存。寄存器仅用来临时保存用于计算目的的变量。至于优化代码，一些变量只存储在寄存器中，根本不存在于栈内存中，因此只能在相对较短的时间窗口内在对应的寄存器中找到它们。

让我们仔细研究一下这些差异对优化程序调试能力的影响。首先，从源代码行号的调试符号开始。在调试优化过的代码中，这可能是我们首先注意到的问题：有时调试器拒绝在可执行位置设置断点，或者更令人困扰的是，调试器在该行设置了断点，但即使我们确信该行已执行，该断点也永远不会触发。原因在于，编译器通过改变源代码行的执行顺序或将几行代码混合在一起来优化代码，一行源代码生成的指令可能不再是连续的一组指令（这是未优化构建的情况）。因此，对于某些行，没有明确的指令地址可用于设置断点。深度嵌套的内联函数也可能降低源代码行号调试符号的可用性。即使行号调试符号可用，所有这些因素也使得行号调试符号不可靠。

笔者通常会在函数上设置断点，而不是源代码行号。这样，每次调用函数时，都可以确保进入函数，因为函数只有一个入口地址，不会与其他函数重叠。在函数级别设置断点的另一个原因是，函数入口是确信可以查看函数参数的地方。

如果必须在函数内的某个位置设置断点，笔者通常会阅读几行汇编代码并设置指令级断点。如果目标行附近有另一个函数调用，可以在被调用的函数上设置断点，这样当它返回时，程序将停在想要的那一行。这样的策略可以提高调试优化过的代码的效率，帮助我们在面对不稳定的行号调试符号时找到替代方法。

调试优化程序最具挑战性的部分可能是检查局部变量和函数参数的值。根据函数的复杂程度、优化级别的选择和编译器的特定实现，调试器可能在某些上下文中拒绝显示某些局部变量的值或打印出完全错误的值。它与优化器放置局部变量的位置以及它们在程序运行时如何更新有很大关系：

- 局部变量或参数通常被分配在栈内存。需要时将其值加载到寄存器中进行计算，并将结果保存回去。但是出于性能的考虑，编译器可能不会在每次修改寄存器副本时都更新栈内存。比如在一个循环中，调试符号用于描述局部变量在栈上的位置，因此调试器可能会简单地显示一个不反映程序当前状态的过时值。
- 优化代码的执行顺序与源代码的执行顺序不完全相同。局部变量初始化和更改的时间可能与源代码所认为的不一样。原则上说，编译器只保证函数返回时，所有的副作用都是正确的，而函数执行过程与源代码的一致性是不重要的。
- 如果局部变量或参数根本没有任何副作用，则可以在优化构建中将其完全删除。
- 局部变量或参数可能被放置在寄存器中，而不在栈上创建副本。寄存器局部变量的生命周期可能比源代码中显示的要短。例如，如果通过寄存器将参数传递到函数中，在某个点之后不再使用该参数，那么该寄存器可能被分配用来存储其他变量。因此，尽管参数在整个函数的语义上是有效且可见的，但是我们只能在函数的早期部分查看其值。当调用另一个函数时，寄存器局部变量也可能被替换。应用二进制接口 ABI 标准规范了函数调用过程中哪些寄存器由调用方保存，哪些寄存器由被调用方保存，负责保存的一方在函数调用前会复制寄存器值并将其存放在某个地方，这个地方可能是一个临时栈空间，也可能是另外一个寄存器；函数调用返回时，保存的值再复制回寄存器中。因此，调试器可能很难找到正确的位置来检索该值。此外，无论是在寄存器中还是在栈内存中，传入参数总是放置在函数入口的可预测位置，这是由特定架构的函数调用约定规定的。这也是笔者更喜欢在函数上设置断点而不是在函数中间设置断点的另一个原因。

与局部变量和函数参数不同，全局变量不会受到优化的任何影响。它们在发布版本中具有与调试版本相同的调试功能。这是因为全局变量在模块的全局数据部分中具有固定的内存位置，一旦模块被映射到进程的地址空间，它们就不再移动。

正如第 1 章所讨论的，编译器会生成各种调试符号。即使优化使得调试变得更困难，但是如果没有调试符号，那么调试几乎不可能实现。例如，如果不能以人类可读的方式显示复杂数据结构的内容，那么很难对其进行分析。这需要调试符号中的类型信息，以便调试器将内存引用转换为相应的数据类型。因此，无论是调试版本还是发布版本，都强烈建议读者总是打开生成调试符号的编译器选项。对于 GCC 编译器，这是"-g"编译器选项。

有些人担心，在要求编译器优化代码以获得最大速度的同时生成调试符号，可能会对发布版本的性能产生负面影响。从编译器的实现上来看，生成调试符号确实可能会关闭某些激进的优化，以使生成的二进制文件更易于调试。然而，笔者的经验是这种情况很少见，而且通常对程序的整体性能影响很小（如果有的话）。另一方面，发布版本的调试能力更为重要，绝对超过有限的性能损失。

公司通常在向客户发布二进制文件之前会去除调试符号。由于可能有很多发布版本，因此必须小心保留未剥离的二进制文件，以便我们可以在客户发生问题时进行调试。像 Windows 的符号服务器这样的工具对管理这个任务很有帮助。

5.3 汇编代码介绍

与调试构建相比，优化后的程序更难调试，原因在 5.2 节已经详细讨论了。在优化代码中，调试程序的主要挑战可以概括为以下几个任务：

（1）在所需的源代码行号处设置断点。

（2）给定一条指令地址，例如导致程序崩溃的指令，找到对应的源代码行。

（3）打印局部变量和函数参数。

任务 1 和任务 2 实际上是相同的，即将源代码映射到优化后的指令，尽管它们的方向相反。为了解决这些基本任务，通常需要了解编译器生成的汇编代码，这些代码会揭示变量存储或更改的位置和时间。学习一种处理器架构及其机器指令集可能听起来很困难，然而，我们的目的是看懂常见的指令模式，而不是用机器指令写应用程序或进军系统工具开发领域。所以事实是，仅仅通过掌握其中的一小部分，我们就能解决大部分调试相关的问题。根据笔者的经验，为这个技能投入一些时间是非常值得的。

因此，在本节中，笔者将以 x86_64 架构及其 ABI 约定为例，介绍汇编代码分析的基本概念，以及如何利用这些概念来调试优化后的程序。

5.3.1　寄存器

寄存器是高速芯片上的内存，也是执行上下文的主要存储单元，大多数机器指令使用寄存器作为操作数。要理解汇编代码，就需要知道这些寄存器的使用方式，了解这些寄存器及它们在各种指令中的用途对于掌握汇编代码至关重要。熟悉寄存器有助于更有效地调试程序，特别是在机器指令级别进行调试时，这些知识将使我们能够更好地理解程序在执行过程中的行为以及如何解决潜在问题。比如当进程崩溃时，通常首先要检查的就是寄存器，以确定主要的上下文。

x86_64 架构包括 16 个通用寄存器（rax，rbx，rcx，rdx，rbp，rsi，rdi，rsp，r8，r9，r10，r11，r12，r13，r14，r15）、标志寄存器 RFLAGS 和指令指针寄存器 rip。它们都是 64 位宽，低字节也可以单独访问。访问整个 64 位还是只访问其中的一部分，取决于指令中编码的操作数大小或栈的大小。这些寄存器在大多数指令中可以用作临时寄存器。某些寄存器在某些指令中有特殊的用途，例如作为隐式操作数。以下是一些示例。

（1）寄存器 rax 是累加器。它在几个算术指令中被使用，如加法、减法、乘法和除法指令。许多类型的字符串指令也隐式地使用 rax，例如加载字符串、存储字符串和扫描字符串时使用 rax 作为数据存储，并将 rdi 或 rsi 作为目标和源字符串的偏移量。同步指令和比较交换指令也使用 rax 作为操作数之一。

（2）寄存器 rcx 是计数器。移位和旋转指令可以使用 rcx 的低字节来指定操作数应被移位或旋转的位数。有几个条件跳转指令使用它来代替 RFLAGS 寄存器，例如 JCXZ 指令在 rcx 的值达到 0 时将控制权交给目标指令。

（3）寄存器 rsi 和 rdi 分别是源索引和目标索引。大多数字符串操作将 rsi 作为源操作数，将 rdi 作为目标操作数。对于重复的字符串操作，随着字符串元素的移动，rsi 和 rdi 都会相应地进行递增或递减。寄存器 rcx 被用作字符串长度计数器，每次移动都会递减。

（4）寄存器 rsp 是指向线程栈顶的栈指针，而寄存器 rbp 是指向当前栈帧开始的基指针。当值被压入栈时，rsp 隐式地递减，当它们被弹出栈时，它则递增。ENTER 和 LEAVE 指令使用 rbp 作为栈帧基指针。

（5）RFLAGS 寄存器由许多单个位表示的标志组成。表 5-1 列出了所有对应用程序可见的标志，它们可以读取和写入。其中，进位和方向标志可以由专用指令写入，其他标志则由特定指令间接改变。

表 5-1　x86_64 的标志位

位　数	符　号	名　字	说　明
0	CF	Carry Flag	如果最后的整数加法或减法操作导致进位或借位，则进位标志设置为 1；否则，将其清除为 0。递增和递减指令不影响标志。位移和位旋转指令将操作数的位移入标志。逻辑指令如 AND、OR、XOR 会清除标志。位测试指令根据测试结果设置标志的值。应用程序可以使用 STC、CLC 和 CMC 来设置，用于清除或补充标志
2	PF	Parity Flag	对于某些操作，如果最后结果的最低有效字节中 1 的数量为偶数，则奇偶标志设置为 1；否则，标志被清除为 0
4	AF	Auxiliary Carry Flag	如果最后的二进制编码的十进制（BCD）操作导致位 3 有进位或借位，那么辅助进位标志将被设置为 1；否则，它将被清零
6	ZF	Zero Flag	如果最后的算术操作结果为 0，则零标志被设置为 1；否则，它将被清零。比较和测试指令也会根据结果改变标志
7	SF	Sign Flag	如果最后的算术操作结果为负值，则符号标志被设置为 1；否则，它将被清零
10	DF	Direction Flag	应用程序通过 STD 和 CLD 指令设置方向标志。该标志确定处理字符串的顺序。标志值 1 表示为下一个字符串操作递减数据指针（rsi 和/或 rdi），而值 0 表示为下一个字符串操作递增数据指针
11	OF	Overflow Flag	如果最后一次有符号整数操作的结果的符号位（最重要位）与两个源操作数的符号位不同，则溢出标志被设置为 1；否则，它被清零。逻辑指令会清除标志

　　指令的操作数可以是在指令本身中编码的立即数，也可以来自寄存器、内存位置或 I/O 端口。大多数指令使用通用寄存器（GPR）作为操作数，例如 MOV 指令的各种形式。内存操作数更为复杂，有各种形式来描述内存数据的位置。CPU 首先计算有效地址，然后硬件内存单元接收有效地址并读取或写入内存。对于 x86_64 架构，根据具体的指令，有 5 种提供有效地址的方式。

　　（1）绝对地址：它直接指向内存位置。常用于全局变量访问、分支和函数调用。编译或链接时我们就已知这些访问对象的绝对地址。

　　（2）指令相对地址：地址由从当前指令指针（IP）的偏移量给出。在位置无关代码（PIC）中被广泛使用，因为无论模块加载到进程的地址空间中的何处，访问对象的相对位置都保持不变。换句话说，操作数的有效地址可能会因模块的加载基址而变化，但其相对地址不会。像绝对寻址一样，偏移量应在编译或链接时就知道。

　　（3）ModR/M 地址：这些复杂的地址包括一个比例、一个索引、一个基址和一个偏移量。它们通常在保护模式中用于访问数组变量的元素或 C 结构的字段。

　　（4）栈地址：PUSH、POP、CALL、RET 和 INT 指令隐式使用栈指针，也就是函数栈的地址。

　　（5）字符串地址：字符串指令使用 rsi 和 rdi 寄存器作为源字符串和目标字符串的内存地址。

操作数的大小可以是字节、字、双字、四字或双四字，分别为 1 字节、2 字节、4 字节、8 字节和 16 字节。大多数指令的默认操作数大小为 32 位或 4 字节。应用程序可以通过使用操作数大小指令前缀来覆写默认的操作数大小。REX 前缀指定 64 位操作数大小。例如，如果在调试器中显示汇编代码或使用任何二进制转储工具，那么会看到 MOV 指令有 4 个变体：movb、movw、movl 和 movq。指令的后缀 b、w、l 和 q 分别指定字节、字、双字和四字的操作数大小。

如果内存操作数的地址是操作数大小的倍数，则数据是对齐的，否则，它就是不对齐的。前面提到，尽管 x86_64 架构在访问内存操作数时没有严格的数据对齐要求，但访问不对齐的内存数据可能比访问对齐的内存数据消耗更多的总线周期。除非程序员明确要求不同的对齐方式，否则编译器或堆内存管理器总是正确地对齐数据。

5.3.2　指令集

在本节中，笔者不会深入介绍整个指令集的细节，因为本书目的不是学习用汇编语言编写程序或编写新的编译器。相反，笔者首先将介绍汇编代码的基础知识，以便读者可以阅读汇编代码。然后将展示如何找出局部变量、参数和行号。当读者对某个特定的指令感到困惑或想看到更多的细节时，可以参考 Intel 的在线手册 http://www.intel.com。另外，尽管本节以 x86_64 指令为例，但基本概念也适用于其他架构。

大多数 x86_64 指令采用下面显示的两种形式之一：

```
[instruction] [source operand]
[instruction] [source operand], [target operand]
```

源操作数可以是寄存器、内存引用或立即数。目标操作数可以是寄存器或内存引用。但是对于 x86 系列芯片，源操作数和目标操作数不能同时为内存引用。

x86_64 处理器属于 CISC（复杂指令集计算机）架构，与另一种流行的架构 RISC（精简指令集计算机）形成对比。它们之间有两个重要的区别：CISC 指令长度不一，并且几乎每条指令都可以访问内存；而 RISC 指令具有固定大小，即 4 字节，并且只有加载和存储指令才能访问主存储器，其他指令对立即数或寄存器中加载的数据进行操作。由于这些差异，CISC 处理器（如 x86_64）在内存访问方面更加灵活。但是由于指令的长度不同，指令的起始地址在哪里并不明显，因此在调试机器指令时需注意这一点。

常用的指令肯定是 mov 指令及其变体。顾名思义，mov 指令将值从源操作数移动到目标操作数。表 5-2 列出了在寄存器和内存之间移动值的指令。

表 5-2　移动指令

移动指令	说　明
mov	在寄存器和内存之间移动值
movs	将字符串从一个地方移到另外一个地方
stos	存储字符串

（续表）

移动指令	说　明
push	将一个字压入栈中
pushad	将所有通用寄存器压入栈中
pop	将值从栈中弹出
popad	从栈中弹出所有通用寄存器

其中，push 和 pop 指令专用于访问栈内存。push 指令将源操作数的值保存在栈寄存器%rsp 指向的地址处。pop 指令做相反的事情，从栈顶移除一个值到目标操作数。两条指令都隐含地更改栈指针。由于栈朝着较低地址空间的方向增长，因此 push 会减少%rsp 寄存器的值，而 pop 会根据操作数的大小增加它的值。

算术运算也经常出现在代码中，表 5-3 列出了常用的算术运算指令。

表 5-3　算术运算指令

算术指令	说　明
add	加法
sub	减法
mul	乘法
div	除法
inc	加 1
dec	减 1
and	逻辑与
or	逻辑或
xor	逻辑异或
not	逻辑非，或者对操作数的每个二进制位取反
neg	取 2 的补码
shl	左移
shr	右移

转移（跳转）和分支指令控制程序执行的流程。在阅读汇编代码时需要特别注意这些说明，因为它们是将汇编代码与源代码关联起来的最佳线索，这一点在后面的实例中将会更加明了。转移指令会以多种方式更改执行线程的上下文，这对于分析函数参数、局部变量等很重要，后续会详细介绍。分支指令及其说明如表 5-4 所示，转移指令及其说明如表 5-5 所示。

表 5-4　分支指令

分支指令	说　明
ja, jb, jbe	若满足高于、低于、低于或者等于，则跳转
jc, jnc	若满足溢出、没有溢出，则跳转
je, jne, jg, jge, jl, jle	若满足等于、不等于、大于、大于或等于、小于或等于，则跳转
jz, jnz	若满足等于 0、不等于 0，则跳转

表 5-5 转移指令

转移指令	说　明
call	调用函数
ret	从函数返回
jmp	跳转到绝对地址
leave	退出函数并恢复前一个函数的状态
int 3	断点中断

其中，ret 指令从栈中弹出一个地址并将其加载到指令指针%rip 中。它还可以将一个数字作为唯一操作数，表示在返回调用者函数之前从栈中删除多少字节。leave 指令恢复 CPU 状态，等同于以下两个指令：

```
mov rbp, rsp
pop rbp
```

上述两个指令表示，首先将栈寄存器 rsp 恢复为当前栈帧寄存器 rbp，然后弹出前一个栈帧寄存器值 rbp。注意，在弹出帧寄存器时，它还会调整栈寄存器 rsp。净结果是栈帧向后移动一个层次，回到当前函数的调用者。由于这个指令更小（只有 1 字节）且更快，因此编译器可能会在发布构建中选择它。

其他还有一些常用的指令，如表 5-6 所示。其中 lea 指令计算内存操作数的有效地址，类似于 C 语言中的寻址运算符 "&"。它也类似于 mov 指令，只是它实际上并不访问内存。

表 5-6 其他指令

其他指令	说　明
test	逻辑比较
cmp	比较
cmps	字符串比较
lea	加载有效地址
loop	循环，次数由寄存器%ecx 指明
rep	重复，次数由寄存器%ecx 指明

5.3.3　程序汇编的结构

阅读汇编代码时，会发现所有函数的开头和结尾都非常相似，它们分别被称为函数序言（Prologue）和结语（Epilog）。函数序言给被调用函数设置一个栈帧，而结语做相反的事情，释放栈帧并返回到前一个调用函数的栈帧。典型序言的片段如下：

```
pushq   %rbp
movq    %rsp, %rbp
subq    $56, %rsp
```

第一条指令将栈帧指针压入栈。第二条指令将它设置为一个新值，该值自然是前一个栈帧的结尾。第三条指令通过从栈寄存器中减去 56 字节向下扩展栈，也就是为调用函数分配了 56 字节的栈空间，以便让函数的局部变量、参数、临时变量等使用。

　　现在有许多在线网站可以直接查看代码生成的汇编语言，比如可以通过 https://godbolt.org/ 来查看感兴趣的代码生成的汇编，简单代码示例如图 5-1 所示。

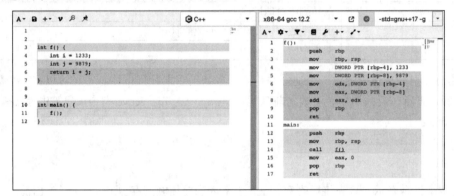

图 5-1　将代码生成汇编

　　当在函数中设置断点时，调试器会将断点放在序言之后，且函数用户代码的第一条指令之前。这样可以确保当程序在函数断点处停止时，被调用函数的栈帧已经建立，并且参数和局部变量（尚未初始化）可以正确显示。图 5-2 显示了序言是如何修改栈的。注意，调用指令会将返回地址压入栈，5.3.4 节讲函数调用约定的时候再详细解释。

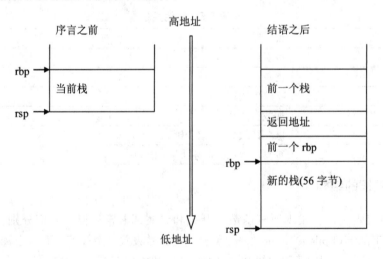

图 5-2　序言分配函数栈帧

　　与上述序言相对应的函数结语如下：

```
leave
ret
```

前面提到 leave 指令等同于两条指令——mov rbp、rsp 和 pop rbp，它与序言正好相反，它首先恢复栈指针，然后将前一个帧寄存器 rbp 的值弹出栈。注意，pop 指令会将栈寄存器 rsp 隐式地调整 8 字节（32 位模式下为 4 字节），这会将 rbp 和 rsp 完全恢复为先前栈帧的值。ret 指令弹出下一条要执行的指令的地址，并将它设置到程序计数器寄存器 rip。这为线程在完成此函数调用后继续运行做好准备。

用户代码生成的指令很大一部分是对数据的读取或修改。根据变量所在的位置，有多种访问变量的方法，这体现在使用的内存寻址方式上。下面是一个简单的例子，在源代码以粗体字标示，在每个源代码行之后列出了相应的汇编代码。

```
int g_count = 1;

int* Bar(int index)
{
    pushq   %rbp
    movq    %rsp, %rbp
    subq    $16, %rsp

    movl    %edi, -4(%rbp)

    int sum = 0;
    movl    $0, -8(%rbp)

    sum = g_count + index;
    movl    -4(%rbp), %eax
    addl    g_count(%rip), %eax
    movl    %eax, -8(%rbp)

    int* result = new int;
    movl    $4, %edi
    call    _Znwm
    movq    %rax, -16(%rbp)

    *result = sum;
    movq    -16(%rbp), %rdx
    movl    %eax, (%rdx)
    movl    -8(%rbp), %eax

    return result;
    movq-16(%rbp), %rax
    leave
    ret
}
```

在这个简短的函数 Bar 中有一个全局变量 g_count、一个参数 index，以及两个局部变量 sum

和 result。全局变量具有相对于模块加载基址的固定地址，因此，通过指令相对寻址 g_count(%rip) 访问它。该指令通过将当前指令的地址与偏移量相加来计算变量的地址，偏移量是在编译时确定的常数。参数 index 通过寄存器 edi 传递，并存储在栈-4(%rbp)上，距离函数的栈帧 4 字节。局部变量 sum 和 result 分别在栈帧的 8 字节和 16 字节处分配，即-8(%rbp)和-16(%rbp)。

如示例所示，栈上的变量通常通过栈帧寄存器加负偏移量访问；堆数据必须通过指向内存地址的指针或引用进行访问，在这里局部变量 result 指向堆上的一个新创建的整数对象。通过解引用操作(%rdx)将对象设置为计算出的值，其中寄存器 rdx 保存堆地址。

此示例还展示了如何通过 call 指令调用另一个函数。该指令接收一个操作数，该操作数解析为被调用函数的第一条指令的地址。如果调用的是本地函数，则地址是固定的，即一个立即数。如果函数是全局可见的，则需间接地调用它。call 指令的操作数指向模块的全局偏移表（GOT）的相应条目，进而包含被调用函数的重定位地址。在本例的汇编代码中，导入的函数 operator new()被简单地调用为：

```
call  _Znwm
```

_Znwm 是函数运算符 new(unsigned long)的 GOT 条目的别名，我们将在"第 6 章　进程映像"中更详细地讨论它。

5.3.4　函数调用习惯

应用程序二进制接口（Application Binary Interface，简称 ABI）是编译器用来生成兼容二进制文件的协议。它针对每个体系结构进行了标准化，以便来自不同供应商的不同编译器编译的二进制文件可以一起工作。一些指令是专门为符合 ABI 而生成的。因此，了解正在使用的体系结构的 ABI，是阅读汇编程序必不可少的一环。

虽然应用程序二进制接口协议覆盖了许多问题，但从调试的角度来看，最吸引人的部分就是函数调用约定。这个约定规定了函数调用在调用者和被调用者之间的交互方式，如参数的传递方式和寄存器的保护，以及栈帧的布局等。此外，无论是在寄存器中还是在栈中，理解局部变量和参数的位置对于理解程序汇编都十分关键。这个协议包含大量的技术细节，覆盖了各种情况。接下来，将介绍其在 Linux/x86_64 中最常见且最有用的部分。在阅读完这部分内容后，读者可以查阅相关标准以获得更深入的理解。

每当调用一个函数时，编译器都会从栈顶部分配一个新的栈帧，即一片内存。我们在函数序言中已经看到了这一点。部分或全部函数的参数和局部变量都存储在栈帧上。函数的返回地址（也就是被调用的函数返回时要执行的下一条指令）以及前一个栈帧寄存器也保存在栈帧上。

因为所有寄存器对线程调用链上的所有函数都是可见和可访问的，所以需要明确规定在调用函数时应保护哪些寄存器，以及谁应负责在函数调用期间保留这些寄存器的值，以确保每个函数既能充分利用寄存器又能确保其上下文的完整性。

在 x86_64 架构中，寄存器 rbp、rbx 以及 r12～r15 被归为调用函数所有，也就是说，编译器需要保证在函数调用的过程中，这些寄存器的值不被改变。如果被调用的函数需要使用这些寄存器，那么它必须保存它们的当前值，并在函数执行完毕后恢复这些值，使得当控制权返回给调用者时，这些寄存器的值与函数调用之前的保持一致。其余的寄存器则为被调用函数所有，因此，如果调用者需要在函数调用后使用这些寄存器以前的值，那么它在调用之前有责任保存这些寄存器的值，并在调用后恢复它们。

　　函数参数的传递方式可以是通过寄存器，也可以是通过栈，这取决于参数的类型以及寄存器的可用性。ABI 为不同类型的参数定义了一组类，规定了相应的传递方式。

- INTEGER 类包括适合通用寄存器的所有整型。
- SSE 类包括适合 SSE 寄存器的类型。
- X87 类包括将通过 x87 FPU 返回的类型。
- MEMORY 类包括将通过栈内存传递和返回的类型。
- NO_CLASS 作为分类算法的初始值，用于填充、空结构和联合（Union）。

参数的大小向上取整为 8 字节，因此，栈始终以 8 字节对齐。

给每种数据类型都分配一个类。例如，基本类型按如下方式分类：

- 有符号或无符号 bool、char、short、int、long、long long 和指针属于 INTEGER 类。
- float 和 double 类型属于 SSE 类。
- long double 类型属于 X87 类。

聚合与复合（结构和数组）和联合类型按以下规则分类[1]：

- 如果对象的大小超过两个 8 字节，或者是 C++的非 POD（Plain Old Data，平凡数据）结构或联合（因为它们需要一个定义良好的地址，这样调用函数和被调用函数就可以在同一地址上构造和析构对象。这对于从被调用函数返回的非 POD 结构也是一样），或者如果它包含未对齐的字段，那么它会被归类为 MEMORY 类。
- 如果聚合的大小超过单个 8 字节，那么每个都会被单独分类。每个 8 字节都初始化为 NO_CLASS 类。
- 如果一个 C++对象有非平凡的复制构造函数或非平凡的析构函数，那么它将通过不可见的引用来传递（在参数列表中，该对象被一个具有 INTEGER 类的指针替代）。
- 对于聚合类型，递归地对每个字段进行分类。每次都比较两个字段并按以下规则将所有字段合并在一起。
  - ➢ 如果两个类相等，则结果为该类。
  - ➢ 如果一个是 NO_CLASS，则结果是另一个类。
  - ➢ 如果一个是 MEMORY，则结果是 MEMORY 类。
  - ➢ 如果一个是 INTEGER，则结果是 INTEGER 类。

---

[1]具体的分类算法可以查看 llvm 的代码，网站地址是 https://github.com/llvm/llvm-project/blob/cf0e8dca8496660fc18a8bbbb4da765027f2080d/clang/lib/CodeGen/Targets/X86.cpp#L1750。

> ➤   如果一个是 X87，则结果是 MEMORY 类。
> ➤   否则，结果是 SSE 类。

6 个通用寄存器和 8 个 SSE 寄存器可用于参数传递：%rdi、%rsi、%rdx、%rcx、%r8、%r9、%xmm0～%xmm7。在函数参数按上述规则分类之后，它们将按从左到右的顺序分配给寄存器，如下所示：

（1）如果类是 MEMORY，则参数在栈上传递。

（2）如果类是 INTEGER，则按顺序分配%rdi、%rsi、%rdx、%rcx、%r8、%r9 给下一个可用寄存器。

（3）如果类是 SSE，则按顺序分配%xmm0～%xmm7 给下一个可用寄存器。

（4）如果类是 X87，则参数在内存中传递。

当上述所有寄存器都已经被使用完毕时，无论参数的类型如何，额外的参数都将会以反向的顺序被推入栈内存中。也就是说，参数将会按从右向左的顺序进行传递。这种反向传递参数的方式使得处理可变数量的参数变得更加简单，因为无论在运行时实际传递了多少个参数，第一个参数的位置都是静态的、固定的。这样一来，不管参数的数量如何变化，我们都可以轻松找到第一个参数的位置。

被调用函数的返回值（如果有的话）与参数传递类似，只有一项数据需要返回，它遵循类似的规则：

● 如果返回类是 MEMORY，则调用者应为返回值提供空间，并将该存储的地址作为第一个隐藏参数传递给寄存器%rdi。返回时，寄存器%rax 将包含通过寄存器%rdi 传入的地址。
● 如果返回类是 INTEGER（这是最常见的情况），则使用寄存器%rax。如果它已经被占用，则使用寄存器%rdx。
● 如果返回类是 SSE，则使用寄存器%xmm0。如果它已经被占用，则使用寄存器%xmm1。
● 如果返回类是 X87，则返回值将作为 80 位 X87 数字传递到 X87 栈中的%st0。

表 5-7 简要总结了 x86_64 寄存器是如何用于参数传递和返回值的。

表 5-7   x86_64 寄存器使用方法

寄 存 器	用 法	由被调用者保存
rax	临时寄存器， 第 1 个返回值， 可变参数时 SSE 寄存器的个数	No
rbx	基地址	Yes
rcx	第 4 个整数参数	No
rdx	第 3 个整数参数 第 2 个返回值	No
rsp	栈指针	Yes
rbp	栈帧指针	Yes
rsi	第 2 个整数参数	No

（续表）

寄 存 器	用　法	由被调用者保存
rdi	第 1 个整数参数	No
r8	第 5 个整数参数	No
r9	第 6 个整数参数	No
r10	传递函数静态链接参数	No
r11	临时寄存器	No
r12 – r15	临时寄存器	Yes
xmm0 - xmm7	传递浮点数参数	No
xmm8 – xmm15	临时寄存器	No
mmx0 – mmx7	临时寄存器	No
st0, st1	临时寄存器 返回 long double 类型	No
st2 – st7	临时寄存器	No
fs	线程特有寄存器	No

　　用例子可能会更好地解释函数调用的规则。以下示例代码中的函数 Sum 有 8 个参数，分别属于 integer、integer、POD 结构、非 POD 结构、指针、float、long 和 long 类型，函数进行简单的计算并返回一个双精度值。

```
class POD_STRUCT
{
public:
    short s;
    int a;
    double d;
};

class NONE_POD_STRUCT
{
    virtual bool Verify() { return true; }

public:
    short s;
    int a;
    double d;
};

double Sum(int i_int0,
           int i_int1,
           POD_STRUCT i_pod,
           NONE_POD_STRUCT i_nonpod,
           long* ip_long,
```

```
            float i_float,
            long i_long0,
            long i_long1)
{
    double result = i_int0 + i_int1
                  + i_pod.a + i_pod.d + i_pod.s
                  + i_nonpod.a + i_nonpod.d + i_nonpod.s
                  + *ip_long + i_float + i_long0 + i_long1;

    return result;
}

int main()
{
    int a_int_0 = 0;
    int a_int_1 = 1;
    POD_STRUCT a_pod = {0, 1, 2.2};
    NONE_POD_STRUCT a_nonpod;
    long a_long   = 3;
    float a_float = 4.4;

    double sum = Sum(a_int_0, a_int_1, a_pod, a_nonpod, &a_long, a_float, a_long,
a_long);

    return 0;
}
```

根据前面介绍的 ABI，参数应该通过寄存器和栈传递，示例中各参数传递情况如表 5-8 所示。

表 5-8　参数传递情况

通用寄存器	浮点数寄存器	栈　帧
%edi: i_int0	%xmm0: i_pod.d	%rbp+16: i_long1
%esi: i_int1	%xmm1: i_float	
%rdx:i_pod.s,i_pod.a		
%rcx: &i_nonpod		
%r8: ip_long		
%r9: i_long0		

在表中可以看见，虽然参数 i_long1 是一个适合放入通用寄存器的长整数，但是所有的 6 个通用寄存器都已经被前面的参数占用了，因此参数 i_long1 只能通过栈来传递。

另外，关于参数 i_nonpod，这里有一点需要特别指出。由于它不是 POD 结构（也就是说，它是一个包含了虚函数声明的类），因此不能像参数 i_pod 那样通过寄存器来传递。在这种情况下，调用函数会在调用者的栈上创建一个 NONE_POD_STRUCT 类型的对象，并通过一个整数寄存器来传递这个对象的地址，在本例中，这个寄存器是%rcx。

图 5-3 详细显示了从函数 main 调用函数 Sum 时是如何使用栈的。变量和函数名称以粗体字标
示出来。

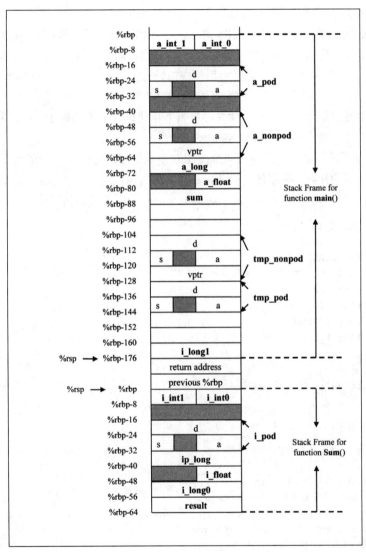

图 5-3 函数参数传递

注意，函数 main 栈上创建了两个匿名临时对象，它们是本地对象 a_pod 和 a_nonpod 的副本。
它们存在的目的是作为参数传递给函数 Sum。为了方便讨论，我们用名称 tmp_pod 和 tmp_nonpod
来区分它们。当函数 Sum 被调用时，对象 tmp_pod 再次被复制到寄存器%rdx 中并传递给函数。
因为 tmp_nonpod 是非 POD 结构，所以不能通过寄存器传递，而是把它的地址（其有效地址

是%rbp-128）通过寄存器%rcx 传递给函数。

图 5-3 中的灰色区域表示为满足对齐要求所增加的填充。例如，结构 POD_STRUCT 的数据成员"s"是一个短整数，2 字节长。它后面是数据成员"a"，是一个整数，需要在 4 字节边界上对齐。因此在数据成员"s"和数据成员"a"之间有 2 字节的填充。

函数 main 的栈帧长 176 字节。栈指针%rsp 指向帧底部，栈帧指针%rbp 指向帧顶部，很明显%rsp=%rbp-176。函数 Sum 的栈大小为 64 字节。然而，由于它是一个末端函数，意味着它不调用任何其他函数，因此编译器根本不会费心调整栈指针%rsp，它与函数帧指针%rbp 保持相同的值。

在调试构建中，编译器将所有通过寄存器传递的参数存储在栈上。如果启用了优化，某些参数可能在栈内存中没有副本。有兴趣的读者可以重新优化编译上面的例子，看看有什么不同。如果要查看参数的处理，务必不要内联函数 Sum。

最后，通过查看示例函数的汇编代码来加深对函数调用约定的理解。笔者已经在代码中对发生的事情进行了详尽的注释，为了便于理解，还将相关的源代码用粗体字标出。笔者鼓励读者参考图 5-3，仔细阅读代码。对于初学者来说，这是一个很好的汇编代码阅读练习。

```
double Sum(int i_int0,
           int i_int1,
           POD_STRUCT i_pod,
           NONE_POD_STRUCT i_nonpod,
           long* ip_long,
           float i_float,
           long i_long0,
           long i_long1)
{
    // 函数序言
    // 由于 leaf 函数，堆栈指针未被减去
    pushq    %rbp
    movq     %rsp, %rbp

    // 将通过寄存器传递的参数保存到堆栈上

    // 寄存器%edi 保存了参数 i_int0
    // 寄存器%esi 保存了参数 i_int1
    // 寄存器%xmm0 保存了参数 i_pod.d
    // 寄存器%rdx 保存了参数 i_pod.s 和 i_pod.a
    // 寄存器%r8 保存了参数 ip_long
    // 寄存器%xmm1 保存了参数 i_float
    // 寄存器%r9 保存了参数 i_long0
    movl     %edi, -4(%rbp)
    movl     %esi, -8(%rbp)
    movsd    %xmm0, -72(%rbp)
    movq     -72(%rbp), %rax
    movq     %rdx, -32(%rbp)
    movq     %rax, -24(%rbp)
```

```
movq    %r8, -40(%rbp)
movss   %xmm1, -44(%rbp)
movq    %r9, -56(%rbp)
```

double result = i_int0 + i_int1
    + i_pod.a + i_pod.d + i_pod.s
    + i_nonpod.a + i_nonpod.d + i_nonpod.s
    + *ip_long + i_float + i_long0 + i_long1;

```
// i_int0 + i_int1 + i_pod.a
movl    -8(%rbp), %eax
addl    -4(%rbp), %eax
addl    -28(%rbp), %eax
cvtsi2sd %eax, %xmm0
movsd   %xmm0, %xmm1


// + i_pod.d + i_pod.s
addsd   -24(%rbp), %xmm1
movswl  -32(%rbp),%eax
cvtsi2sd %eax, %xmm0
addsd   %xmm0, %xmm1


// 寄存器%rcx 保存了参数 i_nonpad 的地址
// + i_nonpod.a + i_nonpod.d + i_nonpod.s
cvtsi2sd 12(%rcx), %xmm0
addsd   %xmm1, %xmm0
movsd   %xmm0, %xmm1
addsd   16(%rcx), %xmm1
movswl  8(%rcx),%eax
cvtsi2sd %eax, %xmm0
addsd   %xmm0, %xmm1


// + *ip_long
movq    -40(%rbp), %rax
cvtsi2sdq (%rax), %xmm0
addsd   %xmm0, %xmm1


// + i_float
cvtss2sd -44(%rbp), %xmm0
addsd   %xmm0, %xmm1


// + i_long0
cvtsi2sdq -56(%rbp), %xmm0
addsd   %xmm0, %xmm1


// + i_long1
```

```
        cvtsi2sdq  16(%rbp), %xmm0
        addsd      %xmm1, %xmm0

        // 保存结果
        movsd      %xmm0, -64(%rbp)

        return result;
        // 返回值通过寄存器%xmm0 传递
        movq       -64(%rbp), %rax
        movq       %rax, -72(%rbp)
        movlpd     -72(%rbp), %xmm0

        // 函数结语
        leave
        ret
}

int main()
{
        // 函数序言
        pushq      %rbp
        movq       %rsp, %rbp
        subq       $176, %rsp

        int a_int_0 = 0;
        movl       $0, -4(%rbp)

        int a_int_1 = 1;
        movl       $1, -8(%rbp)

        POD_STRUCT a_pod = {0, 1, 2.2};
        movw       $0, -32(%rbp)
        movl       $1, -28(%rbp)
        movabsq    $4612136378390124954, %rax
        movq       %rax, -24(%rbp)

        NONE_POD_STRUCT a_nonpod;
        leaq       -64(%rbp), %rdi
        // 调用 NONE_POD_STRUCT 类的默认构造函数
        call       _ZN15NONE_POD_STRUCTC1Ev

        long a_long  = 3;
        movq       $3, -72(%rbp)

        float a_float = 4.4;
        movl       $0x408ccccd, %eax
```

```
movl    %eax, -76(%rbp)
```

double sum = Sum(a_int_0, a_int_1, a_pod, a_nonpod, &a_long, a_float, a_long, a_long);

```
// 为函数调用 Sum(...) 设置参数
// 如果参数按值传递，不通过寄存器传递的参数将在堆栈上分配临时对象
```

```
// 在-128(%rbp)处分配一个临时的 NONE_POD_STRUCT 对象 tmp_nonpod
// 它是由对象 a_nonpod 的以下复制构造函数创建的：NONE_POD_STRUCT::NONE_POD_STRUCT(const
NONE_POD_STRUCT&)
    leaq    -64(%rbp), %rsi
    leaq    -128(%rbp), %rdi
    call    _ZN15NONE_POD_STRUCTC1ERKS_
```

```
// 寄存器%rcx 保存了参数 i_nonpod 的地址
// 该参数就是临时对象 tmp_nonpod
    leaq    -128(%rbp), %rcx
```

```
// 寄存器%rdx 获取 a_long 的值
// 寄存器%esi 获取 a_float 的值
    movq    -72(%rbp), %rdx
    movl    -76(%rbp), %esi
```

```
//寄存器%rdi 获取变量 a_long 的地址
    leaq    -72(%rbp), %rdi
```

```
// 在-144(%rbp)处分配一个临时的 POD_STRUCT 对象 tmp_pod
// 从对象 a_pod 到 tmp_pod 进行位复制
    movq    -32(%rbp), %rax
    movq    %rax, -144(%rbp)
    movq    -24(%rbp), %rax
    movq    %rax, -136(%rbp)
```

```
// 寄存器%r10d 获取 a_int1 的值
// 寄存器%r11d 获取 a_int0 的值
    movl    -8(%rbp), %r10d
    movl    -4(%rbp), %r11d
```

```
// 在堆栈上分配了 a_long 的副本（%rsp）
// 该副本将作为参数 i_long1
    movq    -72(%rbp), %rax
    movq    %rax, (%rsp)
```

```
// 寄存器%r9 传递参数 i_long0（=a_long）
    movq    %rdx, %r9
```

```
    // 寄存器%xmm1 传递参数 i_float (=a_float)
    movl    %esi, -148(%rbp)
    movss   -148(%rbp), %xmm1

    // 寄存器%r8 传递参数 ip_long (=&a_long)
    movq    %rdi, %r8

// 寄存器%rdx 传递参数 i_pod.s (=tmp_pod.s)和 i_pod.a (=tmp_pod.a)
    movq    -144(%rbp), %rdx

    // 寄存器%xmm0 传递参数 i_pod.d (=tmp_pod.d)
    movq    -136(%rbp), %rax
    movq    %rax, -160(%rbp)
    movlpd  -160(%rbp), %xmm0

    // 寄存器%esi 传递参数 i_int1 (=a_int1_1)
    movl    %r10d, %esi
    // 寄存器%edi 传递参数 i_int0 (=a_int1_0)
    movl    %r11d, %edi

    // 跳转到函数 Sum
    call    _Z3Sumii10POD_STRUCT15NONE_POD_STRUCTPlfll

    // 返回值通过寄存器%xmm0 传递
    // 将返回值存储在位于%rbp-88 的局部变量 sum 中
    movsd   %xmm0, -160(%rbp)
    movq    -160(%rbp), %rax
    movq    %rax, -88(%rbp)

    return 0;
    movl    $0, %eax

    // 函数结语
    leave
    ret
}
```

　　一旦理解了局部变量、参数和临时对象在栈内存中的布局，以及寄存器的使用方式，阅读汇编代码就会变得十分简单。需要注意的是，如果 C++对象参数按值传递，那么它会被赋予一个临时对象，并且如果它们是非平凡的，那么这些对象会通过类的复制构造函数和析构函数进行初始化和清理，即使是通过寄存器传递的对象，也是这样的。当然，我们通常通过引用而不是通过值来传递对象。这种情况下，参数是指针类型，如果有可用的寄存器，就可以通过寄存器来传递这个指针。

5.4　分析优化后的代码

前面的章节已经为阅读汇编代码打下了基础。现在是将这些部分结合起来并回答下面两个问题的时候了：如何在函数中找到局部变量和参数，如何将指令映射到源代码行。阅读本节后，读者将能够在调试发布版本的时候更加自信，即使面对的是高度优化的代码。

在栈内存中分配的局部变量和参数很容易找到，因为只要函数没有返回，它们通常就不会被破坏。然而，读取分配在寄存器中的局部变量和参数的正确值会比较有挑战，因为它们可能会在某些地方被临时保存、占用，然后恢复，这在优化的代码中相当常见。当调试器在这种情况下无法提供帮助时，我们需要阅读几行汇编代码来找出变量的实际值。以下是解决这个问题的一些通用步骤：

步骤 01　如果寄存器在当前指令（由程序计数器 rip 指向）之前没有被用于其他目的，那么就可以安全地使用该寄存器来获取关联的局部变量或参数的值。

步骤 02　查看 ABI 规则以确定在函数调用中哪些寄存器需要被调用者或被调用者保留。如果一个寄存器被占用，那么调用者或被调用者必须生成代码将局部变量或参数的副本放在栈上或另一个寄存器中。即使寄存器没有被保存，其原始值也应该来自某个存储位置，这个位置可以推导出来。

步骤 03　如果在经过上述尝试之后仍然无法获取参数的值，我们可以将栈帧向上移动到调用函数，检查调用函数是如何设置传出参数的。它必须将参数从调用函数的栈帧或另一个寄存器复制到寄存器中。我们可以一直向上追溯，直到找到这个值。

为了确定当前指令之前寄存器没有被覆盖，需要搜索代码，确保它没有被覆盖，也就是说确保它不是已执行的任何指令的目标操作数。注意，这可能会改变控制流的循环指令。阅读整个汇编程序可能很烦琐，因为汇编代码通常比源代码长，而且可读性较差。笔者通常会将函数的汇编代码转储到一个文件中，然后使用 grep 等工具搜索寄存器名称，或者将文件加载到喜欢的文本编辑器中并搜索关键字。

编译器生成的汇编代码可能一开始看起来很复杂。然而，有一些特定的模式和指令序列可以帮助我们更容易地将源代码行与汇编代码关联起来。这些模式或者直接对应于源语言，或者隐含地表示某些操作。例如，CALL 指令对应于 C/C++ 源代码中的函数调用。一个函数的源代码可能非常长，有几百行甚至更多。尽管这违反了通常编码指南中关于函数应该短小并且高内聚的原则，但实际上有很多这样的例子，相信读者也会遇到它们。对于这样长的函数，从函数的开始到程序停止的地方阅读汇编指令可能需要相当长的时间。在许多情况下，实际上并不需要阅读整个函数，相反，只需要阅读感兴趣的观察点附近的指令即可，比如程序计数器中的地址或函数返回地址。

下面列出一些模式或指南，可以帮助我们快速找到相应的源代码。

（1）CALL 指令。该指令的操作数为被调用函数的地址。如果生成了调试符号，调试器可以打印出与地址关联的函数名。由于被检查的函数中通常只有几个函数调用（如果有的话），这将帮助我们非常快速地查明源代码行。例如，上例中的 main 函数有如下 CALL 指令：

```
call  _Z3Sumii10POD_STRUCT15NONE_POD_STRUCTPlfll
```

注意,该函数名称是经过修饰后的 C++函数 Sum(int, int, POD_STRUCT, NONE_POD_STRUCT, long*, float, long, long)。源代码显示 main 函数有一个地方调用函数 Sum,由此可以确定此指令与进行此调用的源代码行有关。

(2)条件分支指令通常与 C/C++源代码中的 if…else 语句有关。这些表达式通常包含了变量和常量。根据表达式结果,程序流程可能会转移到不同的地址。如果比较指令的操作数之一是立即数,例如 NULL、true/false、枚举类型等,那么可以轻松地在源代码中找到它们。例如,以下指令将变量与立即数 0x1a 进行比较,如果它们不相等,则会分支到 0x2a979d2c5f 处的指令。

```
cmpl    $0x1a,0xc0(%rsi)
jne     0x2a979d2c5f <FillXMLStatement+801>
```

通过查阅源代码,我们会发现 0x1a 是枚举常量 AIICmdCacheAdmin 的值。因此,可以相当确定这段汇编代码映射到以下源代码行,因为这是函数中唯一使用该常量进行 if 语句判断的地方。

```
else if(aScheduleInstance.mCommandID == AIICmdCacheAdmin)
```

(3)考虑以下示例:

movq   -24(%rbp), %rax

```
movq    (%rax), %rax
movq    -24(%rbp), %rdi
movl    $0, %esi
call    *0x20(%rax)
```

一个对象被存储在栈帧起始偏移24字节的位置。前两条指令用于获取该对象虚函数表的地址,此表位于对象的首部。接下来的两条指令用于设定函数参数,其中包括被存储在寄存器 rdi 中的 this 指针。最后一条指令负责读取虚函数表中偏移32字节(0x20)的条目并跳转至其中的地址,该地址是派生类的虚函数的实现。这个地址在运行时从虚函数表中读取,因此我们无法从指令中直接获取函数名称。但是,我们知道这是一个虚函数,并且它位于对象的虚函数表的32字节偏移处。将这些信息与源代码结合起来进行审查,可能会有助于我们减少代码分析的复杂性。

(4)访问数组元素。要访问数组元素,需要将数组地址加上所需元素的偏移量,该偏移量为元素索引和元素大小的乘积。因此,生成的指令通常使用 ModR/M 内存寻址模式,该模式接收一个基址、一个索引、一个比例和可选的偏移量。下面的指令是一个典型的例子:

```
movq    -64(%rbp,%rax,8), %rax
```

它从位于-64(%rbp)的数组中读取元素,每个元素的大小为 8 字节,元素索引在%rax 中。这对应类似的代码 arr[i],其中 arr 的起始地址为-64(%rbp),i 存储于%rax 中,数组元素大小为 8 字节,比如 long。

(5)访问类对象或结构体的数据成员。通常情况下,数据通过基地址进行引用,即对象的起始地址加上数据成员的偏移量。例如,在上一个示例中,可以使用以下指令访问类 NONE_POD_STRUCT 的数据成员"d"。对象的地址保存在寄存器%rcx 中,而数据成员"d"的偏移量为 16 字节。编译器在计算对象的内存布局时确定偏移量。

```
addsd    16(%rcx), %xmm1
```

调试符号包括了数据类型信息，因此调试器能够打印类成员的偏移量。例如，Windbg 可以使用 "dt" 命令打印出包括成员偏移量的对象的类型信息：

```
0:000> dt POD_STRUCT
test!POD_STRUCT
    +0x000 s           : Int2B
    +0x004 a           : Int4B
    +0x008 d           : Float
0:000> dt NONE_POD_STRUCT
test!NONE_POD_STRUCT
    +0x000 __VFN_table : Ptr32
    +0x008 s           : Int2B
    +0x00c a           : Int4B
    +0x010 d           : Float
```

旧版本的 GDB 没有这个功能，但是，可以用下面的表达式打印类型信息或者计算数据成员的偏移量：

```
(gdb) ptype POD_STRUCT
type = class POD_STRUCT {
 public:
    short int s;
    int a;
    double d;
}
(gdb) print &(*(POD_STRUCT*)0).d
$1 = (double *) 0x8

(gdb) ptype NONE_POD_STRUCT
type = class NONE_POD_STRUCT {
 public:
    short int s;
    int a;
    double d;

 private:
    virtual bool Verify();
}
(gdb) print (char*)&a_nonpod.d-(char*)&a_nonpod
$2 = 16
```

对于比较新的 GDB，ptype 命令支持/o 参数，可以通过如下的命令打印成员的偏移量：

```
(gdb) ptype /o NONE_POD_STRUCT
```

```
/* offset    |    size */ type = class NONE_POD_STRUCT {
                          public:
/*    8      |     2 */    short s;
/* XXX  2-byte hole     */
/*    12     |     4 */    int a;
/*    16     |     8 */    double d;

                          /* total size (bytes):   24 */
                       }
```

（6）访问栈上的局部变量和参数。正如 ABI 所讨论的，栈上的局部变量通常通过寄存器%rbp 和负偏移量进行访问。如果通过栈传递参数，则通过寄存器%rbp 加上正偏移量进行访问。以下指令将一个变量保存在-8(%rbp)的位置：

```
movq %rdi, -8(%rbp)
```

5.5   调试优化后的代码示例

如果觉得简短的示例还不够深入，那么下面这个完整的实际调试案例应该能满足读者的需求。这是一个客户反馈的问题——服务器程序崩溃并生成了核心转储文件。借助本章所介绍的知识，我们需要定位源代码行号，以及找出有关的变量来分析崩溃的根源。

应用程序的逻辑对于这里的讨论并不重要，因此为了避免混淆，笔者将只列出最关键的部分源代码。在将核心转储文件加载到调试器后，可以得到以下故障线程的回溯跟踪：

```
(gdb) backtrace
#0  0x0000003d77975c22 in wcslen () from /lib64/tls/libc.so.6

#1  0x0000002a9853ede8 in SysAllocString (ipStr=0x89601678e710060) at
CMiniBstr.cpp:25

#2  0x0000002a979d2b0d in FillXMLStatement (pProcCtxt=0x89601678e710060,
aScheduleInstance=@0x5745b8a0, aStatement=@0x5745b830) at Msi_ccombstr.h:52

#3  0x0000002a979d83cf in LAICommandUtilityXML::XMLGetSchedules (this=0x4ff00f0,
pProcCtxt=0x461b9a8, pXMLDoc=0x4721ea0, pNode=0x5745b830) at
LAICmdUtilXMLSchedule.cpp:1518

#4  0x0000002a97a00b75 in LAICommandUtilityXML::ProcessXMLCommand (this=0x4ff00f0,
pProcCtxt=0x461b9a8, pXMLDoc=0x4721ea0, pNode=0x0) at Msi_atlbase.h:360

#5  0x0000002a979ffd71 in LAICommandUtilityXML::ProcessXMLStatement (this=0x4ff00f0,
pProcCtxt=0x461b9a8, pXMLDoc=0x4721ea0, pNode=0x5745bda0) at Msi_atlbase.h:360

#6  0x0000002a979ffc1b in LAICommandUtilityXML::ProcessXMLStatement (this=0x4ff00f0,
```

```
pProcCtxt=0x461b9a8, pXMLDoc=0x4721ea0, pNode=0x5745be10) at Msi_atlbase.h:360

#7  0x0000002a97a9660f in XMLRequest::Execute (this=0x4ff0078) at Msi_atlbase.h:360

#8  0x0000002a979a063f in LAIAIICommand::Process (this=0x4ff0078) at
LAIAIICommand.cpp:127

#9  0x0000002a98a13f1a in LAICommandQTask::Run (this=0x194ed98) at
LAICommandQTask.cpp:284

#10 0x0000002a969d6f3e in LAIThreadPoolTask::Run (this=0x191e8a8) at
LAIThreadPool.cpp:1315

#11 0x0000002a969c38e7 in LAIThread::Run (this=0x89601678e710060) at LAIThread.cpp:413

#12 0x0000002a9591917e in Synch::RunnableProxyImpl::Run (this=0x89601678e710060) at
RunnableProxyImpl.h:93

#13 0x0000002a95910dfc in Synch::ThreadImpl::ThreadFunction
(ipThreadImpl=0x89601678e710060) at SmartPtrI.h:188

#14 0x0000003d78406137 in start_thread () from /lib64/tls/libpthread.so.0

#15 0x0000003d779c7533 in clone () from /lib64/tls/libc.so.6
```

　　程序在系统运行时函数 wcslen 中崩溃，这是一个用于计算 Unicode 字符串长度的函数。看起来，传递给这个函数的参数（一个字符串）具有一个异常值：0x89601678e710060。这显然不是一个有效的堆地址，尽管按照预期它应该是。现在，问题的关键在于需要找出这个异常值是从何处产生的。

　　通过切换栈帧，找到在文件 CMiniBstr.cpp 第 25 行中定义的函数 SysAllocString。很明显，错误字符串来自该函数的调用者。

```
WINOLEAUTAPI_(BSTR) SysAllocString(const OLECHAR * ipStr)
{
    if (ipStr == NULL)
        return (BSTR)NULL;

    UINT  Size;
    // 获取输入字符串的大小
    Size = wcslen(ipStr);
    ...
}
```

　　再一次切换栈帧，找到的是函数 FillXMLStatement。注意，第 52 行的源文件是 Msi_ccombstr.h，但是 Msi_ccombstr.h 是一个头文件，它肯定没有函数 FillXMLStatement 的实现。此外，函数

FillXMLStatement 也不会调用函数 SysAllocString。是调试器弄错了吗？在得出调试器错误的结论之前，我们应该记住编译器倾向于在优化模式下内联很多函数，尤其是类声明中的那些隐式内联方法。在示例中，函数 FillXMLStatement 有几个 CComBSTR 类的局部变量，它们在头文件 Msi_ccombstr.h 中声明。类 CComBSTR 的构造函数所做的事情之一是内联并调用函数 SysAllocString。

```
class CComBSTR
{
   public:
      BSTR m_str;

      CComBSTR(LPCOLESTR pSrc)
      {
          m_str = ::SysAllocString(pSrc);
      }

      unsigned int Length() const
      {
          return (m_str == NULL)? 0 : SysStringLen(m_str);
      }

      ~CComBSTR()
      {
          ::SysFreeString(m_str);
      }
      ...
};
```

我们发现函数 FillXMLStatement 在文件 LAICmdUtilXMLSchedule.cpp 中定义。当初始化类 CComBSTR 的局部变量时，有几个地方会调用上述构造方法。

```
Int32 FillXMLStatement(AIProcessContext *pProcCtxt,
            LAIScheduleInstance3 &aScheduleInstance,
            XMLStatement &aStatement)
{
   HRESULT hr= S_OK;
   if ((aScheduleInstance.mCommandID == AIICmdRunReportByID) ||
       (aScheduleInstance.mCommandID == AIICmdRunDocumentByID) )
   {
    aStatement.serverCommands = aScheduleInstance.mCommandID;
    CComBSTR bstrProjectID(aScheduleInstance.mParameters[0].bstrVal);
    CComBSTR bstrReportID(aScheduleInstance.mParameters[1].bstrVal);
    CComBSTR bstrMessageID(aScheduleInstance.mParameters[4].bstrVal);

    if (!Base::String2Guid(aStatement.projectID, bstrProjectID))
```

```
{
  return E_INVALIDARG;
}
if (!Base::String2Guid(aStatement.reportID, bstrReportID))
{
  return E_INVALIDARG;
}

if (bstrMessageID.Length() > 0 )
{
  if(!Base::String2Guid(aStatement.messageID, bstrMessageID))
  {
    return E_INVALIDARG;
  }
}
else {
  aStatement.messageID = GUID_NULL;
}
if (aScheduleInstance.mParameters[2].vt == VT_I4) {
  aStatement.rptDocFlags = aScheduleInstance.mParameters[2].lVal;
}
else if(aScheduleInstance.mParameters[2].vt==VT_I2) {
  aStatement.rptDocFlags = aScheduleInstance.mParameters[2].iVal;
}
if (aScheduleInstance.mParameters[3].vt == VT_I4) {
  aStatement.actionFlags = aScheduleInstance.mParameters[3].lVal;
}
else if (aScheduleInstance.mParameters[3].vt==VT_I2) {
  aStatement.actionFlags = aScheduleInstance.mParameters[3].iVal;
}
if (aScheduleInstance.mParameters[5].vt == VT_I4) {
  aStatement.messageFlags = aScheduleInstance.mParameters[5].lVal;
}
else if (aScheduleInstance.mParameters[5].vt==VT_I2) {
  aStatement.messageFlags = aScheduleInstance.mParameters[5].iVal;
}
}
else if(aScheduleInstance.mCommandID==AIICmdCacheAdmin)
{
  aStatement.serverCommands = AIICmdCacheAdmin;
  CComBSTR bstrProjectID (aScheduleInstance.mParameters[0].bstrVal);
  CComBSTR bstrReportID (aScheduleInstance.mParameters[3].bstrVal);

  if (bstrProjectID.Length() > 0)
  {
    if (!Base::String2Guid(aStatement.projectID, bstrProjectID))
```

```
    {
      return E_INVALIDARG;
    }
  }
  else
  {
    aStatement.projectID = dummy_guid;
  }

  if (bstrReportID.Length() > 0)
  {
    if (!Base::String2Guid(aStatement.projectID, bstrProjectID))
    {
      return E_INVALIDARG;
    }
  }
  else
  {
    aStatement.reportID = dummy_guid;
  }

  if (aStatement.cacheInfo == NULL)
    aStatement.cacheInfo = new XMLCacheInfo;

  if (aScheduleInstance.mParameters[1].vt == VT_I4) {
    aStatement.cacheInfo->cacheCmd =
            aScheduleInstance.mParameters[1].lVal;
  }
  else if (aScheduleInstance.mParameters[1].vt==VT_I2) {
    aStatement.cacheInfo->cacheCmd =
            aScheduleInstance.mParameters[1].iVal;
  }
  if (aScheduleInstance.mParameters[2].vt == VT_I4) {
    aStatement.cacheInfo->cacheOpt =
            aScheduleInstance.mParameters[2].lVal;
  }
  else if (aScheduleInstance.mParameters[2].vt==VT_I2) {
    aStatement.cacheInfo->cacheOpt =
            aScheduleInstance.mParameters[2].iVal;
  }
}

return S_OK;
}
```

在选择不优化特别是禁用内联函数的情况下，回溯中的第 2 帧将分成以下两个帧，这是我们在调试版本中应该看到的。

```
#2 CComBSTR::CComBSTR(LPCOLESTR pSrc) at Msi_ccombstr.h

#3 FillXMLStatement(AIProcessContext *pProcCtxt, LAIScheduleInstance3
&aScheduleInstance, XMLStatement &aStatement) at LAICmdUtilXMLSchedule.cpp
```

接下来的问题是，在崩溃发生时，具体调用了哪一个 CComBSTR 构造函数。在这种情况下，由于优化的影响，调试器 GDB 不能直接告诉我们发生函数调用的具体行号，因此我们需要深入汇编代码中去解决这个问题。

调试器显示的第二帧指令的地址是 0x2a979d2b0d，这是指令寄存器%rip 所指示的。与直觉相反，除了最顶部的帧（也就是最内层的帧），其他帧的%rip 值都表示的是在被调用函数返回后将要执行的下一条指令的地址，而不是当前正在执行的指令的地址。这其实是函数调用约定 ABI 中的一个规定，即执行 CALL 指令时压入栈的返回地址。

因此，除顶部帧之外的所有帧的%rip 指向的指令，其之前的指令必然是 CALL 指令，这就解释了线程当前回溯是如何形成的。只有最内层的%rip 才代表当前正在执行的指令的地址，或者是在程序崩溃时产生核心转储文件的那条指令（这通常是在加载核心转储文件后首先要检查的内容）。我们在阅读汇编代码时，需要考虑这个因素。

回到本例，我们需要查看位于 0x2a979d2b0d 之前的代码。x86_64 的指令长度各不相同，这使我们很难确定哪个地址是指令的有效起点。为了查看汇编代码，一个办法是选择一个略早于当前%rip 的地址，然后从那个地址开始反汇编，看看结果是否正确。另一个办法是从函数开头的地址开始反汇编，这个地址是调试符号知道的。但是，这样做的缺点是整个函数的汇编代码列表通常都很长，这给我们带来了一些不便。笔者的做法是将汇编代码复制到文本编辑器中，然后仔细研究那些我感兴趣的指令附近的代码。

FillXMLStatement 函数的汇编代码如下：

```
0x2a979d293e    sub     $0x48,%rsp
0x2a979d2942    mov     %rbx,0x38(%rsp)
0x2a979d2947    mov     %rbp,0x40(%rsp)
0x2a979d294c    mov     %rsi,%rbx
0x2a979d294f    mov     %rdx,%rbp
0x2a979d2952    cmpl    $0x14,0xc0(%rsi)
0x2a979d2959    je      0x2a979d2968 <FillXMLStatement+0x2a>
0x2a979d295b    cmpl    $0x19,0xc0(%rsi)
0x2a979d2962    jne     0x2a979d2add <FillXMLStatement+0x19f>
0x2a979d2968    mov     0xc0(%rbx),%eax
0x2a979d296e    mov     %eax,0x40(%rbp)
0x2a979d2971    mov     0xd0(%rbx),%rdi
0x2a979d2978    callq   0x2a97999410 <SysAllocString@plt>
0x2a979d297d    mov     %rax,0x20(%rsp)
0x2a979d2982    mov     0xe8(%rbx),%rdi
0x2a979d2989    callq   0x2a97999410 <SysAllocString@plt>
```

```
0x2a979d298e    mov      %rax,0x10(%rsp)
0x2a979d2993    mov      0x130(%rbx),%rdi
0x2a979d299a    callq    0x2a97999410 <SysAllocString@plt>
0x2a979d299f    mov      %rax,(%rsp)
0x2a979d29a3    mov      0x20(%rsp),%rsi
0x2a979d29a8    mov      %rbp,%rdi
0x2a979d29ab    callq    0x2a9799daf0 <Base::String2Guid@plt>
0x2a979d29b0    test     %al,%al
0x2a979d29b2    je       0x2a979d29f2 <FillXMLStatement+0xb4>
0x2a979d29b4    mov      0x10(%rsp),%rsi
0x2a979d29b9    lea      0x10(%rbp),%rdi
0x2a979d29bd    callq    0x2a9799daf0 <Base::String2Guid@plt>
0x2a979d29c2    test     %al,%al
0x2a979d29c4    je       0x2a979d29f2 <FillXMLStatement+0xb4>
0x2a979d29c6    cmpq     $0x0,(%rsp)
0x2a979d29cb    je       0x2a979d29d8 <FillXMLStatement+0x9a>
0x2a979d29cd    mov      (%rsp),%rdi
0x2a979d29d1    callq    0x2a97999ef0 <SysStringLen@plt>
0x2a979d29d6    jmp      0x2a979d29dd <FillXMLStatement+0x9f>
0x2a979d29d8    mov      $0x0,%eax
0x2a979d29dd    test     %eax,%eax
0x2a979d29df    je       0x2a979d2a0f <FillXMLStatement+0xd1>
0x2a979d29e1    mov      (%rsp),%rsi
0x2a979d29e5    lea      0x20(%rbp),%rdi
0x2a979d29e9    callq    0x2a9799daf0 <Base::String2Guid@plt>
0x2a979d29ee    test     %al,%al
0x2a979d29f0    jne      0x2a979d2a25 <FillXMLStatement+0xe7>
0x2a979d29f2    mov      (%rsp),%rdi
0x2a979d29f6    callq    0x2a97999560 <SysFreeString@plt>
0x2a979d29fb    mov      0x10(%rsp),%rdi
0x2a979d2a00    callq    0x2a97999560 <SysFreeString@plt>
0x2a979d2a05    mov      0x20(%rsp),%rdi
0x2a979d2a0a    jmpq     0x2a979d2b90 <FillXMLStatement+0x252>
0x2a979d2a0f    mov      2960722(%rip),%rax    # 3ee658 <_GLOBAL_OFFSET_TABLE_+0x36d0>
0x2a979d2a16    mov      (%rax),%rdx
0x2a979d2a19    mov      %rdx,0x20(%rbp)
0x2a979d2a1d    mov      0x8(%rax),%rax
0x2a979d2a21    mov      %rax,0x28(%rbp)
0x2a979d2a25    cmpw     $0x3,0xf8(%rbx)
0x2a979d2a2d    jne      0x2a979d2a37 <FillXMLStatement+0xf9>
0x2a979d2a2f    mov      0x100(%rbx),%eax
0x2a979d2a35    jmp      0x2a979d2a48 <FillXMLStatement+0x10a>
0x2a979d2a37    cmpw     $0x2,0xf8(%rbx)
0x2a979d2a3f    jne      0x2a979d2a4b <FillXMLStatement+0x10d>
0x2a979d2a41    movswl   0x100(%rbx),%eax
0x2a979d2a48    mov      %eax,0x48(%rbp)
```

```
0x2a979d2a4b    cmpw    $0x3,0x110(%rbx)
0x2a979d2a53    jne     0x2a979d2a5d <FillXMLStatement+0x11f>
0x2a979d2a55    mov     0x118(%rbx),%eax
0x2a979d2a5b    jmp     0x2a979d2a6e <FillXMLStatement+0x130>
0x2a979d2a5d    cmpw    $0x2,0x110(%rbx)
0x2a979d2a65    jne     0x2a979d2a71 <FillXMLStatement+0x133>
0x2a979d2a67    movswl  0x118(%rbx),%eax
0x2a979d2a6e    mov     %eax,0x4c(%rbp)
0x2a979d2a71    cmpw    $0x3,0x140(%rbx)
0x2a979d2a79    je      0x2a979d2a85 <FillXMLStatement+0x147>
0x2a979d2a7b    cmpw    $0x2,0x140(%rbx)
0x2a979d2a83    jne     0x2a979d2aa0 <FillXMLStatement+0x162>
0x2a979d2a85    movzwl  0x148(%rbx),%eax
0x2a979d2a8c    mov     %ax,0x50(%rbp)
0x2a979d2a90    jmp     0x2a979d2aa0 <FillXMLStatement+0x162>
0x2a979d2a92    mov     %rax,%rbx
0x2a979d2a95    mov     (%rsp),%rdi
0x2a979d2a99    callq   0x2a97999560 <SysFreeString@plt>
0x2a979d2a9e    jmp     0x2a979d2aae <FillXMLStatement+0x170>
0x2a979d2aa0    mov     (%rsp),%rdi
0x2a979d2aa4    callq   0x2a97999560 <SysFreeString@plt>
0x2a979d2aa9    jmp     0x2a979d2aba <FillXMLStatement+0x17c>
0x2a979d2aab    mov     %rax,%rbx
0x2a979d2aae    mov     0x10(%rsp),%rdi
0x2a979d2ab3    callq   0x2a97999560 <SysFreeString@plt>
0x2a979d2ab8    jmp     0x2a979d2ac9 <FillXMLStatement+0x18b>
0x2a979d2aba    mov     0x10(%rsp),%rdi
0x2a979d2abf    callq   0x2a97999560 <SysFreeString@plt>
0x2a979d2ac4    jmp     0x2a979d2ad3 <FillXMLStatement+0x195>
0x2a979d2ac6    mov     %rax,%rbx
0x2a979d2ac9    mov     0x20(%rsp),%rdi
0x2a979d2ace    jmpq    0x2a979d2c49 <FillXMLStatement+0x30b>
0x2a979d2ad3    mov     0x20(%rsp),%rdi
0x2a979d2ad8    jmpq    0x2a979d2c5a <FillXMLStatement+0x31c>
0x2a979d2add    cmpl    $0x1a,0xc0(%rsi)
0x2a979d2ae4    jne     0x2a979d2c5f <FillXMLStatement+0x321>
0x2a979d2aea    movl    $0x1a,0x40(%rdx)
0x2a979d2af1    mov     0xd0(%rsi),%rdi
0x2a979d2af8    callq   0x2a97999410 <SysAllocString@plt>
0x2a979d2afd    mov     %rax,(%rsp)
0x2a979d2b01    mov     0x118(%rbx),%rdi
0x2a979d2b08    callq   0x2a97999410 <SysAllocString@plt>
0x2a979d2b0d    mov     %rax,0x10(%rsp)
0x2a979d2b12    cmpq    $0x0,(%rsp)
0x2a979d2b17    je      0x2a979d2b24 <FillXMLStatement+0x1e6>
0x2a979d2b19    mov     (%rsp),%rdi
```

```
0x2a979d2b1d    callq   0x2a97999ef0 <SysStringLen@plt>
0x2a979d2b22    jmp     0x2a979d2b29 <FillXMLStatement+0x1eb>
0x2a979d2b24    mov     $0x0,%eax
0x2a979d2b29    test    %eax,%eax
0x2a979d2b2b    je      0x2a979d2b3f <FillXMLStatement+0x201>
0x2a979d2b2d    mov     (%rsp),%rsi
0x2a979d2b31    mov     %rbp,%rdi
0x2a979d2b34    callq   0x2a9799daf0 <Base::String2Guid@plt>
0x2a979d2b39    test    %al,%al
0x2a979d2b3b    jne     0x2a979d2b55 <FillXMLStatement+0x217>
0x2a979d2b3d    jmp     0x2a979d2b82 <FillXMLStatement+0x244>
0x2a979d2b3f    mov     1203754(%rip),%rax      # 241860 <dummy_guid>
0x2a979d2b46    mov     %rax,0x0(%rbp)
0x2a979d2b4a    mov     1203751(%rip),%rax      # 241868 <dummy_guid+0x8>
0x2a979d2b51    mov     %rax,0x8(%rbp)
0x2a979d2b55    cmpq    $0x0,0x10(%rsp)
0x2a979d2b5b    je      0x2a979d2b69 <FillXMLStatement+0x22b>
0x2a979d2b5d    mov     0x10(%rsp),%rdi
0x2a979d2b62    callq   0x2a97999ef0 <SysStringLen@plt>
0x2a979d2b67    jmp     0x2a979d2b6e <FillXMLStatement+0x230>
0x2a979d2b69    mov     $0x0,%eax
0x2a979d2b6e    test    %eax,%eax
0x2a979d2b70    je      0x2a979d2b9f <FillXMLStatement+0x261>
0x2a979d2b72    mov     (%rsp),%rsi
0x2a979d2b76    mov     %rbp,%rdi
0x2a979d2b79    callq   0x2a9799daf0 <Base::String2Guid@plt>
0x2a979d2b7e    test    %al,%al
0x2a979d2b80    jne     0x2a979d2bb5 <FillXMLStatement+0x277>
0x2a979d2b82    mov     0x10(%rsp),%rdi
0x2a979d2b87    callq   0x2a97999560 <SysFreeString@plt>
0x2a979d2b8c    mov     (%rsp),%rdi
0x2a979d2b90    callq   0x2a97999560 <SysFreeString@plt>
0x2a979d2b95    mov     $0x80070057,%eax
0x2a979d2b9a    jmpq    0x2a979d2c64 <FillXMLStatement+0x326>
0x2a979d2b9f    mov     1203658(%rip),%rax   # 241860 <dummy_guid>
0x2a979d2ba6    mov     %rax,0x10(%rbp)
0x2a979d2baa    mov     1203655(%rip),%rax   # 241868 <dummy_guid+0x8>
0x2a979d2bb1    mov     %rax,0x18(%rbp)
0x2a979d2bb5    cmpq    $0x0,0x68(%rbp)
0x2a979d2bba    jne     0x2a979d2bca <FillXMLStatement+0x28c>
0x2a979d2bbc    mov     $0x8,%edi
0x2a979d2bc1    callq   0x2a9799cb60 <operator new(unsigned long)@plt>
0x2a979d2bc6    mov     %rax,0x68(%rbp)
0x2a979d2bca    cmpw    $0x3,0xe0(%rbx)
0x2a979d2bd2    jne     0x2a979d2be0 <FillXMLStatement+0x2a2>
0x2a979d2bd4    mov     0x68(%rbp),%rdx
```

```
0x2a979d2bd8    mov     0xe8(%rbx),%eax
0x2a979d2bde    jmp     0x2a979d2bf5 <FillXMLStatement+0x2b7>
0x2a979d2be0    cmpw    $0x2,0xe0(%rbx)
0x2a979d2be8    jne     0x2a979d2bf7 <FillXMLStatement+0x2b9>
0x2a979d2bea    mov     0x68(%rbp),%rdx
0x2a979d2bee    movswl  0xe8(%rbx),%eax
0x2a979d2bf5    mov     %eax,(%rdx)
0x2a979d2bf7    cmpw    $0x3,0xf8(%rbx)
0x2a979d2bff    jne     0x2a979d2c0d <FillXMLStatement+0x2cf>
0x2a979d2c01    mov     0x68(%rbp),%rdx
0x2a979d2c05    mov     0x100(%rbx),%eax
0x2a979d2c0b    jmp     0x2a979d2c22 <FillXMLStatement+0x2e4>
0x2a979d2c0d    cmpw    $0x2,0xf8(%rbx)
0x2a979d2c15    jne     0x2a979d2c36 <FillXMLStatement+0x2f8>
0x2a979d2c17    mov     0x68(%rbp),%rdx
0x2a979d2c1b    movswl  0x100(%rbx),%eax
0x2a979d2c22    mov     %eax,0x4(%rdx)
0x2a979d2c25    jmp     0x2a979d2c36 <FillXMLStatement+0x2f8>
0x2a979d2c27    mov     %rax,%rbx
0x2a979d2c2a    mov     0x10(%rsp),%rdi
0x2a979d2c2f    callq   0x2a97999560 <SysFreeString@plt>
0x2a979d2c34    jmp     0x2a979d2c45 <FillXMLStatement+0x307>
0x2a979d2c36    mov     0x10(%rsp),%rdi
0x2a979d2c3b    callq   0x2a97999560 <SysFreeString@plt>
0x2a979d2c40    jmp     0x2a979d2c56 <FillXMLStatement+0x318>
0x2a979d2c42    mov     %rax,%rbx
0x2a979d2c45    mov     (%rsp),%rdi
0x2a979d2c49    callq   0x2a97999560 <SysFreeString@plt>
0x2a979d2c4e    mov     %rbx,%rdi
0x2a979d2c51    callq   0x2a9799f120 <_Unwind_Resume@plt>
0x2a979d2c56    mov     (%rsp),%rdi
0x2a979d2c5a    callq   0x2a97999560 <SysFreeString@plt>
0x2a979d2c5f    mov     $0x0,%eax
0x2a979d2c64    mov     0x38(%rsp),%rbx
0x2a979d2c69    mov     0x40(%rsp),%rbp
0x2a979d2c6e    add     $0x48,%rsp
0x2a979d2c72    retq
```

为了分析这段优化后的代码，首先，找出那些与源代码直接相关的指令。这些指令用粗体表示。

- CALL 指令：我们可以看到一些函数的调用。例如，函数 SysAllocString 在此处被内联地调用于 CComBSTR 类的构造函数中。当声明 CComBSTR 的局部对象时，源代码中的第 10、11、12、55 和 56 行会隐式地调用它们。函数 SysFreeString 在 CComBSTR 类的析构函数中被调用，并且也是内联的。它们对应于源代码的第 51 和 97 行，其中 CComBSTR 的上述对象由于超出了块范围而被销毁。在清理代码中还有一些对 SysFreeString 函数的其他调用，这些调用分布在不同地方，当抛出异常并且 C++ 运行时需要展开栈并释放已构造的局部对象时，将调用它们。展开清理代码是由编译器生成的，目的是实现 C++ 语言的语义，它们并没有与任何源代码行明确对应。函数 SysStringLen 的调用是由于在源代码的第23 和 70 行调用了 CComBSTR::Length 的另一个内联方法。函数 Base::String2Guild 在源代码的第 14、18、25、60 和 72 行被调用了 5 次。函数运算符 new 在源代码的第 83 行被调用了一次。

- CMP 指令：源代码中有 20 个 if 语句，它们在汇编代码中生成了大量的 CMP 指令。通过查看源代码，可以很容易地确定 const 表达式在比较 if 语句一侧的各种值。它们是 0 或者一些枚举常量，例如 S_OK=0x0、E_INVALIDARG=0x80070057、AIICmdRunReportByID=0x14、AIICmdRunDocumentByID=0x19、AIICmdCacheAdmin=0x1a、VT_I2=0x2 和 VT_I4=0x3。有了这些数值，就能很容易地找到对应的 if 语句，尤其是那些唯一的数值。
- 函数序言和结语：在函数序言之后，一些参数会立即被复制到栈或者其他寄存器中。在本例中，第一个参数在函数中从未被使用；通过寄存器 %rsi 传入的第二个参数被复制到另一个寄存器 %rbx 中；通过寄存器 %rdx 传入的第三个参数被复制到寄存器 %rbp 中。寄存器 %rbp 被用作附加的临时存储寄存器，而不是扮演编译器启用 FPO 的帧指针的传统角色。寄存器 %rbx 和 %rbp 的原始值被保存在栈中的正偏移量 0x38 和 0x40 处。

在识别出这些指令及其在源代码中的对应指令后，无论程序在何处停止，都应该清楚地知道它们在哪里。除此之外，即使调试器无法打印出某些变量的值，也很容易找到对应的存储地址并直接读取。例如，核心转储的调用栈显示当程序崩溃时函数 SysAllocString 在 0x2a979d2b08 处被调用，传递给该函数的唯一参数是一个字符串，它是通过寄存器 %rdi 传递的，该寄存器来自其调用函数的栈内存 0x118(%rbx)。从前面的分析中知道，寄存器 %rbx 保存了传入参数 aScheduleInstance 的副本。因此，怀疑字符串来自 aScheduleInstance 的一个数据成员，在检查参数的数据类型和数据成员的偏移量后，可以确定该数据成员为 mParameters[3].bstrVal。

崩溃的原因现在就很容易理解了。地址 0x2a979d2b0d 之前的指令是对函数 SysAllocString 的调用。传递给函数 SysAllocString 的第一个也是唯一的参数是一个存储在寄存器 %rdi 的指针。在地址 0x2a979d2af8 之前还有一个函数 SysAllocString 的调用。在此之前是与立即数 0x1a 的比较。如果回到源码查看函数 FillXMLStatement 中的所有 if 语句，应该会发现枚举常量 AIICmdCacheAdmin 恰好是 0x1a。

至此，我们知道调用者正在执行清单中以粗体字标示的源代码行。因此，坏字符串来自表达式 "aScheduleInstance.mParameters[3].bstrVal"，即参数 aScheduleInstance 的数据成员 mParameters 数组的第三个元素 bstrVal。它还显示寄存器 %rsi 和 %rbx 存储来自指令 cmpl $0x1a,0xc0(%rsi) 的对象 aScheduleInstance 的地址，地址为 0x2a979d2add，对应于源表达式 if (aScheduleInstance.mCommandID ==AIICmdCacheAdmin)。这可以通过计算类 LAIScheduleInstance3 中的数据成员 mCommandID 的偏移量来轻松验证。我们还可以向调试器查询此类型信息：

```
(gdb) print /x &(*( LAIScheduleInstance3*)0). mCommandID
```

```
0xc0
```

以同样的方式,我们可以确定寄存器%rdx 存储了参数 aStatement 的地址,以及其他本地变量:bstrProjectID 位于%rsp,而 bstrReportID 位于%rsp+0x10。

通过进一步的代码审查,我们发现数据对象 aScheduleInstance 没有正确初始化其数据成员mParameters,它可能包含无效的字符串,这是导致崩溃的原因。这个错误本身可能并不特别有趣,但是通过这个错误可以看到,只需对 CPU 架构及其应用二进制接口有一定的了解,我们就能轻松地浏览一个高度优化的程序。

5.6　本章小结

作为软件工程师,调试优化程序在我们工作中的某些时刻是不可避免的。即使在极少数情况下,编译器错误是导致程序失败的原因(我们确实发现了几个编译器优化错误),我们也必须调试优化后的代码以确认它编译器确实是罪魁祸首。我们通常会再编写一个小程序以显示错误的根本原因,然后将其报告给编译器供应商或找到解决错误的方法。对于大多数工程师来说,第一次调试经过优化的程序是非常令人沮丧的,这是可以理解的。本章旨在帮助读者打下应对挑战的基础,通过适度的努力,读者会了解基础知识,从而可以更自如地使用优化代码。

了解汇编代码的基本格式和操作数类型对于阅读和分析汇编代码至关重要。熟悉这些基本概念将能够更好地理解编译器生成的指令与源代码的关系、程序在执行过程中的行为,以及如何解决潜在问题。随着对汇编代码的熟练程度的提高,将能够更有效地进行调试和问题排查,从而提高软件开发和维护的效率。

第 6 章
进程镜像

进程可被视为程序的实例或在内存中的表示。分配给进程的内存基本上是一个大容量存储设备（如硬盘）的缓存区。例如，拥有永久磁盘文件的可执行文件和库会在加载时被映射到进程的地址空间中。同时，堆中的数据在运行时得到交换设备（Swap Device）的支持。

那么，我们为什么需要关注进程镜像或进程地址空间呢？调试的核心在于分析数据对象间的复杂关系，确定异常的对象及其来源，而所有的数据对象均位于进程地址空间，即进程镜像中。这些引用可能会指向堆、全局数据段、代码段等。因此，工程师理解进程镜像及其组成部分是至关重要的。工程师应当能够迅速判定某一对象属于哪个段，这有助于快速识别数据对象的模式，并迅速找出可疑的引用。例如，一种高效的调试策略是拦截某个函数，并用包含检测代码的版本来替换原始实现。而这需要我们了解可执行文件及其库是如何被加载并在进程镜像中链接的。

大部分的程序崩溃是由于试图访问一个无效地址而导致的，通常会出现段错误或无效访问提示。理解进程地址空间是如何从磁盘和其他设备映射或创建出来的，能帮助我们判断某个地址是否有效。当这成为我们的一个习惯后，将能够迅速地识别出可疑的内存引用，并追溯到问题的源头。例如，如果内存管理器在尝试释放一个内存块时崩溃，而该内存块的地址指向一个非堆内存段（如全局数据区），那么我们将立刻意识到错误是由于传入了错误的内存块地址而导致的。

在本章中，将探讨构建进程空间的各个步骤：程序的加载、链接和动态分配。读者将学习如何识别进程地址空间中的各种内存段，以及这些信息如何辅助调试工作。

首先，来看一个典型的进程映射。以下代码列表展示了一个进程中各种组成部分所占据的段，包括可执行二进制文件、全局数据、只读数据、堆、栈和匿名 mmap 区域等。这些映射信息可以通过 Linux 的/proc 伪文件系统在/proc/pid/maps 中找到，其中 pid 是进程 ID。我们可以像查阅普通文本文件一样来查看它们。

```
Address                 perm offset  device inode pathname
00400000-00423000       r-xp 00000000 00:20 2006086 /install/bin/SRSvr
00522000-00524000       rw-p 00022000 00:20 2006086 /install/bin/SRSvr
00524000-02060000       rwxp 00524000 00:00 0
40000000-40001000       ---p 40000000 00:00 0
40001000-40201000       rwxp 40001000 00:00 0
40201000-40202000       ---p 40201000 00:00 0
2a95556000-2a95557000   rw-p 2a95556000 00:00 0
```

```
2a95557000-2a9556a000 r-xp 00000000 00:1a 22396967
                          /install/lib/libsheap_smp64.so
2a9556a000-2a95669000 ---p 00013000 00:1a 22396967
                          /install/lib/libsheap_smp64.so
2a95669000-2a9566f000 rw-p 00012000 00:1a 22396967
                          /install/lib/libsheap_smp64.so
2a9566f000-2a95670000 rw-p 2a9566f000 00:00 0
2a99108000-2a991cc000 r-xp 00000000 00:1a 22855770
                          /install/lib/libMJLogRt.so
2a991cc000-2a992cc000 ---p 000c4000 00:1a 22855770
                          /install/lib/libMJLogRt.so
2a992cc000-2a992d1000 rw-p 000c4000 00:1a 22855770
                          /install/lib/libMJLogRt.so
2a99485000-2a99486000 rw-p 2a99485000 00:00 0
...
2aa3de0000-2aa3e01000 r--s 00000000 00:20 1991247 /install/cache/fontconfig/
e763b528b60cfa7fc67ff18d86720659-x86-64.cache-2
2aa3f03000-2aa3f04000 rw-p 2aa3f03000 00:00 0
3f54d00000-3f54d11000 r-xp 00000000 03:02 557162
                          /lib64/libresolv-2.3.4.so
3f54d11000-3f54e11000 ---p 00011000 03:02 557162
                          /lib64/libresolv-2.3.4.so
3f54e11000-3f54e12000 r--p 00011000 03:02 557162
                          /lib64/libresolv-2.3.4.so
3f54e12000-3f54e13000 rw-p 00012000 03:02 557162
                          /lib64/libresolv-2.3.4.so
3f54e13000-3f54e15000 rw-p 3f54e13000 00:00 0
...
3f56b2d000-3f56b31000 rw-p 3f56b2d000 00:00 0
3f57600000-3f576d6000 r-xp 00000000 03:02 1295079
                          /usr/lib64/libstdc++.so.6.0.3
3f576d6000-3f577d5000 ---p 000d6000 03:02 1295079
                          /usr/lib64/libstdc++.so.6.0.3
3f577d5000-3f577de000 rw-p 000d5000 03:02 1295079
                          /usr/lib64/libstdc++.so.6.0.3
3f577de000-3f577f0000 rw-p 3f577de000 00:00 0
3f58500000-3f58509000 r-xp 00000000 03:02 4866098
                          /lib64/tls/librt-2.3.4.so
3f58509000-3f58608000 ---p 00009000 03:02 4866098
                          /lib64/tls/librt-2.3.4.so
3f58608000-3f58609000 r--p 00008000 03:02 4866098
                          /lib64/tls/librt-2.3.4.so
```

```
3f58609000-3f5860a000 rw-p 00009000 03:02 4866098
                              /lib64/tls/librt-2.3.4.so
...
3f5860a000-3f5861a000 rw-p 3f5860a000 00:00 0
3f58806000-3f58834000 rw-p 3f58806000 00:00 0
7fbffff4000-7fbfffff000 rwxp 7fbffff4000 00:00 0
7fbffff000-7fc0000000 rw-p 7fbffff000 00:00 0
ffffffffff600000-ffffffffff601000 r-xp 00000000 00:00 0
```

代码列表中的每一行代表一个特定的内存区域或段，概述了它们的地址、权限、映射来源等属性：

● 第一列：Address，显示内存区域的地址范围。在 Linux 内核中，这也被称为虚拟内存区域（VMA）。
● 第二列：perm，展示权限位。其中，rwx 分别代表读、写和执行权限，"-"表示该权限被禁止。这一列的最后一个字符要么是 s 要么是 p，分别代表该内存区域是共享的还是私有的。
● 第三列：offset，表示与该内存区域关联的磁盘文件的偏移量。
● 第四列：device，展示以 major:minor 格式表示的设备号。
● 第五列：inode，给出设备的 inode 号。
● 第六列：pathname，显示相关文件的路径。

这个视图为我们提供了从内核角度观察进程地址空间的视角。相对于应用程序级别的内存视图（如内存管理器所呈现的），这显然是一个更为宏观的视角。在本章的后续部分，会详细解读每一列的含义。

6.1 二进制文件格式

一个可执行程序是通过编译源文件转换为二进制格式并存储在某种媒介上（通常是硬盘）来生成的。进程中的代码和全局数据部分实际上是磁盘上二进制文件到进程地址空间的直接内存映射。换句话说，这些内存段在布局上与磁盘上的文件完全一致。要更深入地理解这些内存段的构成，必须先理解二进制文件的格式。因此，在本节中，将以可执行和链接格式（Executable and Linkable Format，ELF）为例进行深入探讨。

二进制文件的具体格式受体系结构和平台的影响，并由对应的 ABI 定义。这些规范包括了可执行文件（也称为图像文件）以及目标文件。但是，鉴于这里关心的是如何从二进制文件生成进程镜像，因此将不讨论与链接编辑器有关的目标文件部分。需要注意的是，虽然具体细节可能因平台而异，但整体概念是普遍适用的。一旦深入了解了 ELF 格式，就能够轻松地适应其他任何二进制文件格式，甚至在需要时可以构建新的格式。

ELF 二进制格式在 Linux、Solaris、HP-UX 等操作系统中广泛应用。其设计目标是能够适用于各种计算机架构。在 ELF 文件的多种应用中，我们主要关注的是能够直接映射到进程并由 CPU 执行的可执行 ELF 文件。一个 ELF 文件始于一个 ELF 头部结构，该结构概述了文件的基本信息，例如文件的类型（是可执行文件、核心转储文件还是对象文件）、使用的 CPU 架构、字节序等。同时，它也为文件的其他部分提供了总体的结构描述。ELF 头的具体数据结构可以在头文件 elf.h 中找到。

```
#define EI_NIDENT (16)
typedef struct
{
  unsigned char  e_ident[EI_NIDENT];
  Elf64_Half     e_type;
  Elf64_Half     e_machine;
  Elf64_Word     e_version;
  Elf64_Addr     e_entry;
  Elf64_Off      e_phoff;
  Elf64_Off      e_shoff;
  Elf64_Word     e_flags;
  Elf64_Half     e_ehsize;
  Elf64_Half     e_phentsize;
  Elf64_Half     e_phnum;
  Elf64_Half     e_shentsize;
  Elf64_Half     e_shnum;
  Elf64_Half     e_shstrndx;
} Elf64_Ehdr;
```

各数据成员的含义说明如下：

- e_ident[EI_NIDENT]：是 ELF 文件的 16 字节标识。它的前 4 字节是所谓的"幻数"，始终为字符串"\0x7fELF"；第 5 字节标识文件的类，1 表示 32 位对象、2 表示 64 位对象；第 6 字节指定字节序，1 表示小端，2 表示大端；第 7 字节指定 ELF 头版本，它的值总是 1，即 EV_CURRENT；其余 9 字节保留以供将来使用。
- e_type：是文件类型，包含可重定位文件（由编译器生成的目标文件，适合链接编辑器生成可执行文件和共享目标文件）、可执行文件（准备执行）、共享目标文件（可由链接编辑器创建另一个共享目标文件，或加载到动态链接器的进程）或核心转储文件。
- e_machine：指定所需的体系结构。例如 x86、SPARC 等。
- e_version：标识目标文件版本。
- e_entry：保存可执行文件入口点的虚拟地址。
- e_phoff：保存程序头表（Program Header Table）的文件偏移量。
- e_shoff：保存节头表（Section Header Table）的文件偏移量。

- **e_flags**: 是特定于处理器的标志。
- **e_ehsize**: 是 ELF 表头的字节大小。
- **e_phentsize**: 是程序头表条目的大小。
- **e_phnum**: 是程序头表中的条目数。
- **e_shentsize**: 是节头表条目的大小。
- **e_shunm**: 是节头表中的条目数。
- **e_shstrndx**: 保存与节名字符串表关联的节头表的索引。

下面来看一个示例。下面的清单是工具软件 readelf 转储出来的 Linux C 运行时库的 ELF 文件头。注意，这是一个共享目标文件（共享库），它是为 x86_64 little endian 机器编译的。

```
$readelf -h /lib64/tls/libc.so.6
ELF Header:
  Magic:   7f 45 4c 46 02 01 01 00 00 00 00 00 00 00 00 00
  Class:                             ELF64
  Data:                              2's complement, little endian
  Version:                           1 (current)
  OS/ABI:                            UNIX - System V
  ABI Version:                       0
  Type:                              DYN (Shared object file)
  Machine:                           Advanced Micro Devices X86-64
  Version:                           0x1
  Entry point address:               0x3f53a1c4a0
  Start of program headers:          64 (bytes into file)
  Start of section headers:          1617872 (bytes into file)
  Flags:                             0x0
  Size of this header:               64 (bytes)
  Size of program headers:           56 (bytes)
  Number of program headers:         10
  Size of section headers:           64 (bytes)
  Number of section headers:         69
  Section header string table index: 68
```

ELF 文件结构如图 6-1 所示，节是构成 ELF 文件的基本单位。代码、全局数据、调试符号和其他数据都被存储在不同的节中。在文件中，每个节是连续的，且不会与其他节重叠。节使用节头表进行组织，这个表其实是一个节头（Section Header）的数组。

另外，还有一个叫作程序头表的结构，它是一个程序头的数组。每个程序头将一组节整合在一起。程序头表的作用是告知系统应该将哪些节加载到进程中，以及应该如何进行加载。节头表和程序头表本质上是同一组节的两个不同视图：其中一个是链接器的视图；另一个是加载器的视图。比如上面的 libc.so 头文件显示有 10 个程序头和 69 个节头。

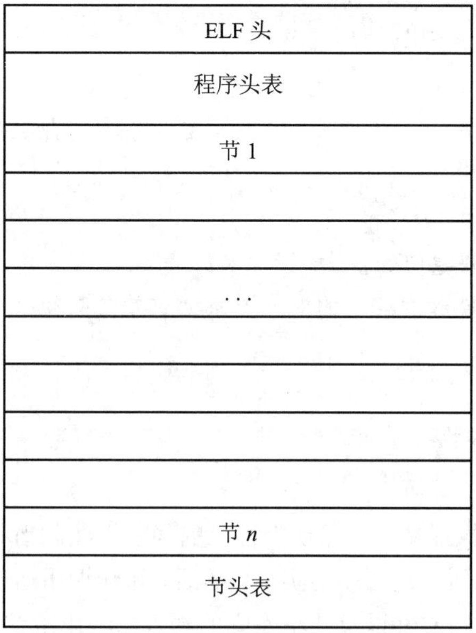

图 6-1 ELF 文件结构

程序头是帮助系统加载器以段的形式将选定的节映射到进程地址空间的主要数据结构。一个 ELF 文件中可能有多个程序头,它们组成一个数组,即程序头表。该结构在头文件 elf.h 中的声明如下:

```
typedef struct
{
  Elf64_Word   p_type;
  Elf64_Word   p_flags;
  Elf64_Off    p_offset;
  Elf64_Addr   p_vaddr;
  Elf64_Addr   p_paddr;
  Elf64_Xword  p_filesz;
  Elf64_Xword  p_memsz;
  Elf64_Xword  p_align;
} Elf64_Phdr;
```

该数据结构的各个字段说明如下:

- p_type: 指定段类型,它可以是可加载段(代码、全局数据)、链接信息段、各种可执行文件的解释器(又名动态链接器,在 x86_64 架构上为/lib64/ld-linux-x86-64.so.2)、辅助信息的注释等。具体来说,段类型 PT_LOAD 指示动态链接器将此段映射到内存中。(如果使用 readelf 命令打印程序头,类型列为 LOAD,对应 PT_LOAD 段)。
- p_flags: 设置段的访问权限。例如,典型的代码段具有读取和执行权限但没有写入权限;

数据段通常具有读、写和执行权限。

- p_offset: 保存文件中段开始处的偏移量。
- p_vaddr: 给出段在内存中开始的虚拟地址。
- p_paddr: 是某些系统上段的物理地址。大多数系统忽略此成员，因为我们只对虚拟地址感兴趣。
- p_filesz: 给出文件中的段大小。
- p_memsz: 指定内存映像中的段大小。
- p_align: 指定段在文件和内存中的对齐要求。有效值必须是 2 的正指数。值为 0 和 1 表示不对齐。

6.2 运行期加载和链接

像 ELF 这样的二进制可执行文件，呈现为程序的静态视图。当程序执行时，系统会负责将其动态地加载或映射到内存，从而创建程序的实例。随后，系统调用运行时链接器来解析所有加载模块间的符号引用，包括了可执行文件以及共享库中的输入与输出函数及变量。在生成新进程时，系统加载器与链接器会按以下顺序执行操作：

（1）为可执行文件创建内存段并将其内容映射到进程的地址空间。

（2）为所有与可执行文件有依赖关系的共享库创建内存段，并将它们映射到进程中。

（3）对可执行文件及其依赖的共享库进行重定位操作。

（4）执行可执行文件及其所有直接或间接依赖的库的初始化代码。首先，会执行依赖库的初始化代码。

（5）将程序的控制转移到程序的入口点。

在图 6-2 中，描述了一个可执行的磁盘文件如何映射到两个不同的进程 A 和 B。操作系统为每个进程分配了独立的虚拟内存空间。文件中的每个 LOAD 段在每个进程的虚拟空间中都映射为一个独立的内存段。当程序尝试访问虚拟内存时，操作系统会确保相应的物理内存被分配。代码段是只读的，因此所有进程都可以共享相同的物理页来存放代码。然而，数据段是可读写的，所以每个进程需要有其独立的物理内存，以确保进程间的数据不会互相干扰。如果某个进程尝试写入一个只读的内存区域（例如，需要先将该段的权限从只读修改为可写），那么原本被共享的代码页可能会变成私有的。假如进程 B 写入了一个起初是共享的页面（例如，调试器在代码中设置了一个断点），这时操作系统采用写时复制（Copy On Write，COW）的策略，为 B 进程分配了那个页面的一个私有副本。

在将段映射到进程时，程序头的 p_vaddr 指定的虚拟地址可能并不是系统加载程序实际使用的虚拟地址。这是因为在编译库时，链接器并不知道哪个虚拟地址会被用到。当库在运行时被加载到特定的进程中时，由于各种设计和动态因素，加载的库及其顺序可能会有很大的不同。程序所依赖的库可能具有冲突的 p_vaddr 值，系统必须在运行时找到备选虚拟地址以解决任何冲突。

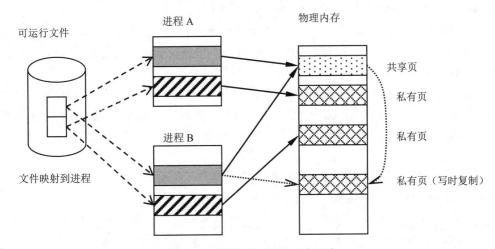

图 6-2　文件映射和物理内存共享

当一个库被加载到内存中时，它可能会在不同的程序或同一程序的不同实例中被分配到不同的虚拟地址。这个虚拟地址和库文件内的程序头指定的地址之间的差值被称为"基地址"。基地址用于修正库中的符号和引用地址。但库中的不同段的相对位置是固定的，所以跨段的引用并不受实际加载位置的影响。

假设我们有一个名为 libMath.so 的共享库，该库有一个名为 add() 的函数。当这个库被链接器编译时，它可能会为 add() 函数分配一个默认的虚拟地址，比如 0x1000。这个地址是在 libMath.so 的程序头中由 p_vaddr 指定的。

现在，我们的程序 mainApp 要使用这个库。当 mainApp 启动并加载 libMath.so 时，系统加载器可能会发现 0x1000 这个地址已经被其他程序或库使用了。于是，系统加载器决定将 libMath.so 加载到另一个地址，比如 0x5000。这时，基地址（即差值）就是 0x5000 - 0x1000 = 0x4000。

因此，当 mainApp 调用 add() 函数时，它不会去默认的 0x1000 地址查找，而是会加上基地址 0x4000，从而在 0x5000 处找到并执行 add() 函数。

同时，libMath.so 库内部如果有任何对其他函数或变量的引用，它们的地址也需要根据这个基地址进行调整。例如，如果 libMath.so 内部有一个全局变量 globalVar，其默认地址是 0x1100，那么在实际运行时，其地址将被重定位为 0x1100 + 0x4000 = 0x5100。

一般来说，程序的大多数库都是按照固定的顺序加载的，因此它们在不同的程序实例中的加载地址通常是相同的。这有助于调试，因为可以在固定的指令地址上设置断点。为了提高安全性，许多现代的 Linux 发行版默认启用了地址空间随机布局（Address Space Layout Randomization，ASLR）。ASLR 会使链接器随机选择地址来加载共享库，但这个功能可以被关闭。

当进程启动时，其可执行文件总是首先被加载到内存中，并且总是加载到固定的地址，除非启用了 ASLR，但共享库可能会被加载到不同的地址。因此它们需要使用位置独立的代码

（Position-Independent Code，PIC）。PIC 不使用绝对地址，而是依赖于一个叫作全局偏移表（Global Offset Table，GOT）的结构来计算真正的地址。

　　GOT 存储了函数和变量的地址，而且它的位置相对于库代码是固定的。为了解决函数和变量的地址，PIC 会使用相对于当前指令的偏移来引用 GOT。然后，动态链接器会更新 GOT 中的条目来解析真正的函数和变量地址。

　　为了进一步优化，还有一个叫作程序链接表（Procedure Link Table，PLT）的结构。PLT 用于延迟函数的绑定，意味着函数只在第一次被调用时才解析其地址，这样就不会浪费时间去解析那些从未被调用的函数的地址。PLT 的每个条目包含一些指令，这些指令配合 GOT 来确定或解析函数的地址。

　　下面通过一个简单的例子来理解 GOT 和 PLT 是如何工作的。考虑以下代码，它调用了系统 API 函数 getenv 来查询两个环境变量的值：

```
char* p1 = getenv("HOME");
char* p2 = getenv("PATH");


0x400560: mov    $0x40067c,%edi
0x400565: callq  0x400480 <getenv@plt>
0x40056a: mov    %rax,0xfffffffffffffff8(%rbp)
0x40056e: mov    $0x400681,%edi
0x400573: callq  0x400480 <getenv@plt>
0x400578: mov    %rax,0xfffffffffffffff0(%rbp)
```

　　因为 getenv 是在系统运行时库 libc.so 中实现的全局函数，因此在调用者的模块中为该调用分配了一个 PLT 条目。上述 CALL 指令中的操作数地址 0x400480 并非函数 getenv 的入口点，而是指向与此导入函数关联的 PLT 条目的短代码，如下所示。

```
(gdb) x/3i 0x400480
0x400480 <getenv@plt>:     jmpq   *1049826(%rip) # 0x500968
                                                 # <_GLOBAL_OFFSET_TABLE_+32>
0x400486 <getenv@plt+6>:   pushq  $0x1
0x40048b <getenv@plt+11>:  jmpq   0x400460 <_init+24>
```

　　第一条指令通过一个 GOT 条目将调用重定向，该条目是跳转指令的目标。

　　函数 getenv 对应的 GOT 条目位于 0x500968（通过 IP 相对寻址计算：0x400486+1049826），该条目的初始内容为 0x400486。

```
(gdb) x/gx 0x500968
0x500968 <_GLOBAL_OFFSET_TABLE_+32>:    0x0000000000400486
```

　　GOT 条目中的 0x400486 值不是函数 getenv 的地址，而是指向紧跟在 PLT 条目的跳转指令之后的第二条指令。似乎执行只是落到 PLT 代码的下一条指令，它调用系统动态链接器来解析符号 getenv，同时将重定位索引作为参数传递出去。动态链接器函数_dl_runtime_resolve 解析符号，修改对应的 GOT 条目，最后将控制权转移给函数：

```
(gdb) x/2i 0x400460
0x400460 <_init+24>: pushq   1049834(%rip)  #  0x500950
                                            #  <_GLOBAL_OFFSET_TABLE_+8>
0x400466 <_init+30>: jmpq    *1049836(%rip) #  0x500958
                                            #  <_GLOBAL_OFFSET_TABLE_+16>

(gdb) x/gx 0x500958
0x500958 <_GLOBAL_OFFSET_TABLE_+16>:    0x0000003f5380a960

(gdb) x/i 0x0000003f5380a960
0x3f5380a960 <_dl_runtime_resolve>:     sub    $0x38,%rsp
```

当函数返回时，设置 GOT 以便未来调用函数 getenv 时无须动态链接器进一步参与。GOT 条目在 0x500968 的值现在已更改为 0x3f53a303c0，这是模块 libc.so 中函数 getenv 在该进程中的绝对地址：

```
(gdb) x/gx 0x500968
0x500968 <_GLOBAL_OFFSET_TABLE_+32>:    0x0000003f53a303c0

(gdb) x/i 0x0000003f53a303c0
0x3f53a303c0 <getenv>: mov  rbx,0xffffffffffffffd8(%rsp)
```

我们可以通过一个例子来类比理解。函数 getenv 相当于修理工，当家里的电表坏了的时候，我们通过通讯录（GOT）拨打物业电话，物业帮我们找到修理工，并给了我们修理工的电话。通过拨打电话，可以找到修理工。如果电表又坏了，我们只需要直接拨打修理工的电话，而不用再次通过物业去找修理工。

图 6-3 描绘了动态链接器和编译器在生成 PLT 和 GOT 条目时的协作方式。实线代表控制流传输，虚线代表数据访问。函数调用分为 3 个步骤，用数字进行了标记。

第一次调用函数的过程包括步骤 2a、2b、2c 和 2d。这是一个特别的过程，因为动态链接器会首次解析函数符号并在 GOT 条目中设置函数地址。完成这个过程后，对于该函数的所有后续调用都将直接通过 GOT 条目定位到目标函数，不再需要进行符号解析。

具体来说，当函数首次被调用时，执行流会经过以下步骤：

步骤 01 执行流会进入 PLT 条目，执行其中的指令。

步骤 02 执行流会通过 PLT 条目中的跳转指令跳转到 GOT 条目。此时，如果这是函数的首次调用，则 GOT 条目中还没有函数的真实地址，存储的是动态链接器的一段代码的地址。执行流会转到这段代码（步骤 2a，2b）。

步骤 03 在动态链接器的代码中，会解析出函数的真实地址，然后将这个地址写入 GOT 条目中（步骤 2c）。

步骤 04 最后，执行流会跳转到函数的真实地址，开始执行函数代码（步骤 2d）。

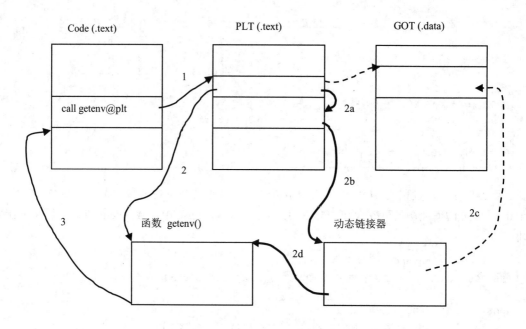

图 6-3　函数调用 PLT 延迟绑定

对于该函数的所有后续调用，过程会更加简洁（PLT 中调用链接程序的第二条和第三条指令不再执行）：

步骤 01 执行流进入 PLT 条目，执行其中的指令。

步骤 02 执行流通过 PLT 条目中的跳转指令跳转到 GOT 条目。此时，GOT 条目中已经存储了函数的真实地址，所以执行流会直接跳转到函数的真实地址，开始执行函数代码。

通过这个机制，动态链接器在程序运行时解析需要的函数符号，从而减少不必要的开销。

LD_BIND_NOW 是 Linux 环境变量，它可以改变动态链接器的默认行为，使得在程序开始执行前就解析所有的 PLT 条目。默认情况下，动态链接器使用延迟绑定（Lazy Binding），即只在函数首次被调用时解析其地址。但如果设置了 LD_BIND_NOW 环境变量，动态链接器则会在程序执行之前就进行全部符号的解析。

使用 dlopen API 动态加载库时，RTLD_NOW 标志也会触发类似的行为。在这种情况下，所有的符号解析都会在 dlopen 调用返回前完成，而不是等到函数首次被调用时才逐一进行。

虽然一般情况下，我们希望动态链接器使用延迟绑定，以避免对从未被调用的函数进行不必要的符号解析，但在某些情况下，提前进行全部符号的解析可能会非常有用。例如，在测试过程中，当存在由于依赖库不匹配导致的未定义符号问题时，通过设置 LD_BIND_NOW，可以在程序启动或动态加载库时就立即发现并报告所有这样的错误，而不是等到测试程序在运行时访问无法解析的符号才报错。这就使得程序的调试过程变得更为简单明了。

6.3　进程映射表

大多数现代操作系统都采用了虚拟内存和分页机制。每个进程都拥有一片从 0 到 2^n 的线性地址空间，其中 n 是地址指针的位宽。例如，在一个 64 位程序中，最大的地址空间是 2^{64}。尽管理论上每个进程可以使用它全部的线性地址空间（即 2^n 字节），但实际上会有一些限制：

- 根据内核配置，系统总会预留一部分空间。
- 特定设备上的物理内存和交换空间有实际上限。需要注意的是，在某些系统配置下，所有进程的虚拟内存总量不能超过交换空间的总量，否则超出部分的空间分配请求会导致系统 API 调用的失败。

虚拟内存通常按系统页面（多数平台上为 4KB）分配，这也是内存分段的最小单位。虽然应用程序可能会请求在其进程地址空间内的任何地址分配内存段，但因为每个平台都有自己的地址分段规则，所以这种请求可能会失败。以 x86_64 为例，它具有典型的虚拟地址排列方式，如图 6-4 所示，箭头表示每个段的增长方向。

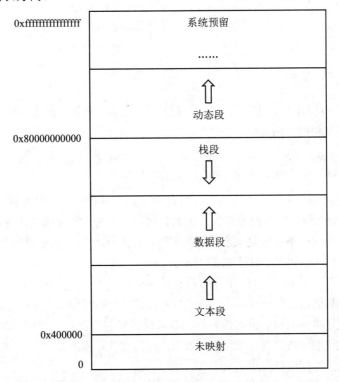

图 6-4　x86_64 典型的段排列方式

需要注意的是，地址从 0x0 到 0x40000 的内存空间被系统保留。因此，尝试访问这个范围内的内存，例如解引用 NULL 指针，会触发段错误，通常会导致程序崩溃。有趣的是，有些系统（如

AIX 和 HP-UX）允许映射零页，但会将其权限设置为只读。在这些系统上，程序可以通过解引用 NULL 指针来读取第一页的内容；但如果尝试写入这个页面，会得到 SEGV 信号。这个现象往往令人感到困惑，在这些平台上进行调试时也会带来很多麻烦。我们无法改变这种情况，只能期望未来厂商会改变这种段配置。近代版本的 Linux 有一个内核设置 vm.mmap_min_addr，通过它可以改变应用程序允许使用的最小地址，多数 Linux 发行版的默认值为 65536（0x10000）。

至此，我们已经了解了进程映像的构建和创建过程。现在，让我们通过本章开头的示例来详细了解进程的各个部分。

首先，内存区域可以被划分为以下几类：

- 可执行文件：这是传递给 exec 系统调用的程序文件，也是首个被映射到新进程中的程序文件，它包含了程序的入口点。
- 共享库：这是可执行文件的依赖项，或通过调用系统 API 显式加载的。
- 线程栈：这是程序初始启动时为主线程（也是唯一的线程）创建的，或者是为应用程序在运行时动态创建的线程而创建的。
- mmaped 文件：这是映射到进程映像中的常规文件。
- 匿名区域：这是没有对应命名文件的堆和匿名映射的内存区域，它使用交换空间作为二级存储。

6.3.1　可执行文件

每个进程只有一个可执行文件，它通常被映射到一个固定的虚拟地址，该地址与文件程序头中指定的地址相同。例如：

```
00400000-00423000 r-xp 00000000 00:20 2006086  /install/bin/SRSvr
00522000-00524000 rw-p 00022000 00:20 2006086  /install/bin/SRSvr
```

如上述描述所示，一个可执行文件映射了两个区域：一个是可读、可执行但不可写的指令区域，另一个是可读、可写但不可执行的数据区域。这两个区域都被认为是私有映射。但这引出了一个问题：代码部分不应该是共享的吗？实际上，虽然其属性被标记为"p"（私有），但是代码确实是被共享的。这可能会让人感到困惑。

如大多数其他系统一样，Linux 对私有内存实现了写时复制策略。这些内存页面在初始状态下是跨进程共享的。然而，一旦一个进程试图写入这些内存区域（例如，当调试器在代码中设置断点，或者应用程序将全局数据重置为新值）时，系统会复制该页面并将它分配给该进程专用。从此之后，没有其他进程能够访问到这个页面。由于代码区域在正常运行中不会被写入，因此它可以在所有拥有此映射的进程间保持共享。

以下是从可执行文件的磁盘文件中提取的程序头信息，它列出了每个段的类型、磁盘文件中的偏移量、虚拟地址、物理地址、文件大小、内存大小、权限标志和对齐需求。

```
$readelf -l /install/bin/SRSvr
```

```
Elf file type is EXEC (Executable file)
Entry point 0x406630
There are 8 program headers, starting at offset 64

Program Headers:
  Type   Offset        VirtAddr        PhysAddr
         FileSiz       MemSiz          Flags Align
  PHDR   0x000000000040 0x000000400040 0x000000400040
         0x0000000001c0 0x0000000001c0 R E   8
  INTERP 0x000000000200 0x000000400200 0x000000400200
         0x00000000001c 0x00000000001c R     1
     [Requesting program interpreter: /lib64/ld-linux-x86-64.so.2]
  LOAD   0x000000000000 0x000000400000 0x000000400000
         0x00000002221d 0x00000002221d R E   100000
  LOAD   0x000000022220 0x000000522220 0x000000522220
         0x0000000012d8 0x0000000012e8 RW    100000
  DYNAMIC 0x000000022258 0x000000522258 0x000000522258
         0x000000000250 0x000000000250 RW    8
  NOTE   0x00000000021c 0x00000040021c 0x00000040021c
         0x000000000020 0x000000000020 R     4
  GNU_EH_FRAME 0x00000001cc64 0x00000041cc64 0x00000041cc64
             0x000000000d1c 0x000000000d1c R     4
  GNU_STACK 0x000000000000 0x000000000000 0x000000000000
             0x000000000000 0x000000000000 RW    8

  Section to Segment mapping:
  Segment Sections...
   00
   01     .interp
   02     .interp .note.ABI-tag .hash .dynsym .dynstr .gnu.version .gnu.version_r
.rela.dyn .rela.plt .init .plt .text .fini .rodata .eh_frame_hdr .eh_frame .gcc_except_table
   03     .ctors .dtors .jcr .dynamic .got .got.plt .data .bss
   04     .dynamic
   05     .note.ABI-tag
   06     .eh_frame_hdr
   07
```

上述可执行文件的清单总共显示了 8 个程序头。其中，第 2 和第 3 段是可加载的（LOAD 类型），它们会被映射到进程空间中。其他的段（如第 4 段.dynamic）是为了在加载和链接阶段辅助动态链接器而生成的，一个段可能包含多个节，或者完全不包含任何内容。例如，第 2 段由代码、只读数据等 17 个节组成，而第 3 段由初始化数据、未初始化数据、全局偏移表等 8 个节组成。这两个段的访问权限是根据其用途来设定的。

由于这两个可加载的段被映射到了链接编辑器在 ELF 文件中指定的相同地址，因此可以轻松地在 ELF 文件中找到所有感兴趣的段，这些段在任何进程实例中都具有相同的地址。例如，.text 段在文件中的虚拟地址是 0x406630，这是我们使用 readelf 工具得到的结果。

```
$readelf -S SRSvr
There are 39 section headers, starting at offset 0xef2d0:

Section Headers:
  [Nr] Name              Type            Address         Offset
       Size              EntSize         Flags  Link  Info  Align
  [ 0]                   NULL            000000000000000    00000000
       0000000000000     0000000000000          0      0     0
...
  [12] .text             PROGBITS        000000000406630    00006630
       00000000014768    0000000000000    AX     0      0     16
```

可加载的第 3 段的文件大小为 0x12d8 字节，这比其内存大小 0x12e8 字节要小 16 字节。这是因为该段中的未初始化数据部分.bss 在文件中并不占用实际的字节，但在内存映像中，它代表了 16 字节。因为在程序开始运行时，.bss 部分需要在内存中有足够的空间来保存变量的值，而在文件中，由于它们是未初始化的，因此并不需要具体的存储空间。这是一种有效的存储空间使用策略，可以减少可执行文件的大小。

6.3.2 共享库

与可执行文件不同，共享库的加载地址通常不等于库文件的程序头所指定的地址。实际的加载地址会受到许多因素的影响，例如先前加载的共享库的数量和大小，以及它们的加载顺序等。然而，一旦共享库被加载并确定了其基地址（这可以从进程图中获取），计算库中各个部分的任何数据对象的虚拟地址并不困难。这在某些情况下可能会有所帮助。例如，我们可以通过这种方式来识别给定虚拟地址对应的符号。以下清单展示了属于共享库 libM8Base4.so 的段。

```
2a95670000-2a956f7000 r-xp 00000000 00:1a 22855717 /install/lib/libM8Base4.so
2a956f7000-2a957f6000 ---p 00087000 00:1a 22855717 /install/lib/libM8Base4.so
2a957f6000-2a957fc000 rw-p 00086000 00:1a 22855717 /install/lib/libM8Base4.so
```

第一段包含了可读和可执行的文本部分。第三段是可读写的全局数据区。第二段既不可读也不可写，实际上，它并不对应库文件的任何可加载（LOAD）段。这是 Linux 系统加载器实现的选择。原因在于只读的文本段和可写的数据段之间存在间隙，由于 ELF 文件中所有段的相对位置必须保持不变，因此系统加载器最初会将这两个段作为一个整体进行映射，以保持它们之间的相对位置；随后，它可以取消这两个段之间的间隙区域的映射。但是，这需要更多的系统调用，会使加载器的逻辑变得更复杂。另外，保留间隙段可以作为占位符起到保护作用，防止应用程序将它用作堆内存，因为堆内存可能会接近库的数据区并可能以难以调试的方式破坏它。

如果读者注意到示例中系统库的加载地址位于/lib64 或/usr/lib64 目录下，就会发现它们与其他用户共享库相去甚远。系统加载器是如何选择这些地址的呢？答案是实例中所有这些系统库都经过了预链接处理。Prelink 是一个工具，可以为给定集合（如程序的所有依赖库）中的每个共享库提前分配一个不同的虚拟地址，从而减少运行时的链接开销。这些库的加载方式与可执行文件类似，因为它们被加载到进程中由它们的 ELF 程序头指定的地址中。通过预链接的处理，已经解决了任何加载地址的冲突问题。

```
3f53a00000-3f53b2c000 r-xp 00000000 03:02 4866080 /lib64/tls/libc-2.3.4.so
3f53b2c000-3f53c2c000 ---p 0012c000 03:02 4866080 /lib64/tls/libc-2.3.4.so
3f53c2c000-3f53c2f000 r--p 0012c000 03:02 4866080 /lib64/tls/libc-2.3.4.so
3f53c2f000-3f53c31000 rw-p 0012f000 03:02 4866080 /lib64/tls/libc-2.3.4.so
```

6.3.3　线程栈

当一个进程启动时，最初只有一个线程，也就是主线程。它的栈有一个固定的地址。随着更多的线程被动态创建，系统线程库为每个线程分配栈内存，这与匿名映射的段类似。下面的代码列表展示了主线程和一个动态线程的栈。

```
40403000-40603000 rwxp 40403000 00:00 0    # 动态线程栈
40603000-40604000 ---p 40603000 00:00 0    # 保护页面
7fbffff4000-7fbfffff000 rwxp 7fbffff4000 00:00 0 # 主线程栈
```

主线程栈从地址 0x7fbfffff000 开始增长，当前的大小为 44KB。动态线程栈从 0x40603000 开始，大小是固定的，在本例中为 2MB，并且在创建线程之后无法更改。如果参考 Linux/x86_64 上的常规段排列，主线程栈有足够的空间进行扩展，因此它的初始大小可以保持较小，等需要时再扩展。然而，对于数百甚至数千个动态线程，系统必须在创建时为其栈预留足够的虚拟空间。否则，位于线程栈之后的内存可能会被堆占用，这会阻止线程栈的扩展。

线程栈的大小可以由生成新线程的应用程序代码设置；否则，系统线程库将使用默认栈大小。但这里存在一个潜在的问题——如果动态线程需要比初始设定更多的栈内存，例如由于深层嵌套函数的调用，线程堆可能会发生溢出，此时可能会产生不可预测的破坏。

在线程栈的正下方，还有一个从 0x40603000 开始的段，它只有一个系统页面大小，权限是无法访问。这就是所谓的保护页面，用来捕获栈溢出。一旦栈溢出，即最低部的函数开始读取或写入保护页，进程就会收到段错误信号。通过这种方式，一旦出现问题，程序就会立即崩溃，从而避免不可预测的内存破坏。

6.3.4　无名区域

程序的堆内存管理器通常通过调用 sbrk 或 mmap 内核 API 从内核中分配大块内存。这两个功能都是由内核的虚拟内存管理器（Virtual Memory Manager，VMM）子系统实现的。VMM 子系统会搜索进程的当前地址空间，找到一个未使用的合适的区域，并以匿名 mmap 方式将其分配给应用程序，赋予指定的属性和权限。

内存块随后被内存管理器切分成小块以满足用户代码的需求。虽然调用者可以指定新段的位置，只要这个地址不是系统保留的且尚未分配的即可，但是这种方式实际使用得很少，因为很难预测一个地址是否已经被分配。大多数情况下，代码只是将地址的选择留给系统。

下面的代码列表显示了一个 8KB 的匿名 mmap 区域：

```
2a96128000-2a9612a000 rw-p 2a96128000 00:00 0
```

注意，后备存储设备的编号为 0，这意味着它指向的是系统的交换设备。这表明如果内存变得稀缺，这个段的内容可以被系统交换到磁盘上，以释放物理内存。

6.3.5　拦截

有时，我们需要调整或增强程序中某些函数的行为，以便于程序调试、问题检测或临时特性测试，而这并不意味着我们需要或者想要更改函数的原始实现。此时，一种有效的策略是在运行时动态地创建代理函数来替换默认的函数实现。

下面是一个体现这种方法的价值的真实案例。一位客户反映，在 HP-UX/IA64 机器上运行我们的服务器程序的速度较慢，而在其他平台上运行则无此问题。于是我们使用性能监控工具进行问题定位。虽然监控报告返回了大量数据，但是其中有一点特别引起了我们的关注，那就是 madvise 系统调用的频率过高。madvise 是一个相对耗费资源的系统调用，其作用是建议内核改变某个区域的存储状态，比如释放与内存区域关联的物理内存。为了确认这个系统调用是否为性能问题的罪魁祸首，我们构建了一个小型的共享库，其中只包含一个空的代理函数 madvise，代码如下：

```
int madvise(void *start, size_t length, int advice)
{
    // 什么也不做
}
```

这实际上相当于将 madvise 转化为了一个空操作。我们要求客户在执行 shell 命令时设置环境变量 LD_PRELOAD=libx.so，其中 libx.so 就是新构建的这个共享库。当系统加载器启动我们的服务器程序时，它会优先找到这个共享库中的空函数 madvise。结果，代理函数成功地绑定到了应用程序中，性能问题随之消失。

这个解决方案很快就帮助我们确定了问题的原因。通过进一步的调查，我们发现客户的使用模式导致了内存抖动，因此建议他们进行相应的调整以解决该问题。

上述案例展示了一种快速实现函数替换的方法。此外，还有许多其他方法可以用于拦截目标函数。有些方法相对简单，但每次变化都需要重新编译产品；有些方法需要更多的底层编码，虽然这可能依赖于平台，但在复杂的环境中更具灵活性。下面，让我们来看一些其他方法的例子。

6.3.6　链接时替换

在生成可执行文件或共享库时，链接编辑器会搜索所有在命令行中提供的输入目标文件和库，以解析任何未定义的符号，即导入符号。如果存在多个实现与未定义的符号匹配，它会选择在列表中首先找到的实现。我们可以将代理函数放在最前面，使链接器优先选择它，而忽略其他可能会被使用的实现。此方法需要重新链接所有二进制文件，这可能并不总是可行的，或者至少并不方便。但是，这种方法适用于所有平台。

例如，如果想替换默认的内存管理器，可以将自己的 malloc、free、realloc 等函数实现编译到目标文件 my_malloc.o 中，然后将这个目标文件链接到每个调用这些 API 的可执行文件和库中。在 GNU 编译器和链接器的命令行中，my_malloc.o 位于其他目标文件之前。因此，任何对内存分配函数的调用都将解析为自己的实现。

```
g++ -g my_malloc.o other_object_files -o target
```

6.3.7　预先加载代理函数

某些平台如 Linux、Solaris、HP-UX 等，支持动态链接和绑定。当程序运行时，未定义的符号将被解析并与已加载的可执行文件和库列表中找到的第一个匹配项进行绑定。其中，动态链接器的一个特点就是支持库预加载，这提供了一种非常方便的方式去拦截函数。只需编写具有与目标函数相同链接属性的自定义代理函数，并将它们构建到共享库中即可。在运行时，系统加载器将读取环境变量 LD_PRELOAD，预加载环境变量指定的库，并在进程链接映射的顶部公开它们的导出符号。当链接器尝试解析未定义的符号时，它首先获取这些代理函数，并将它们绑定到函数的调用者。这样就有效地覆写了具有相同签名的默认函数的实现。这种方法以及我们后面将讨论的其他方法，都无须对现有程序进行任何修改或重新编译，这使得它们成为许多情况下的必备工具。

第 10 章介绍的内存调试工具 AccuTrak 也使用了预加载的技术，但它并未直接替换 malloc 和 free 函数，因为这样做会影响到所有对这些函数的调用。AccuTrak 的目标是尽量减少工具对系统的影响，同时能检测到所有内存请求的一个子集。当 AccuTrak 被加载到目标进程后，它将在初始化函数中施展魔力，接管选定模块中的内存分配函数。我们将在下一节详细讨论这一点。

6.3.8　修改导入和导出表

首先，回顾一下全局函数调用是如何通过本章前面讨论的程序链接表 PLT 进行路由的。PLT 表项中的跳转指令会使用对应的 GOT 表项中的函数地址，这个地址在函数首次调用时由运行时链接器进行解析并填充。因此，相关的 GOT 表项实际上就像一个全局函数地址的目录。我们可以修改这些条目，将它们更改为代理函数。这不需要改变页面保护模式，因为 GOT 是可以写入的。但是，因为每个模块都有它自己的 GOT，因此需要对每个模块进行修补，这意味着更多的工作量。不过，这种方式提供了细粒度的控制，我们可以选择性地修补或者不修补某些模块。

这种方法的一个难点是在已知目标函数的情况下找到对应的 GOT 条目进行拦截，这涉及运行时链接器的一些底层数据结构。接下来的代码示例取自将在第 10 章讨论的 AccuTrak 项目，它展示的是在 Linux/x86_64 平台上如何修补函数。为了保持列表的简洁并专注于主题，笔者已经移除了一些语句（例如 Linux/x86_64 以外平台的代码和调试消息日志记录）。如果读者想看到完整的源文件，包括在 Windows 的导入地址表（IAT）、Solaris/SPARC 的 GOT、HP-UX/IA64 的 GOT 以及 AIX/PowerPC 的表偏移表（TOC）上的代码，可以参阅该项目的源代码[1]。

```
// 找到我的流程的链接地图
```

---

[1] https://github.com/yanqi27/accutrak

```
struct link_map *GetLinkMapList()
{
    static link_map *gLinkMap = NULL;

    if(gLinkMap)
    {
        return gLinkMap;
    }

    // 使用符号_DYNAMIC 来获取运行时链接器数据结构
    Elf64_Dyn* dyn = _DYNAMIC;
    while (dyn->d_tag != DT_PLTGOT) {
        dyn++;
    }

    // GOT 节保存了 GOT 的地址
    Elf64_Xword got = (Elf64_Xword) dyn->d_un.d_ptr;
    // 第二个 GOT 条目保存了链接映射
    got += sizeof(got);
    //现在，读取第一个 link_map 项并返回它
    gLinkMap = *(struct link_map**)got;
    // 如果设置了 LD_PRELOAD，则这不是链表的首部
    // 它实际上指向预加载的库
    // 真正的头（执行文件）在它之前
    while(gLinkMap->l_prev)
    {
        gLinkMap = gLinkMap->l_prev;
    }
    return gLinkMap;
}


// 替换进程中的函数
//
// 参数：iModuleName：如果不为 NULL，则仅修补此模块
//       iFunctionName：要修补的函数
//       iFuncPtr：新函数
//       oOldFuncptr：被替换的函数指针
//
// 返回：Patch_OK 表示成功，否则表示失败
Patch_RC PatchFunction(ModuleHandle iModuleHandle,
                    const char* iModuleName,
                    const char* iSymbolToFind,
                    FunctionPtr iFuncPtr,
                    FunctionPtr* oOldFuncPtr)
{
    *oOldFuncPtr = NULL;
```

```
// 链接映射是可执行文件和已加载库的链接列表
// 每个节点都包含指向模块基地址的指针、它的名称，以及指向其动态段的指针
link_map *map = GetLinkMapList();
if(!map)
{
    return Patch_Unknown_Platform;
}

Patch_RC rc = Patch_Function_Name_Not_Found;

if(!iModuleName || !iSymbolToFind)
{
    return Patch_Invalid_Params;
}

// 找到指定的模块
while(map && !strstr(map->l_name, iModuleName))
{
    map = map->l_next;
}
// 模块名称不匹配
if(!map)
{
    return Patch_Module_Not_Found;
}

// 查找 DT_SYMTAB 和 DT_STRTAB 的位置
// 也保存哈希表中的 nchains
void* symtab = NULL;
void* strtab = NULL;
void* jmprel = NULL;
Elf64_Xword pltrelsz = 0;
Elf64_Sword reltype = -1;
Elf64_Xword relentsz = 0;
Elf64_Xword relaentsz = 0;

Elf64_Dyn *dyn = (Elf64_Dyn *)map->l_ld;
while (dyn->d_tag)
{
    switch (dyn->d_tag)
    {
    case DT_STRTAB:
        strtab = (void*)dyn->d_un.d_ptr;
        break;
    case DT_SYMTAB:
        symtab = (void*)dyn->d_un.d_ptr;
```

```
            break;
        case DT_JMPREL:
            // 这仅指向 PLT 的重定位条目
            jmprel = (void*)dyn->d_un.d_ptr;
            break;
        case DT_PLTRELSZ:
            pltrelsz = dyn->d_un.d_val;
            break;
        case DT_PLTREL:
            // 此项显示 PLT 是否使用 RELA 或 REL 的重定位表类型
            reltype = dyn->d_un.d_val;
            break;
        case DT_RELENT:
            relentsz = dyn->d_un.d_val;
            break;
        case DT_RELAENT:
            relaentsz = dyn->d_un.d_val;
            break;
        default:
            break;
        }
        dyn++;
    }


    // 在重定位节中搜索函数
    if(jmprel && pltrelsz && (reltype==DT_REL || reltype==DT_RELA)
        && (relentsz || relaentsz) && symtab && strtab)
    {
        int i;
        int symindex;
        Elf64_Sym* sym;

        if(reltype==DT_REL)
        {
            // 重定位类型为 rel
            //
            // i386 使用这种重定位类型
            ...
        }
        else
        {
            // 重定位类型为 rela
            //
            // 仅 AMD64/x86_64 使用这种重定位类型
            // 对于函数钩子的设置, 应满足以下条件:
            // ELF64_R_TYPE(rela->r_info) == R_X86_64_JUMP_SLOT
```

```
                // rela->r_addend==0 because R_X86_64_JUMP_SLOT reloc
                // 条目不使用 addend
                Elf64_Rela* rela = (Elf64_Rela*)jmprel;
                for(i=0; i<pltrelsz/relaentsz; i++,
rela=(Elf64_Rela* )((char*)rela+relaentsz))
                {
                    symindex = ELF64_R_SYM(rela->r_info);
                    sym = (Elf64_Sym*)symtab + symindex;
                    // 从字符串表中获取符号名称
                    const char* str = (const char*)strtab + sym->st_name;
                    // 将它与我们的符号进行比较
                    if(::strcmp(str, iSymbolToFind) == 0)
                    {
                        // r_offset 具有到包含函数指针地址的 GOT 条目的偏移量（相对于模块加载基址）
                        Elf64_Addr lSymbolAddr = map->l_addr + rela->r_offset;
                        // 检索旧的函数指针时注意
                        // 如果延迟绑定有效并且函数在之前从未被调用过
                        // 那么这可能是指向动态链接器的指针
                        *oOldFuncPtr = * (FunctionPtr*)lSymbolAddr;
                        // 替代函数——进行函数地址的替换（或称为函数钩子）
                        *(FunctionPtr*)lSymbolAddr = iFuncPtr;
                        rc = Patch_OK;
                        break;
                    }
                }
            }
        }
        else
        {
            // 对于根本没有文本段的某些模块来说，这可能是正常的
        }

        return rc;
    }
```

　　上面引进了两个函数。GetLinkMapList 是一个辅助函数，用于定位运行时链接器的数据结构，这个数据结构是一个 link_map 结构的链表。每个加载的模块都会分配一个 link_map 结构，其中包含模块的加载地址、路径名、文本和数据段的大小等信息。所有的 link_map 按照模块的加载顺序存放在一个全局链表中。由于链表的头部在进程中的位置是固定的，而动态加载的模块的链接映射被添加到链表的末尾，因此 GetLinkMapList 函数会缓存这个地址，供以后重复查询。

　　PatchFunction 是核心函数，它将目标函数的 GOT 条目替换为代理函数的地址。该函数接收模块名称和函数名称作为输入参数。它首先遍历链接映射列表，以找到与模块名称对应的 link_map 结构。然后，它利用 link_map 结构中的动态链接部分查找模块的各个部分，如符号表、字符串表和重定位表。重定位部分包含目标函数的 GOT 条目。然后，该函数遍历每个重定位条目，通过符

号表和字符串表部分获取关联的符号名称。如果找到与输入函数名称相匹配的符号名称，那么对应的重定位项就是我们要找的 GOT 条目。接下来，它只需将该条目替换为代理函数的地址，并返回原函数的地址。

这里省略了关于 ELF 的动态段、符号表、字符串表、重定位表等的内部工作，这些都是用于运行时加载和链接的数据结构。不同的平台内部使用不同的链接映射数据结构，并有各自的细节需要注意，但是，它们的核心思想是相同的。读者也可以参考笔者提供的源代码文件。

6.3.9　对目标函数进行手术改变

我们可以采取更具侵入性的方式，直接修改目标函数的代码。通常的做法不是直接覆写原始代码，原因之一是原始代码可能较短且没有足够空间容纳新代码。我们可以在函数的开始处注入跳转指令，其目标设置为代理函数的地址。这与调试器在函数中插入代码断点的方式有些相似，尽管插入的指令和位置略有不同。

这种方法涉及的内容更多，因为修改是直接在指令级别上进行的。但相比于先前的重定向 GOT 表中的函数地址的方法，这种方法适用的场景更多。例如，一些函数可能不存在于 GOT 表中，或者可能由于安全措施而无法被覆写。另一个区别是，先前的方法实际上是改变了调用者，需要更改每个希望被拦截的模块的 GOT。

通过重写目标函数的代码，无论有多少调用者，无论这些调用者位于何处，我们只需要修改一个地方，即被调用函数。此外，需要注意的是，因为原始函数位于 .text 部分，这部分通常是只读的，所以首先需要将目标函数的内存页面保护模式从只读改为可写，插入跳转指令后，再将函数的内存页面保护模式恢复到只读。

以下是一个工作示例，它在系统函数 malloc 的第 1 字节注入 jmp 指令。这将把函数调用重定向到我们自己实现的函数 my_malloc。在这个函数中，我们只是打印一条消息来确认函数被调用，然后将控制权转交给原始函数。这个程序还创建了一个存根，使得应用程序在修改后仍能调用原始的 malloc 函数。

```c
#include <stdlib.h>
#include <stdio.h>
#include <string.h>
#include <dlfcn.h>
#include <sys/mman.h>

# 定义 PAGE_SZ 0x1000ul
extern "C" typedef void*(*MALLOC_FUNC)(size_t);

unsigned char malloc_stub[PAGE_SZ];
MALLOC_FUNC default_malloc = (MALLOC_FUNC) &malloc_stub[0];

// 替代 malloc 函数
extern "C" void* my_malloc(size_t sz)
```

```
{
    // 简单地跟踪 malloc 调用
    printf("malloc request %ld bytes\n", sz);

    return default_malloc(sz);
}

// 在给定的位置注入 jmp 指令
void InjectJumpInstr(unsigned char* target, unsigned char* new_func)
{
    unsigned char jmp_code[14] = {
        // jmpq *0(%rip)
        0xff, 0x25, 0x00, 0x00, 0x00, 0x00,
        // 跳转的绝对地址为 8 字节
        0x00, 0x00, 0x00, 0x00, 0x00, 0x00, 0x00, 0x00
    };

    *(unsigned long*)(jmp_code+6) = (unsigned long) new_func;

        // 将目标的保护位更改为可写
    char* pageaddr = (char*) ((unsigned long)target & ~(PAGE_SZ-1));
    if (mprotect(pageaddr, PAGE_SZ, PROT_READ | PROT_WRITE
                                   | PROT_EXEC ))
    {
        printf("failed to change protection mode\n");
        exit(-1);
    }

        // 写入 jmp 指令
    memcpy(target, jmp_code, sizeof(jmp_code));
}

int main()
{
    // 获取函数的地址
    unsigned char* lpMalloc = (unsigned char*)
                            dlsym(RTLD_DEFAULT, "malloc");
    unsigned char* lpMyMalloc = (unsigned char*) &my_malloc;

    // 设置 malloc 存根
    memcpy(&malloc_stub[0], lpMalloc, 18);
    InjectJumpInstr(&malloc_stub[18], lpMalloc+18);

    // 现在更改目标函数
    InjectJumpInstr(lpMalloc, lpMyMalloc);
```

```
    // 测试malloc
    void* parray[16];
    for (int i=0; i<16; i++)
        parray[i] = malloc(i*8);
    for (int i=0; i<16; i++)
        free(parray[i]);

    return 0;
}
```

上面使用的 jmp 指令通过寄存器%rip 间接跳转，这与 PLT 代码的使用方法相同。但是，有一个显著的区别。%rip 的偏移量始终为 0，因为紧接着偏移量的是代理函数的 8 字节绝对地址。这种指令和后续地址的总大小为 14 字节，它们会被直接写入目标函数的开头。在真正注入这 14 字节之前，需要调用系统 API mprotect，将页面保护模式从只读更改为可写。为了能够调用原始函数，我们预留了一个缓冲区，并将目标函数的替换指令复制到该缓冲区。然后，在缓冲区后附加一个 jmp 指令，该指令指向原始函数中注入代码后的下一条指令。鉴于 x86_64 架构的指令长度是可变的，当注入 14 字节后，确定下一条指令开始的位置可能会比较困难。示例代码中硬编码了一个 18 字节的偏移量，这是通过使用调试器列出 malloc 函数的所有指令来确定的。更通用的做法是在运行时使用反汇编器来确定合适的偏移量。

6.3.10　核心转储文件格式

核心转储是在特定时间点的进程映像的快照。由于它是进程的内存映像，因此其大小会根据产生核心转储文件时进程的状态而不同。当发生无法修复的错误，或者应用程序以编程方式请求生成核心转储（例如，通过 abort 系统 API，或者进程从另一个进程接收到 SIGABRT 信号）时，系统通常会生成一个核心转储文件。核心转储文件包含了大量关于当前进程状态的信息，至少应包含以下数据：

（1）已加载的模块和链接信息，例如链接映射表。

（2）用户空间内存映像，如堆、映射文件、共享内存等各种映射。

（3）内核端进程信息，如凭证、权限、信号、线程等。

（4）可能有的文件描述符、句柄等。

关于如何生成核心转储并没有标准，每个平台都有自己的核心转储文件格式。然而，了解相关的数据结构是有益的，因为它不仅可以提高我们对进程状态的理解，而且是开发工具用以增强和自动化核心转储分析的必要知识，例如在必要时恢复损坏的、不完整的核心转储。

Linux 上的核心转储文件采用本章前面提到的 ELF 文件格式，这是非常简单的。与可执行的 ELF 文件相比，核心转储 ELF 文件有一些独特的特性：

● 核心转储文件的段数比可执行 ELF 文件少得多。例如，它不需要.text 和.dyn 等部分，这些部分用于运行时链接。

● 有一个 NOTE 段，指向一组描述进程状态、线程上下文等的记录结构。

● 有一个或多个 LOAD 段，这些基本上是连续的内存区域。每个 LOAD 段都被分配用于特定目的，并在整个区域中具有相同的访问权限。这些段代表了生成核心转储文件时的进程内存映像。

下面是一个核心转储文件段的示例，使用 readelf 命令输出以下列表：

```
$readelf -a core.13415
ELF Header:
  Magic:   7f 45 4c 46 02 01 01 00 00 00 00 00 00 00 00 00
  Class:                             ELF64
  Data:                              2's complement, little endian
  Version:                           1 (current)
  OS/ABI:                            UNIX - System V
  ABI Version:                       0
  Type:                              CORE (Core file)
  Machine:                           Advanced Micro Devices X86-64
  Version:                           0x1
  Entry point address:               0x0
  Start of program headers:          64 (bytes into file)
  Start of section headers:          0 (bytes into file)
  Flags:                             0x0
  Size of this header:               64 (bytes)
  Size of program headers:           56 (bytes)
  Number of program headers:         26
  Size of section headers:           0 (bytes)
  Number of section headers:         0
  Section header string table index: 0


There are no sections in this file.

There are no section groups in this file.


Program Headers:
  Type       Offset             VirtAddr           PhysAddr
             FileSiz            MemSiz             Flags  Align
  NOTE       0x00000000000005f0 0x0000000000000000 0x0000000000000000
             0x0000000000000ae8 0x0000000000000000        0
  LOAD       0x0000000000002000 0x0000000000400000 0x0000000000000000
             0x0000000000000000 0x0000000000002000 R E    1000
  LOAD       0x0000000000002000 0x0000000000501000 0x0000000000000000
             0x0000000000001000 0x0000000000001000 RW     1000
  LOAD       0x0000000000003000 0x0000000000502000 0x0000000000000000
             0x0000000000021000 0x0000000000021000 RWE    1000
  LOAD       0x0000000000024000 0x0000002a95556000 0x0000000000000000
             0x0000000000002000 0x0000000000002000 RW     1000
  . . . more LOAD segments
```

```
There is no dynamic section in this file.

There are no relocations in this file.

There are no unwind sections in this file.
No version information found in this file.
Notes at offset 0x000005f0 with length 0x00000ae8:
  Owner         Data size      Description
  CORE          0x00000150     NT_PRSTATUS (prstatus structure)
  CORE          0x00000088     NT_PRPSINFO (prpsinfo structure)
  CORE          0x000007c0     NT_TASKSTRUCT (task structure)
  CORE          0x00000100     NT_AUXV (auxiliary vector)
```

可以看到，这个核心转储文件中有一个 NOTE 段和二十个 LOAD 段。

图 6-5 描述了核心转储文件的结构以及它所代表的进程映像。NOTE 段指向一个注释数组（Note Array）和该数组在文件中的偏移量，以及数组中的条目数量。NOTE 段头的 p_vaddr 字段为 0，这意味着该段不是内存映像的一部分，相反，它包含进程的信息和所有线程的执行上下文。每个注释条目都以 Elf64_Nhdr 结构开头，接着是名称和描述的数据块：

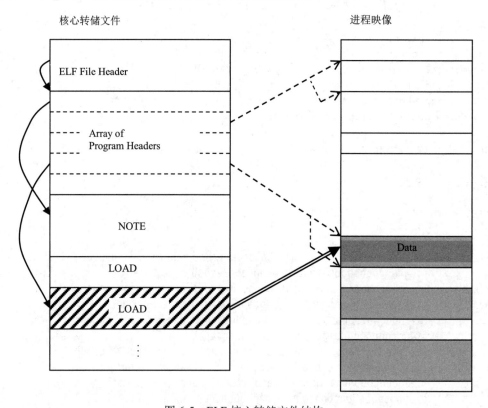

图 6-5　ELF 核心转储文件结构

```
typedef struct
{
  Elf64_Word n_namesz;  /* Length of the note's name. */
  Elf64_Word n_descsz;  /* Length of the note's descriptor. */
  Elf64_Word n_type;    /* Type of the note. */
} Elf64_Nhdr;
```

名称是描述注释的短字符串。描述符是根据符号类型而定的数据结构。定义的类型及其对应的描述符结构如下：

```
#define NT_PRSTATUS    1   /* Contains copy of prstatus struct */
#define NT_FPREGSET    2   /* Contains copy of fpregset struct */
#define NT_PRPSINFO    3   /* Contains copy of prpsinfo struct */
#define NT_PRXREG      4   /* Contains copy of prxregset struct */
#define NT_TASKSTRUCT 4   /* Contains copy of task structure */
#define NT_PLATFORM    5   /* String from sysinfo(SI_PLATFORM) */
#define NT_AUXV        6   /* Contains copy of auxv array */
#define NT_GWINDOWS    7   /* Contains copy of gwindows struct */
#define NT_ASRS        8   /* Contains copy of asrset struct */
#define NT_PSTATUS     10  /* Contains copy of pstatus struct */
#define NT_PSINFO      13  /* Contains copy of psinfo struct */
#define NT_PRCRED      14  /* Contains copy of prcred struct */
#define NT_UTSNAME     15  /* Contains copy of utsname struct */
#define NT_LWPSTATUS  16  /* Contains copy of lwpstatus struct */
#define NT_LWPSINFO   17  /* Contains copy of lwpinfo struct */
#define NT_PRFPXREG    20  /* Contains copy of fprxregset struct*/
```

LOAD 段代表原始进程中的实际内存区域。段头的 **p_vaddr** 和 **p_memsz** 字段表示内存区域在进程中的虚拟地址和大小，如图 6-5 中的虚线箭头所示。**p_filesz** 字段表示在核心转储文件中记录了多少字节的内存区域。读者可能已经在 readelf 的输出中注意到，有些段的文件大小为 0，这通常针对的是可执行文件、库和磁盘映射文件，因为它们是只读的内存，并且已经在磁盘上有原始数据，所以为了节省磁盘空间，核心转储文件通常不会复制它们的内容。Linux 支持的 coredump_filter 允许程序选择哪些内存段写入核心转储文件中。它们在进程映像中的存在是通过记录虚拟地址和内存大小来表示的。核心转储文件中的链接信息足以让调试器在需要调试核心转储时找到所有加载的模块。其余的 LOAD 段表示被转储到核心转储文件中的程序数据，如图 6-5 中斜线框所示。段头的 **p_offset** 字段给出了记录的内存内容在核心转储文件中的偏移量。因此，调试器可以读取数据并将它们映射回原始进程，如图 6-5 中粗箭头所示。

6.3.11　核心转储文件分析工具

Core Analyzer 是一个实用的工具，它可以解析并分析各种格式的核心转储文件，以帮助进行调试。这个工具最初是为了解决 GDB 用户自定义命令响应速度慢的问题而创建的。随着笔者越来越频繁地使用它，逐渐添加了更多的功能，比如一些应用程序特定的逻辑智能，从而提高了工具的调试能力。

　　Core Analyzer 可以通过命令行界面进行交互，也可以在批处理模式下运行，并将结果发送到标准输出。在第 11 章将详细讨论如何使用这个工具。

　　与任何强大的工具一样，Core Analyzer 需要适当的知识和理解才能充分利用。核心转储文件的格式和结构可能会变得非常复杂，所以理解这些格式和结构是非常重要的。此外，正确地使用 Core Analyzer 并解释其输出也需要对操作系统、进程管理以及内存管理等相关主题有深入的理解。

6.4　本章小结

　　进程映射是内核对进程内存地址空间的宏观管理。虽然我们在应用程序级别无法直接操作它，但理解进程中各内存段（如 text、data、stack、heap 等）的相互关系和引用方式却是极其重要的。我们应当对每个数据对象所处的区域有清晰的了解，当引用指向了错误的内存段时，我们凭直觉就可以看出错误的源头。了解进程映像的机制可以帮助我们在调试程序时始终保持正确的基本方向。

第 7 章
调试多线程程序

多线程程序对调试确实提出了一些独特的挑战。线程安全和线程争用等问题通常表现为间歇性且不可预测。多线程程序的行为会受到众多因素的影响，如系统配置（例如 CPU 的数量）、IO速度（例如网络和文件服务器的性能）以及系统负载等。这些环境条件通常是短暂的，因此复现问题可能会相当困难。线程问题有多种表现形式，其中竞争条件和死锁可能是最常见且最难调试的。尽管多进程模型也有类似的问题，但本章将重点讨论如何调试多线程问题。

线程是同一进程下的独立控制流，它们共享一个地址空间。尽管线程能访问进程中的任何数据，但它通常只对所有数据的一个子集有所了解。例如，栈变量和线程本地存储（Thread Local Storage，TLS）数据通常只为其所属的线程所知。然而，其他线程可能会意外地或随机地访问并损坏这些数据。调试多线程问题的关键在于找出产生问题的多个线程间的历史事件顺序或事件流。详细的跟踪记录是实现这一目标的一种常用方法，代码审查也常常是其中的一部分。如同调试其他任何问题一样，仔细审查出现问题时的上下文非常重要。对于与线程相关的问题，要特别关注受影响数据对象的线程以及它们可能的交互，希望能够从中找到一些线索，帮助我们了解在当前状态之前发生了什么。

7.1 竞争条件

一些数据对象被设计用于在特定的线程间共享。数据共享的便利性和性能优势是选择多线程模式而非多进程模式的主要原因之一。然而，如果多个线程间共享数据对象的同步操作不正确或者缺乏同步，就会产生竞争条件，由于多个线程同时访问数据，应用程序可能会因为数据访问顺序错误而得到意外结果。

竞争条件的出现很大程度取决于测试环境，因此它可能长时间潜伏而不表现出任何症状。与单线程程序相比，多线程程序需要更加严格的测试。例如，必须在多处理器机器上进行测试，因为这样更有可能暴露出与线程相关的潜在问题。在多处理器机器上测试的程序很可能会在多个线程同时运行、访问共享数据对象的关键部分。而单 CPU 机器只能通过内核调度驱动的线程切换来模拟这种场景，这种场景只在特定条件下发生。

例如，在没有锁定的情况下访问原始数据在单处理器机器上可能不会造成任何问题，因为数据访问可以通过一条指令完成，且线程切换不会发生在一条指令执行过程中，如下所示。

```
extern int g_count;
void IncremntCount()
{
    g_count++;
}
```

但是，这在多处理器机器上可能会引发问题，因为在不同的 CPU 上运行的多个线程可能同时访问相同的数据。

各种操作系统上的调度算法的实现差异可能会对多线程程序的行为产生显著影响。根据笔者支持跨平台应用程序的经验，某些竞争条件更可能只在某一平台上出现。因此，如果可能的话，对所有平台进行全面测试是有益的，因为我们无法预知哪个平台可能会表现出异样，进而暴露出线程问题。

竞争条件常常与内存损坏混淆，尤其是当多个线程涉及内存损坏问题时。设想这样一个场景：一个线程正在读取一个数据对象，而另一个线程由于内存溢出错误无意中覆写了它。看似第二个线程在处理同一数据对象，却没有与第一个线程正确同步。然而，真正的区别在于，内存损坏的情况下，造成问题的线程并没有引用受影响的数据对象，而是随机破坏了任何它非法访问的地址中的东西。

另一方面，竞争条件意味着所有涉及的线程都是数据对象的合法所有者，但它们没有进行正确的协同工作，导致数据对象处于不一致的状态。因此，内存损坏中的数据对象通常包含随机垃圾值，而在竞争条件下，数据对象可能看起来完好，或者只是略微超出有效范围。我们需要区分这两种情况，因为它们都是棘手的问题，需要采取不同的调试策略才能有效处理，比如确定可能相关的代码、在何处设置断点、如何添加检测代码。

内存损坏需要我们关注相邻内存块、内存块大小、内存边界检查等。对于竞争条件，需要关注多个所有者共享的数据对象以及它们如何被多个线程访问和同步。值得注意的是，许多竞争条件问题在初期并未表现出任何症状，反而可能会导致错误的传播并最终以内存损坏的形式显现。例如，一个对象的引用计数没有正确同步，多个线程可能同时访问它，结果就是该对象过早被删除后，仍被另一个线程引用和访问，最终导致程序崩溃。

7.2　它是竞争条件吗

当我们面临的问题表现为间歇性的、随机的，尤其是在多线程环境中，我们通常怀疑这可能是由于竞争条件引起的。虽然这种猜测往往是合理的，但在下结论前，我们不应轻易地排除其他可能性，而是需要进行充分的调查。有时，我们所遇到的问题可能仅仅是复杂环境中的一个简单错误。因此，首先需要有足够的证据来证明竞争条件确实是可能的原因。但是，如何判断是否存在竞争条件呢？很遗憾，这并不是一个简单的问题。接下来，我们将通过一个具体的例子来说明通常如何回答这个问题。

正如通常的做法一样，首先需要对出错状态进行全面的调查，找到导致错误的变量或数据对

象，这些变量通常包含了直接导致问题的无效值。以下面的输出为例，它是加载到 GDB 调试器
中的信息：

```
Core was generated by 'SRSvr'.
Program terminated with signal 11, Segmentation fault.
#0  DFCEnginePartition::DoMDPartitionPrequery (...)
    at DFCEnginePartition.cpp:682
682 DFCFilter *lPartFilter = lPartFilterOrg->Clone(mBuffer);
```

从上面的信息可以看出，核心转储文件是由于段错误而生成的。换句话说，程序试图访问一
个无效的地址，结果导致了崩溃。那么什么是无效地址呢？调试器显示当前的源代码行是第 682
行，其中局部变量 lPartFilterOrg（一个指向 DFCFilter 类对象的指针）调用了其虚拟方法 Clone。
因此，要么 lPartFilterOrg 是一个无效的指针，要么它指向的对象包含了无效的值（因为我们需要
访问指向虚函数表的对象指针来进行虚函数调用）。为了确定究竟是哪种情况，以及确认调试器在
发布版本下提供的信息是正确的，我们检查一下最后执行的指令和执行的上下文：

```
(gdb) x/i $rip
DFCEnginePartition::DoMDPartitionPrequery+806 mov (%rax),%rax

(gdb) print /x $rax
$1 = 0x0

(gdb) print lPartFilterOrg
$2 = (Cannot access memory at address 0x0
```

导致段错误的最后一条指令试图获取存储在寄存器%rax 中的地址。调试器进一步确认了局部
变量 lPartFilterOrg 是一个 NULL 指针。这与最后一条试图访问地址 0x0 的指令是一致的。

直接原因是一个无效的局部变量，而局部变量是不被其他线程共享或访问的。这是否意味着
我们应该排除竞争条件的可能性呢？没有进一步检查，我们还不能肯定。局部变量 lPartFilterOrg
相关的源代码如下：

```
615  DFCCompUnit* DFCEnginePartition::DoMDPartitionPrequery
        (DFCTable *iPartTable,
         DFCParseData* iPData,
         VLDBInfo* iVLDBInfo,
         DFCFilter *iFilter,
         DFCEngineCG::ENGINE_TYPE iType,
         bool iNoFilter, DFCCompUnit *oBranchCU)
616  {
617      DFCPartitionTableFilterMap * lPartitionMap = iPData->GetPartitionMap();
         ...
619      const vector<DFCTable*, Base::Allocator<DFCTable*> > & lTables
= iPartTable->GetPartitionTables();
         ...
677      for (Int32 i=0; i<lPartTableNum; i++) {
```

```
678         DFCTable*  lPartTable = lTables[i];
679         DFCFilter* lPartFilterOrg = (*lPartitionMap)[lPartTable];
680         // copy Org filter to app obj buffer
681         // currently the copy won't work!
682         DFCFilter *lPartFilter = lPartFilterOrg->Clone(mBuffer);
```

局部变量 lPartFilterOrg 是向量 lTables 的一个元素，并且是对输入参数 iPartTable 数据成员的局部引用，这意味着它可能会受到多个线程的影响。因此，如果这个数据成员 iPartTable 被多个线程共享，那么 lPartFilterOrg 就可能会受到竞争条件的影响。

确定了可能受竞争条件影响的数据对象之后，我们需要去追踪当前线程之前是如何访问这个对象的。这可以通过查看当前函数以及调用链上其他函数的已执行代码来完成。我们的目标是理解这个变量的历史，从而确定这个数据对象可能在哪个阶段从有效状态转变为无效状态。

由于通常我们无法直接查看变量的历史状态，因此可以通过查看它的副作用（例如其值是如何影响其他变量计算的）来推断它在某个时间点的值。如果查找结果表明当前线程没有违规操作，那么我们就有理由怀疑可能是另一个线程无意中修改了这个对象。例如，一个对象已经成功地在前面几行代码中调用了其成员函数：

```
pObject->methodA();
```

但是该程序稍后无法调用另一个成员函数：

```
pObject->methodB();
```

在检查对象的内容时，我们发现指向该类的虚函数表的指针（this->vptr）出现了错误。但由于之前 methodA 的调用未出现故障，因此可以推断此时的指针是正确的。这表明，在这两个调用之间，对象的状态发生了改变。考虑到当前线程没有其他代码访问该对象，我们有理由怀疑可能有另一个线程在与当前线程争用该对象，从而导致了问题的出现。

在多线程程序中，我们需要继续检查所有其他的线程，重点是寻找是否存在其他线程在访问同一数据对象时没有进行适当的保护。找到罪魁祸首需要一些运气，因为在大多数情况下，问题线程可能已经造成了问题并退出了函数，并且没有留下任何可追溯的痕迹。尽管这样，我们仍需进行详尽的搜索。虽然可能性很小，但只要有充足的耐心和投入，就有可能找出问题的根源。

7.3　调试竞争条件

调试竞争条件具有极大的挑战性，没有一种万能解决方案可以适用于所有竞争条件问题。其中，常用的方法之一是在关键代码和事件中添加诊断日志，比如在访问相关数据对象的所有地方插入日志语句，目标是确定对象状态变化的时间和顺序，以找出程序故障的前因后果。

在开发阶段，工程师常常在调试器下运行应用程序，设定临界区域的断点以观察事件的时间顺序。然而，这些方法可能引发所谓的海森堡效应，即调试工具的过分介入可能会改变应用程序的行为。检测过程中引入的时间变化可能会改变线程的执行顺序，掩盖原本存在的问题。例如，日志记录代码中的内部锁定可能会使跟踪的应用程序代码序列化，从而实质上消除潜在的竞争条件。尽管存在这样的问题，但对于简单的错误来说，这些仍然是非常有效和经济的方法。

代码审查，特别是由有经验的同事进行的代码审查，也是被实践证明非常有效的方法。在设计和编码阶段进行适当的代码审查，可以预防许多问题。如果我们怀疑某个对象可能存在竞争条件，可以采取更"防御性"的编程方式，包括在可疑对象周围使用更严格的同步，以及添加更多的断言和验证。这可能在一定程度上降低了性能，但更可能及早揭示错误的来源。通过充分的测试，我们可以适当地减少锁定的范围。

由于竞争条件通常表现为内存损坏，因此往往会首先使用针对内存损坏的调试策略和工具来确定直接原因或查找受影响的对象。在确定问题为竞争条件以后，我们可以进一步有针对性地调查问题的根本原因。

7.4　实战故事 5：记录重要区域

7.4.1　症状

我们的服务器程序最初是为 Windows 系统开发的，第一次将它移植到 Linux/x86_64 平台时，它在回归测试中十次会崩溃八次，且仅在多处理器机器上出现这种现象。这种症状强烈地暗示着存在多线程问题。核心转储文件显示，系统库 libc.so 的内存管理器中的函数 malloc_consolidate 内部出现了段错误。考虑到该函数正尝试合并相邻的空闲内存块，我们怀疑应用程序可能以某种方式破坏了堆。

7.4.2　分析调试

我们打开了内存管理器的调试功能，方法是设置环境变量 MALLOC_CHECK_=2（参见第 10 章）。内存调试器捕获到了一个问题——一个内存块被释放了两次，这导致程序崩溃。我们确定了这个内存块上的数据对象，发现它被多个线程共享。然而，对象的所有权是通过引用计数严格控制的，这是共享数据的标准实现方式。当引用计数减少到 0 时，对象将被删除。这个处理在其他平台上得到了良好的执行并且已经通过了全面的测试。那么，为什么在新的平台上会出现问题呢？为了验证引用计数是否按照设计工作，我们在修改对象引用计数的函数中插入了日志语句。

```
class AtomicLong
{
public:
    ...
    long operator++() throw()
    {
        return AtomicIncrement(&mnAtomicLongData);
    }
    long operator--() throw()
    {
```

```
            return AtomicDecrement(&mnAtomicLongData);
        }
        ...
private:
        long mnAtomicLongData;
    }

    virtual void AddRef() const throw(void* ipObject, AtomicLong& irRefCount)
    {
        RefCountLog("AddRef", ipObject, irRefCount);
        ++irRefCount;
    }

    virtual void Release(void* ipObject, AtomicLong& irRefCount)const throw()
    {
        RefCountLog("Release", ipObject, irRefCount);
        if (--irRefCount == 0)
        {
            // 这是最后一次引用
            free(ipObject);
        }
    }

    void RefCountLog(const char* ipFunc, void* ipObject, long iRefCount)
    {
        FILE* lpFile = GetLogFile();
        fprintf(lpFile, "tid= %ld\tFunction=%s\tObjectID=0x%lx"
                        "\tRefCount=%ld\n",
                        pthread_self(), ipFunc, ipObject, iRefCount);

        // 检索调用者的堆栈跟踪
        const int max_stack_depth = 32;
        void* lTrace[max_stack_depth];
        int lTraceSize = ::backtrace(lTrace, max_stack_depth);
        _ASSERT(lTraceSize > 0);

        // backtrace_symbols 分配一块内存来存储符号
        char** lpFunctionNames = ::backtrace_symbols(lTrace, lTraceSize);
        for(int i=0; i<lTraceSize; i++)
        {
            _ASSERT(lpFunctionNames[i] != NULL);
            fprintf(lpFile, "\t[%d] %s\n", i, lpFunctionNames[i]);
        }
    }
```

日志函数记录了发起调用的线程 ID、回溯、对象的地址、当前的引用计数以及对对象的操作。

当问题再次出现时，我们在日志文件中得到了一系列的记录。通过脚本解析这些输出，发现 AddRef 和 Release 函数被调用的次数与设计时预期的一致，但对象的引用计数并未反映出这一点。这提示我们引用计数器本身（即 AtomicLong 类中的长整数）的递增和递减操作可能存在问题。这个类的递增和递减运算符是通过调用 AtomicIncrement 和 AtomicDecrement 函数实现的，这两个函数都是用汇编语言编写的，这些函数本应具有原子性和线程安全性。但是，对这些函数的进一步代码审查引发了我们对它们在新平台上执行的正确性的怀疑。经过更严格的单元测试，我们发现在高负载下，这些函数确实存在问题。修复这个错误后，测试就一直运行得很好。

因此，在这种情况下，日志记录的方法帮助我们将问题定位到了引用计数器的原子递增和递减代码上。

7.5　死锁

当多个线程陷入僵局，并且每个线程都在等待其他已陷入僵局的线程设置事件时就会发生死锁。这是多线程程序中常见的问题之一。死锁的一个典型原因是锁定和解锁操作未成对出现。例如，以下代码就可能出现这样的问题。

```
Lock(mutex);
...
functionA(); // 此函数可能会引发异常
...
Unlock(mutex);
```

如果在获取到互斥锁的第一个语句后调用函数 functionA 抛出了异常，那么 Unlock 语句就不会执行，互斥锁不会被释放。任何正在等待这个互斥锁的线程都将被永久阻塞。

因此，这种锁定和解锁的操作通常被包装在 RAII 对象中，即智能指针。RAII 对象在超出其作用范围时会被销毁，这样无论何时有异常抛出并引发栈展开，任何在抛出异常的执行点之前创建的对象都会被销毁，从而保证了在返回异常处理程序前，被 RAII 包装的互斥锁能够被释放。更多关于智能指针的内容请看第 14 章。

尽管有许多编程技巧可以用来避免死锁，但这不是本书讨论的重点内容。相反，一旦出现死锁问题，我们会集中精力去调试它。换句话说，我们需要确认线程是否处于死锁状态，以及它们是如何陷入死锁的。

通常，当程序看起来停止运行时，我们会怀疑是否出现了死锁。这可能表现为它未能在预期的时间内响应请求。例如，用户在预设的超时范围内无法登录到服务器，或者提交的作业没有返回结果。然而，还有许多其他导致程序表现为停滞不前的原因，比如系统负载过大、网络故障等，这些都可能被误认为是死锁。要确认是否真的发生了死锁，我们通常需要深入进程中，收集更多确切的证据。以下步骤描述了如何确定是否存在死锁的一般方法：

步骤 01　遍历所有线程上下文，找出那些正在等待某个事件才能继续执行的线程。这些事件可能是多种多样的，例如获取锁、进行 I/O 操作（文件读写、网络连接等），但并非所有的这些事件都会导致死锁。

步骤 02 等待一段时间，这段时间应该足够让阻塞的线程得到释放。再次检查那些线程上下文，如果它们仍然被同一同步对象阻塞，那么就有可能是死锁。但是，我们需要仔细检查线程的全部上下文，包括它们当前正在处理的任务。

步骤 03 如有必要，重复步骤 02 以更加确定是否存在死锁。被阻塞的线程和相关的同步对象就是我们接下来需要深入调查的目标。

当线程陷入死循环且无法跳出时，也可能引发死锁。我们可以通过监控所有线程的 CPU 和内存使用情况来发现此类问题。消耗大量 CPU 时间却没有实际工作的线程，很可能是陷入死锁的线程。一个简单的故障排除方法是定期记录这些性能计数器并进行比较。如果一个线程的 CPU 时间和内存使用不断增加，那么它可能是陷入了死循环；反过来，如果一个线程的 CPU 时间和内存使用率几乎未发生变化，那么它可能在某处被阻塞。这两种情况都需要进一步的深入调查。例如，我们可以在 Linux 上使用以下命令列出所有线程并查找消耗大量 CPU 时间的线程：

```
$ps -eLf

UID    PID   PPID  LWP    C NLWP STIME TTY  TIME      CMD
root   1330  1     1330   1 4    Apr13 ?    00:39:37  mozilla-bin -UILocale en-US
root   1330  1     1337   0 4    Apr13 ?    00:00:07  mozilla-bin -UILocale en-US
root   1330  1     1339   0 4    Apr13 ?    00:00:01  mozilla-bin -UILocale en-US
root   1330  1     23364  0 4    11:34 ?    00:00:00  mozilla-bin -UILocale en-US
```

上述代码列表显示了进程 ID 为 1330 的 mozilla-bin 程序有 4 个线程。其中，线程 1330 最为繁忙，我们可以进一步关注该线程。

一旦我们确定程序遇到了死锁，下一步自然就是寻找原因。等待的事件为何未发生？也许最简单的情况是，线程尝试两次获取同一个锁，如果锁对象不允许递归，那么第二次试图获取它时就会被阻塞。更复杂的情况会涉及多个线程和多个同步对象。要找出线程被意外阻塞的原因，关键是要明确哪个线程持有相关锁。有多种方式可以找出这个答案：

- 通过搜索所有线程的上下文来找出哪个线程正在引用同步对象（参见第 4 章），并检查所有者当前是否持有它。我们可以手动切换到每个线程并查看，或者使用调试器插件等自动化工具。
- 许多实现都将当前持有锁的线程 ID 嵌入同步对象的数据成员中。例如，Windbg 扩展命令"cs"会显示临界区对象的数据成员，包括当前获取它的线程的 ID。在下面的代码列表中，数字 0x460 就是拥有线程的 ID。

```
0:001> !cs
-----------------------------------------
DebugInfo       = 0x6A261D60
Critical section = 0x6A262820 (ntdll!RtlCriticalSectionLock+0x0)
```

```
LOCKED
LockCount       = 0x0
OwningThread    = 0x460
RecursionCount  = 0x1
LockSemaphore   = 0x0
SpinCount       = 0x0
```

- 对原始同步对象进行封装也是一种常见的做法。包装器通常在其数据结构中记录更多信息，如在线程获取锁时设定的锁的所有者的线程 ID。
- 对于一个活跃的进程，内核的内部数据结构会有所有锁定的同步对象的信息。内核调试器也能找到所有者。
- 跟踪语句可能非常有用，因为死锁是由一些事件错误顺序引起的。缺点是需要在源代码中添加大量代码并重新编译程序。如果我们在编码阶段就已经考虑到了跟踪语句，那它将会非常便利。

7.6　本章小结

随着多核 CPU 的普及，多线程程序成为主流。调试与线程安全相关的问题无疑是一项挑战，尤其是当问题与内存损坏交织在一起时。找到线程问题的关键在于能够重构出程序执行的历史，无论是数据对象的状态，还是一系列的事件。本章通过一些示例介绍了几种常见的方法。当然，还有更多创新的方式可以帮助我们达到这个目标。

在应对多线程问题时，需要根据程序的特性来选择最佳策略。一方面，需要寻找能够预防多线程问题的方法；另一方面，也需要找到能够有效地调试多线程问题的方法。在选择策略时，需要考虑到程序的独特性。记住，理论知识和实践技巧的结合，才能帮助我们更好地理解和解决多线程问题。

第 8 章

更多调试方法

在前面的章节中，我们已经深入探讨了各种调试技术，从编译器、链接器、内存管理器以及体系结构的视角进行了深入剖析。这些方法就像在显微镜下逐位、逐字节地分析程序，以便寻找解决问题的线索。无疑，这些都是强大且实用的技术。然而，我们也必须清楚，这只是整个调试过程的一部分，甚至可能只是其中的一小部分。我们不能忘记看整体，调试并不仅仅是关于如何使用调试器或其他工具。本章我们将从宏观的角度对调试过程的其他元素进行讨论，从普遍的调试策略到预防未来错误的措施。这将帮助我们更好地将之前学到的知识融入整个错误调查的过程中。

8.1　重现错误

如果无法重现错误，那么解决它几乎就成了不可能的任务。首先，我们需要一个能观察到故障的测试用例，通常也需要用到程序检测工具去追踪错误。前面章节所介绍的诸多技术和方法，很大一部分都是基于一个可控环境，使得错误可以随时被重现。其次，就算找到了错误，我们也必须通过重新运行测试用例并确保在修改错误代码之后故障不再发生，来证明修复方案确实奏效。如果碰到的是只在客户环境中出现或偶尔发生的错误，就会明白这种情况有多难以调试。笔者一直十分敬佩部门的质量保证工程师，他们能够在一个更为简洁、可控的测试环境中复现出棘手的错误。对笔者来说，这已经解决了调试过程中的大半问题。

影响程序行为的因素众多。有些因素很明显，有些因素可能难以察觉。经验丰富的工程师能够意识到这些因素，并了解它们可能对程序造成的潜在影响。我们是否能够复现问题，在很大程度上取决于是否能够抓住所有影响程序行为的关键因素，并在一个受控的环境中复现它们。理想的情况下，我们应当在报告故障的环境中进行测试。这对于内部测试可能比较容易实现。

但是，如果故障发生在客户的设备上，由于多种显而易见的原因，这通常是不可行的：去客户现场或者把客户的环境带回给开发人员的成本过高；出于安全考虑，客户通常不愿意让供应商在他们的设备上进行操作；客户的设备一般需要提供不间断的服务，其停机时间受到严格的限制；典型的客户生产设备上也不会安装开发工具。即使是开发公司内部出现的故障，开发人员在自己的设备上进行调试也是最为方便和高效的。因此，我们需要一个过程来重新创建测试环境并确定性地复现故障。

8.1.1　归因

哪些因素构成了可能引发报告故障的环境？哪些因素其实并不关键？这些问题的答案自然取决于故障的特性。例如，程序输出错误的结果可能与特定的输入数据有关；程序崩溃可能是由在多处理器服务器上更可能出现的竞态条件引发的；性能表现不佳可能与特定的网络驱动程序有关，等等。虽然经验在确定主要因素上有很大帮助，但在大多数情况下，如果不进行深入调查，就很难确认具体是哪个因素的触发。接下来会讨论一些常见的因素，我们可以将这些因素视为可能的候选项。

当错误出现时，我们首先会想到的可能是程序代码，毕竟这是错误的源头。因此，我们应该确保测试环境中的可执行文件版本与产生原始错误的版本完全一致。这听起来很简单，但在某些情况下，事情可能比想象的要复杂。对于持续开发了多年的产品，很可能有很多版本，还有服务包、修补程序和补丁等。在这种情况下，就必须使用强大的版本控制和配置管理系统。

令人惊讶的是，我们仍然可能遇到测试版本与想象中的版本有出入的情况。例如，在安装了多个版本可执行文件的机器上，库搜索路径的环境变量（如 Linux 的 LD_LIBRARY_PATH）可能设置不正确，最后会使用到版本略有不同的库。

另一个可能导致混淆的地方是调试版本和发布版本的二进制文件。在 Windows 上，具体取决于构建配置，可执行文件或 DLL 会链接到调试版本或发布版本的 C 运行时库。如果我们不小心将发布版本的二进制文件和调试版本的二进制文件混合使用，最后可能在进程中得到两个版本的 C 运行时 DLL，这可能导致出乎意料的结果。

笔者在实际中遇到的另外一个例子与系统缓存有关。AIX 系统的加载器会在内存中缓存共享库，下次在另一个新进程中加载该库时，会优先使用缓存的版本，这对性能是有益的。但是，当我们用不同版本的共享库复制并覆写原始磁盘文件时，内存缓存可能不会相应更新。这可能是因为有其他进程仍在使用缓存的共享库，或者是由于 NFS 本地缓存的延迟更新问题。有时用户看到的是库的缓存版本中的旧行为，而不是新修改的行为。因此，每当笔者有疑虑时，都会生成一个包含每个加载模块详细信息的映射图（如模块文本和数据段的大小、时间戳、校验和等），以确保使用的是正确版本的二进制文件。

除了内部开发的应用程序的可执行文件外，进程的可执行代码还包含了系统和第三方库以及内核。我们只要有一个良好的版本控制系统，就能比较容易地设置应用程序二进制文件的正确版本。然而，内核和系统库则需要更多的工作，因为操作系统供应商通常会相当频繁地更新他们的系统。因此，与我们的内部测试机器相比，各种客户机器可能具有更新或更旧的系统版本和服务级别。更改内核会影响整个服务器，所以升级或降级测试机以匹配客户的操作系统环境并不方便，并且与可以随时查看源代码已更改的应用程序不同，评估内核版本之间的微小差异可能相当困难。

除了内核之外，硬件配置也是一个可能对程序产生重大影响的系统环境。例如，启用的处理器数量是多线程和多进程程序的一个重要因素，因为它直接影响任务调度。CPU 的类型、内存访问性能、I/O 操作（如磁盘、网络）等都可能影响程序的行为，系统资源也可能是一个动态的因素。我们经常看到这样的情况，即服务器的物理内存由于负载过高而接近耗尽，这会触发主动分页，即内核将访问频率较低的内存内容复制到磁盘交换空间，并将当前访问的缓存数据从磁盘交换空间复制回主内存，以解决物理内存不足的问题。主动分页会显著降低程序的速度，有时程序甚至几乎完全停止。因此，当故障发生时，我们需要了解当时整个系统的状态。

程序通常允许用户通过配置文件、注册表设置、环境变量、命令行参数等自定义应用程序。这些输入旨在影响程序的运行时行为。有些系统设置也有直接的影响，例如系统对用户进程的最大数据大小、文件大小、用户磁盘配额、最大文件描述符数、最大线程数、网络缓冲区大小等的限制。如果进程超过这些限制之一，可能会导致故障。因此，我们的测试运行需要像原始故障案例一样，真实地再现这些设置。

数据输入是程序运行时行为的另一个重要方面。程序通常会从许多来源接收数据流，例如控制台、数据文件、网络通道等。它还可能连接到数据库，并与本地或远程的其他进程进行交互。如果我们认为这些因素与报告的故障相关，那么就需要考虑这些因素。对于任何具有图形或命令行界面的程序，用户交互显然也是需要考虑的。另外，输入的顺序和内容本身都非常重要。

8.1.2　收集环境信息

在确定了可能相关的因素之后，下一步就是从发生故障的环境中收集这些信息。一般情况下，这并不具有太大的挑战性。例如，Linux 以及许多其他平台会通过/proc 伪文件系统公开大量信息。

环境变量是进程的属性，它们存储在进程的私有数据区。在 Linux 上，可以通过访问伪文件 /proc/<pid>/environ 来查看当前进程的环境变量，其中<pid>是进程的标识符。对于核心转储文件，可以使用调试器来打印它们，如下面的清单所示。

```
(gdb) info var __environ
All variables matching regular expression "__environ":

Non-debugging symbols:
0x0000000000533ce8  __environ
0x0000003f53c32758  __environ
0x0000003f53915948  __environ

(gdb) x 0x0000000000533ce8
0x533ce8 <environ>:     0x0000007fbffff778

(gdb) x/32gx 0x0000007fbffff778
0x7fbffff778: 0x0000007fbffff991  0x0000007fbffff9be
0x7fbffff788: 0x0000007fbffffa18  0x0000007fbffffa38
...

(gdb) x/s 0x0000007fbffff991
0x7fbffff991: "REMOTEHOST=was-myan33.corp.corpx.com"

(gdb) x/s 0x0000007fbffff9be
0x7fbffff9be: "MANPATH=/usr/share/man: /usr/local/man"
```

全局变量__environ 是一个指向字符串数组的指针，每个字符串都代表一个环境变量，其格式为 "name=value"。

考虑到存在许多可能的具有因果关系的因素，全面收集这些信息可能是一项繁重且易出错的任务。因此，使用如自动化脚本这样的工具可能是一个明智的选择。这类工具的目标是收集各种环境数据，并将它们打包在一个文件中，以便能够传输给后台工程师。

Linux 资源管理器就是一个例子，它是一个用于收集系统信息的脚本，与 Solaris 平台上的资源管理器工具类似。这个工具在 GNU 通用公共许可证下发行，我们可以在其官网[1]上找到它。

该脚本基本上运行各种系统命令，并将它们的输出存储在临时目录中。然后，它将所有这些临时目录下的文件压缩到一个 tar zip 文件中。客户可以通过 ftp 或电子邮件将文件发送给供应商。该脚本收集以下信息：

- 系统发布信息。
- 安装的硬件。
- 活动进程。
- 系统引导选项。
- /etc 下的各种配置文件。
- 系统资源使用：CPU、内存、IPC 等。
- 内核调整参数、加载的内核模块、内核配置。
- 磁盘已安装、装载、配额、交换等。
- Raid 信息。
- 安装的 RPM 包。
- 系统配置，包括鼠标、键盘、桌面、samba、网络等。
- 系统日志文件。
- 各种集群配置（如果已启用）。
- crontab 文件。
- 各种硬件和服务的配置，例如打印机、openldap、pam、sendmail、postfix、time、ppp、apache、openssh、X11、Red Hat network (RHN)、xinetd、DNS 等。

Linux 资源管理器主要收集了关于系统配置和资源使用的信息。

另一类环境因素包括特定于应用程序的文件和输入。我们可以编写类似的脚本来收集这些信息；例如复制配置文件和缓存文件、导出注册表设置、克隆数据库等。用户通过图形用户界面或命令行界面的输入也可以被专门的工具记录下来，这种工具可以捕获这种交互式输入，并在稍后重现问题中回放。同样地，还有工具可以用于拦截进程之间的通信和通过网络接收的数据。

---

[1] http://www.unix-consultants.co.uk/examples/scripts/linux/linux-explorer/

8.1.3   重建环境

一旦收集了发生原始故障时的环境的所有相关因素，就可以在本地计算机上尝试重新创建相同的环境。利用如今日益流行的虚拟化技术，构建各种配置的系统变得更加容易且成本更低，这对于内核组件尤其如此。另一种方法是可以从当前的环境开始，每次修改一个因素，以逐步减小测试环境与故障环境之间的差异。我们可能希望从最相关或最容易逆转的因素开始，例如各种用户资源限制（如文件描述符的最大数量、进程可创建的线程的最大数量、数据段的最大字节数等），这些都是容易设置并能回到原始值的。

当我们逐一改变测试环境时，可能在某一点成功地重现了故障。这种方法需要更多的努力，因为需要在每次环境改变后进行测试。然而，它的优点在于，我们可以将最后更改的因素确认为原因，或者至少是确定环境的一部分，这对从输入端调试问题有所帮助。如果所有的因素都设置为与故障环境相同，但仍然无法重现故障，这通常意味着我们遗漏了一些东西。编译器错误就是这种情况的典型例子，我们通常通过构建一个展示编译器错误的小测试程序来帮助开发人员更快地意识到、确认和修复错误。通过简化编译器的输入数据（即程序源文件），可以将问题的原因缩小到几行代码。

程序失败的原因中，与时间相关的问题（例如竞争条件），可能是最难重现的。虽然理论上可以记录所有的调度序列，但在实际操作中往往并不可行：当客户遇到问题时，他们可能尚未启动记录工具，即使他们愿意使用这个工具；此外，这种工具通常具有强大的侵入性，可能会影响系统性能，从而改变程序的行为，使其无法重现与时序相关的问题。在这种情况下，我们可以做的最好的事情可能就是尽可能地模拟硬件和软件环境。

8.2   防止未来的 bug

在错误被最终定位并解决后，质量工程师将制定并执行初始的修复方案，然后进行测试和确认。接下来就是将正式的修复方案合并到源代码控制系统中。这通常标志着调试过程的结束。然而，我们应该花点时间思考如何防止将来再次出现类似的错误。医疗行业的共识是，预防性保健的投入远比后期治疗疾病的成本更低。在软件工程领域，这个观点也是相同的，几乎无人会对此有异议。事实上，这可能是整个调试过程中最重要的一步。

但现实是，我们常常未能投入足够的时间来防止错误的发生，即使我们都认同这样做的重要性和益处。原因可能多种多样，包括公司的文化和管理风格，以及个体对工作的热忱和敬业度等。实施预防措施需要额外的时间和精力，而这些努力在很多时候可能无法得到足够的认可。因此，更常见的情况是花很多时间处理紧急问题，而没有时间制定和执行预防错误的开发流程。那种"既然没有坏，就不用修理"的心态在许多公司仍然占主导地位。要打破这样的惯例，最好的方法可能是在错误修复的过程中加入预防类似错误的步骤。

接下来，笔者会给出一些建议，以帮助防止将来出现同样的错误。这些建议都是基本的策略，实施起来并不困难。它们并不直接涉及广义上的错误预防措施，但却是与调试过程密切相关的步骤。

8.2.1　知识保留和传递

首先，我们可以做的是记录下从调试经历中学到的东西。笔者经常在修复一个具有挑战性的错误后，回顾自己的失误和灵光一现的行为，这些都是宝贵的经验教训。如果我们正在编写一个复杂的程序，那么应该已经有了一个错误追踪系统。在这个系统中找一个地方，或者新建一个专门用于记录除了错误描述以外的调试过程的信息：随着问题调查的深入，情况如何演变，使用了哪些工具，发挥了哪些创新思维等。确保详细记录我们的学习成果。

我们还应该把这些经验分享给同事们，并与他们讨论；向新手工程师展示调试的方法和步骤；在博客或论坛上公开我们的经验；通过研讨会、讲习班等方式传播知识。这些所投入的额外时间并非浪费，反而可以加深记忆，当尝试解释这些经验时，还能将我们的理解提升到一个新的层次。更何况，我们辛苦获取的经验教训能帮助其他工程师节省大量时间，他们一定会对此深怀感激。

8.2.2　增强提前检查

一个产品的开发将会经历许多阶段，包括业务分析、架构设计、代码设计、编码、安全扫描、单元测试、特性测试、压力测试等。一般来说，开发团队会在每个阶段都进行一定的检查和测试，目的是尽早发现并预防错误的传播。错误发现得越早，修复的成本就越低。如果在后期才发现错误，例如在客户的生产环境中，那么修复的代价就会非常高，因为我们需要进行远程调试和修复，满足严格的测试要求以适应发布，然后将修复补丁发送给所有使用相同版本且存在相同问题的客户。

因此，无论在开发过程的哪个阶段发现了错误，都应该积极思考如何在此阶段之前就预防或发现这个错误。例如，如果编译器警告我们有变量未初始化而可能存在风险，那么在此阶段修复问题要比在系统测试阶段容易得多。因为在系统测试中，这个问题可能隐藏在更复杂的上下文之中，而单元测试则是一个优于压力测试的错误检测工具，它涉及的代码库范围更小，更便于精确定位错误。

8.2.3　编写更好调试的代码

程序的可观察性和可调试性常常被忽视，或者在开发过程的后期才被考虑到。当我们编写代码时，实际上可以并且应该从一开始就注意这些问题。笔者大学毕业后的第一份工作是担任电子工程师，在设计电子电路板时，笔者通常会预留额外的测试点，这样便于通过将这些测试点连接到示波器等设备上，对电路进行测试和故障排查。在软件设计上也应该有类似的思维。

毫无疑问，良好且一致的编程风格、正确的开发流程以及对编程实践的深入理解都是可调试程序的关键。这些都在很多书籍中得到了深入的讨论，因此在这里没有必要详细地重复它们。笔者想要简单讨论一些可以增强程序可调试性的常用方法，这些方法易于实施且非常有效。

1. 注释

注释被放置在源代码的旁边，因此当调试器显示源文件时，工程师会自然地阅读这些注释。大多数开发者都认同注释是有益且必要的。然而，注释应该有多详尽并没有明确的标准。注释过少可能不足以提供有用的解释，而过多的注释可能会起到反作用。如果源代码及其相关注释远远超过调试器屏幕的显示范围，那么频繁地上下滚动窗口可能会使人忘记代码的内在逻辑和细节。合适的注释量应根据经验和合理的工程判断来确定。

2. 断言

断言是一种常用的调试工具，它能够帮助我们在程序运行期间判断某些假定条件是否为真。当这些条件为假时，断言会中断代码执行并抛出错误，从而使开发者注意到存在的问题。

断言应当为观察者提供足够的背景信息，举例来说，以下的断言在触发时提供的信息相当有限：

```
_ASSERTE(false);
```

为断言提供更多的上下文信息将更有助于问题的定位，例如：

```
_ASSERTE(false && "NCSDelivery Document Instance returned empty Document Definition");
```

需要注意的是，断言不能取代错误处理。断言代码通常只在调试版本中启用，而在最终版本的构建中，出于性能考虑，所有断言代码都会被忽略。这种处理方式是合理的。但是，无论是否使用断言，我们都应当对可能出现的错误进行适当的处理。有些错误可能只在发布版本中出现，调试版本的测试无能为力。因此，我们不能依赖断言来发现和解决所有的错误。我们需要在使用断言的同时进行适当的错误处理，尤其是对于那些位于逻辑层之间的接口函数。前面的"实战故事 2 神秘的字节序转换"就是一个很好的实例，强调了此类处理的重要性。

3. 提高可观测性

为程序的内部数据结构提供一种简便的方式来观察它们和检查其完整性是提高程序可调试性的有效方式。这确实需要在编写新代码的同时考虑到调试的需求，虽然在初期可能会增加一些额外工作，但从长期角度来看，这种做法会带来更多的便利。

在一些情况下，调试符号可以将进程的内存内容映射到源代码，但它可能不知道变量的有效范围或它与其他数据的关系。通常，我们会借助调试符号手动查看和分析数据。为了提高效率，可以编写额外的函数来收集和检测应用程序特定的数据。

例如，我们可以创建一个函数，该函数将在程序运行过程中的某个节点处收集并显示程序的当前状态。大多数调试器都支持从当前线程的上下文调用函数，这种调试功能可以方便地为我们提供程序状态的详细信息。

又如，我们可能会写一个函数，将所有数据点汇总到一个树结构或哈希表中。如下代码所示的功能是从程序中提取的，它以一种易于理解的格式打印出所有缓存的内存块。全局变量 g_cache_lists_heads 存储着按照大小索引的缓存内存块的链表数组。如果没有这个函数，可能需要花费大量的时间去手动遍历这些链表。

```
void PrintCacheStatus()
{
```

```
    int i;
    MEM_SIZET sz;
    MEM_SIZET totalSz = 0;

    printf("Size(KB)\t#Blocks\tTotal_Size(KB)\n");
    for (i=0, sz=64 K; i<MAX_NUM_BANDS; i++)
    {
        unsigned int listsz = 0;
        CacheBlock^ block;

        block = g_cache_lists_heads[i];
        while (block)
        {
            listsz++;
            block = block->next;
        }
        printf("%ld\t\t%d\t\t%ld\n",
              sz/1024, listsz, sz*listsz/1024);
        totalSz += sz*listsz;

        sz = sz << 1;
    }
    printf("---------------------------------------\n");
    printf("\t\t\t\t%ld\n", totalSz/1024);
}
```

GDB 的确提供了一些强大的选项来帮助开发者理解其内部状态，其中包括"set debug"系列的命令。当我们打开这些选项后，GDB 会输出更多有关其内部操作的信息，帮助我们更好地理解它是如何解析表达式、执行命令等的。例如，当我们使用"set debug expression"命令后，GDB 会在解析表达式时输出额外的调试信息，以帮助我们更好地理解 GDB 是如何处理并理解代码的。

```
(gdb) set debug expression 1

(gdb) print ip
Dump of expression @ 0x1d775370'
     Language c++, 4 elements, 16 bytes each.
     Index          Opcode          Hex Value String Value
        0              OP_VAR_VALUE 44 ,..............
        1              OP_NULL 0 ...............
        2     <unknown 492609768> 492609768 ..\.............
        3              OP_VAR_VALUE 44 ,..............
Dump of expression @ 0x1d775370, after conversion to prefix form:
Expression: `ip'
     Language c++, 4 elements, 16 bytes each.
```

```
                0 OP_VAR_VALUE              Block @0x0, symbol @0x1d5ca0e8 (ip)
    $1 = (int *) 0x1bdfd010
```

Debug（调试）版本的编译的主要目标是确保程序的正确性和稳定性，而不是追求性能的最优化。因此，我们可以在 Debug 版本中放心地包含更多调试相关的代码。例如，Windows 下的 C 调试运行时库会用"0xCD"这个字节模式填充新分配的内存块，而释放掉的内存块则会被置为"0xFD"。这些特定的字节模式可以帮助我们在问题出现时快速检测到是否有代码在使用未初始化的数据对象，或者访问已被释放的内存。

然而，我们的程序可以比这做得更好，我们完全了解自己的程序逻辑，以及数据对象在底层内存块中的表示方式。接下来给出一个析构函数的例子，这个函数会清除对象的数据成员。请注意，其中有一段代码被包裹在 _DEBUG 宏中。与一般的做法不同（通常会保留对象数据成员的当前状态），这个析构函数将数据成员设置为特定的值。这样做的好处是，如果在对象被释放之后仍然尝试访问它，这些特殊的值将能立即揭示错误，并帮助我们确定是由已被破坏的对象引起的问题。另外，我们还可以增加一些仅用于调试目的的数据成员。这些数据成员可以在问题出现时提供关于对象上下文和历史的更多信息，帮助我们更好地理解和解决问题。

```cpp
MMultiProcess::SharedMemoryImpl::~SharedMemoryImpl() throw()
{
    _ASSERTE( mpStart && "Invalid starting address for SHM");

    // 清理共享段的头
    if (mMode == SHM_READ)
    {
        SetReaderPID(0);
    }
    else
    {
        SetWriterPID(0);
    }

#ifdef _DEBUG
    // 将所有成员设置为特殊值以进行调试
    mSize       = (shm_size_t)-1;
    if (mpStart)
    {
        mpStart = (void*)-1;
    }
    if (mpWriteCursor)
    {
        mpWriteCursor = (char*)-1;
    }
    else
    {
```

```
        mpReadCursor = (char*)-1;
    }
    mPeakAttachment = 0;
#endif
}
```

8.3　不要忘记这些调试规则

虽然解决特定问题的方法有很多，但是存在一些经过验证的通用原则对于任何形式的调试或故障排除都极为有用。这些原则看似简单明了，大多数情况下也符合我们的常识，然而，当我们面临复杂问题或压力巨大的时候，这些原则却往往会被我们忽视；有时，我们甚至不知道如何将这些原则运用到实际问题中。在本节中，笔者会分享一些经验和建议，这些都是基于笔者的经验以及其他许多作者的观察总结出来的。希望通过实践和应用这些原则，读者的工作效率会有所提高，至少在发现程序错误的过程中会更加顺利。

8.3.1　分治法

调试的过程中充满了"分而治之"的思想。当我们刚开始调试时，可能会面临许多问题源，或者需要理解的逻辑非常复杂，以至于我们无法在短时间内把握。调试的本质就是将问题的范围逐步缩小，让我们更容易理解和推断错误的原因。根据问题的特性，可以将它分解为更小的输入数据集，或者独立的模块，或者不同版本的代码，或者特定的变量组合和内存块。下面通过例子来进一步说明：

- 内存损坏：关键在于还原错误的传播链路，找到真正的问题所在。因为变量可能会以多种方式被破坏，所以需要对每一种可能性进行考虑，并逐一排除与当前程序状态不一致的情况。
- 环境因素：隔离触发错误的环境因素是一个重要步骤。一个常用的方法（如二分搜索法）就是在复现问题时逐一尝试环境因素的各种子集，直到确定是哪些因素导致了问题。例如，为了解决编译器错误，可以逐步剥离不相关的代码，通过构建一个小的测试程序来定位问题。

8.3.2　退一步，获取新的观点

我们必须面对的现实是调试并不是一件简单的事。找出棘手问题的根源需要大量的耐心和观察力。有时，我们可能会被问题的复杂性所困扰，对此感到非常沮丧。这是笔者经历过的，我知道这种感觉，就好像所有之前的理论和假设都一一破灭。此时，我们需要暂时放下问题，让自己恢复精力，把脑海中的旧想法清理出去，然后重新开始。每次这样做时，笔者经常会发现一些之前忽略的东西，这些细节与先前的假设相矛盾，从而解释了为什么之前的推理并不准确。

解决问题的另一种有效方法是尝试向他人或者自己，甚至向宠物狗（或者一个假想的听众）描述问题。这将迫使我们把问题从头到尾梳理一遍，由此可能揭示出之前思考时的盲点。不同的人拥有不同的背景和经验，对同一个问题可能有不同的理解和见解，他们可能会提供我们以前未意识

到的新视角。

8.3.3　保留调试历史

在最终找到解决方法前，一个复杂的错误可能需要经历多轮的假设、验证和反驳。在此过程中，我们可能会收集各种新的证据，或是通过插入检测代码来改变程序，或是调整测试环境。如果不记录下我们做过什么，就很容易迷失方向，结果往往是重复之前的努力，重蹈之前的覆辙。因此，记录调试的过程至关重要。每次我们的假设被证明是错误之时，都应该回头看看，我们从之前的调查和尝试中学到了什么？有没有我们忽略或遗漏的东西与被推翻的理论相矛盾？

多年的实践让笔者积累了一系列调试案例，它们构成了本书的基础。笔者强烈建议初级工程师也养成记录的习惯，这样可以更快地积累经验。

8.4　逆向调试

这里提到的逆向调试并不是指逆向工程中的"逆向"，而是在调试过程中需要回退到过去的某个点。例如，我们可能想要重新观察一个函数是如何运行的，但又不能重启程序，因为那样会丢掉现在的程序状态。这种需要"回到过去"的过程就是所谓的逆向。大多数的调试工具都支持这种逆向功能，比如在 Visual Studio 中，我们可以直接拖动光标到代码的任何位置，让程序从那个点开始运行。

GDB 在 2009 年发布的 7.0 版本中加入了逆向调试功能，该版本的说明文档中关于逆向调试的部分——reverse debugging（即程序能够进行反向步进）的内容如下：

- reverse-continue ('rc')：继续执行正在调试的程序，但方向为反向。
- reverse-finish：反向执行，直到到达所选栈帧被调用的前一步。
- reverse-next ('rn')：反向逐步执行程序，跳过子例程的调用。
- reverse-nexti ('rni')：反向执行单个指令，但继续通过被调用的子例程。
- reverse-step ('rs')：反向逐步执行，直到到达之前源代码行的开头。
- reverse-stepi：反向精确地执行一个指令。
- set exec-direction (forward/reverse)：设置执行的方向。

通过以上指令可以看到，逆向调试是将程序回退到以前的状态。

执行逆向调试的步骤如下：

步骤 01　在需要程序开始逆向的地方设置一个断点。

步骤 02　当程序运行到断点时，输入命令 record 开始记录操作。如果不进行记录，那么 GDB 将无法执行回退操作。这个过程可以类比为在游戏中按下"保存进度"的按钮。

步骤 03　在这个阶段开始执行操作，然后使用相应的逆向调试命令进行回退。

步骤 04 输入 record stop 命令停止记录。

GDB 提供的逆向调试虽然有些原始，但熟练掌握也需要一定的时间和精力。程序调试总是一个耗时耗力的过程，幸运的是，总有行业优秀人才为我们铺路。例如，rr: Record and Replay 工具就是一款调试工具。借助 rr，我们可以一次录制，然后反复回放，就像观看电影一样，可以随时倒退，而且状态都不会发生变化。

8.4.1　rr：Record and Replay

rr 在 GitHub 上的介绍是 "rr 是一个轻量级的工具，用于录制、回放和调试应用程序的执行过程（包括进程和线程的树状结构）。它能极大提升 GDB 逆向执行的效率，结合标准的 GDB/x86 特性（如硬件数据监视点），使得调试过程更为愉快"。

关于该工具的更多信息，包括如何安装、运行以及构建 rr 的说明，可以在官网[1]找到。目前最全面的技术概述在 *Engineering Record And Replay For Deployability: Extended Technical Report* 论文中。网上有 rr 的演示视频[2]，对该工具感兴趣的读者可以观看。通过视频，我们可以直观地看到 rr 的使用是多么简单且强大。

8.4.2　rr 注意事项

值得注意的是，rr 并不是在所有系统或任何程序上都能正常运行的。以下是一些需要注意的事项（这些主要是为了帮助初学者，如果读者已经有丰富的经验，那么可能已经知道如何处理这些问题）：

- rr 需要 perf 支持特定的 event。具体的细节，你可以参见这个链接[3]。
- 如果在 Docker 中使用 rr，可能需要修改相应的安全设置，这取决于使用的 Docker 的版本。更多的详情，请看这个链接[4]。
- 如果在 CentOS 上安装 rr，可能需要先安装 Cap'n proto 等其他软件。为了帮助和笔者一样的用户，笔者也给出了安装命令，供读者参考。注意，这些命令只是参考，可能需要根据具体情况进行修改。

```
# 请遵循官方说明: https://github.com/rr-debugger/rr/wiki/Building-And-Installing
# sudo dnf install \
#  ccache cmake make gcc gcc-c++ gdb libgcc libgcc.i686 \
#  glibc-devel glibc-devel.i686 libstdc++-devel libstdc++-devel.i686 \
#  python3-pexpect man-pages ninja-build capnproto capnproto-libs capnproto-devel

# 以下是在笔者的 CentOS 上的指令
```

---

[1] https://rr-project.org
[2] https://www.youtube.com/watch?v=hYsLBcTX00I
[3] https://github.com/rr-debugger/rr/wiki/Will-rr-work-on-my-system
[4] https://github.com/rr-debugger/rr/wiki/Docker

```
yum install -y https://download-ib01.fedoraproject.org/pub/epel/7/
x86_64/Packages/p/python36-ptyprocess-0.5.1-7.el7.noarch.rpm

yum install -y https://download-ib01.fedoraproject.org/pub/epel/7/
x86_64/Packages/p/python36-pexpect-4.8.0-1.el7.noarch.rpm

# https://capnproto.org/install.html
capn_dir=/tmp/capn
mkdir -p $capn_dir
cd $capn_dir
curl -O https://capnproto.org/capnproto-c++-0.8.0.tar.gz
tar zxf capnproto-c++-0.8.0.tar.gz
cd capnproto-c++-0.8.0
./configure
make -j6 check
make install
rm -rf $capn_dir
export PKG_CONFIG_PATH=/usr/local/lib/pkgconfig/:/usr/share/pkgconfig/

rr_dir=/tmp/rr
mkdir -p $rr_dir
cd $rr_dir
git clone https://github.com/rr-debugger/rr.git
mkdir obj && cd obj
cmake ../rr
make -j8
make install
rm -rf $rr_dir

# echo "kernel.perf_event_paranoid=1" >> /etc/sysctl.conf
# sysctl -p
```

8.5   本章小结

　　本章将视角转向更为宏观的调试过程。然而，由于话题的广泛性，我们只能浅尝辄止，没能深入每一个方面。当谈到调试时，不存在"最佳"策略这一说，因为所需的策略会根据具体情境的不同而变化,取决于工程师对于特定问题的技能和理解。本书的目标是让读者了解并掌握这些概念，并在实践中找到适合自己的方法。

第 9 章
拓展调试器能力

调试器在设计上需要支持尽可能多的程序和场景的调试。一方面,尽管像 GDB 和 Windbg 这样的工具提供了丰富而强大的功能,但随着我们对这些工具的熟练程度的提高以及所遇到的问题的复杂性的增加,可能会发现自己需要更多的功能。例如,我们可能希望调试器能够解析并显示某些特定于应用程序的数据,或者希望调试器能够自动化重复的任务,或者可能只是想自定义调试器以满足特定需求。另一方面,调试器的实现往往与特定的体系结构和平台紧密相关。我们通常使用由操作系统或编译器供应商提供的调试器,这些调试器所支持的功能集可能会有所不同。我们可能会发现某个特定的调试器缺少需要的功能。

这时,调试器的自定义命令就可以派上用场了。自定义命令大致上可以分为两种类型:命令脚本和调试器插件。这两者都需要调试器的支持才能进行底层操作。命令脚本是由一系列调试器命令组成的,通过流程控制关键字进行组织,可以方便地进行临时编写。而调试器插件涉及的内容更多,能力也更强大。它可以访问调试器后端引擎的更多内部结构,一旦实现了良好的插件命令,我们的工作将更加轻松。本章将介绍如何通过这两种方式向 GDB 添加新功能。读者将能够在提供的源代码链接中找到许多实用功能的实例。

9.1 使用 Python 拓展 GDB

本节将重点介绍如何利用 Python 来提升我们在 GDB 中的调试技能,并帮助摆脱烦琐的重复任务,从而享受更自由的编程环境。

首先,确保正在使用的是 GDB 7.x 或更高版本,因为 Python 的支持是从 GDB 7.0(2009 年)开始提供的。

读者可能会问,既然 GDB 已经支持自定义脚本辅助调试,为什么还要使用 Python 脚本呢?这是因为 GDB 的自定义脚本语法相对较旧,使用 Python 编写将会更加流畅和高效。当然,如果读者仍然更倾向于使用原有的自定义脚本,那么也完全可以。

使用 Python 拓展 GDB 的好处是:

- 美化输出,利用 Python 可以把复杂难懂的数据展示得更加清晰易读。
- 自动化工作,利用 Python 可以把重复的任务简化为一个简单的命令。
- 高效调试,利用 Python 可以更高效地进行 bug 调试,比如定制遇到断点的行为。

下面将介绍如何使用 Python 拓展 GDB。

9.1.1　美化输出

以下面的代码为例：

```cpp
#include <map>
#include <iostream>
#include <string>
using namespace  std;

int main() {
    std::map<string, string> lm;
    lm["good"] = "heart";
    // 查看 map 里面内容
    std::cout<<lm["good"];
}
```

当代码运行到 std::cout<<lm["good"]时，我们想查看 map 里面的内容，如果没有 Python 和自定义的脚本，那么 print lm 看到的内容类似如下：

```
$2 = {_M_t = {
    _M_impl = {std::allocator<std::_Rb_tree_node<std::pair<std::__
cxx11::basic_string<char, std::char_traits<char>, std::allocator<char> > const,
std::__cxx11::basic_string<char, std::char_traits<char>, std::allocator<char> > > > >> =
{<__gnu_cxx::new_allocator<std::_Rb_tree_node<std::pair<std::__cxx11::basic_string<char,
std::char_traits<char>, std::allocator<char> > const, std::__cxx11::basic_string<char,
std::char_traits<char>, std::allocator<char> > > > >> = {<No data fields>}, <No data fields>},
<std::_Rb_tree_key_compare<std::less<std::__cxx11::basic_string<char,
std::char_traits<char>, std::allocator<char> > > >> = {
        _M_key_compare = {<std::binary_function<std::__cxx11::basic_string<char,
std::char_traits<char>, std::allocator<char> >, std::__cxx11::basic_string<char,
std::char_traits<char>, std::allocator<char> >, bool>> = {<No data fields>}, <No data
fields>}}, <std::_Rb_tree_header> = {_M_header = {
            _M_color = std::_S_red, _M_parent = 0x55555556eeb0,
            _M_left = 0x55555556eeb0, _M_right = 0x55555556eeb0},
        _M_node_count = 1}, <No data fields>}}}
```

但是当我们在 GDB 9.2 里面输入 print lm 的时候，看到的将是：

```
(gdb) p lm
$3 = std::map with 1 element = {["good"] = "heart"}
```

map 里面有什么一清二楚。这是因为 GDB 9.x 自带了一系列标准库的 Python Pretty Printer（美观打印器）。如果读者使用的是 GDB 7.x，那么可以手动导入这些 Pretty Printer 实现同样的效果。具体步骤如下：

步骤 01 下载 Pretty Printer: svn co svn://gcc.gnu.org/svn/gcc/trunk/libstdc++-v3/python[1]。

步骤 02 在 GDB 里面输入（将路径改成读者自己的下载路径）如下代码：

```python
python
import sys
sys.path.insert(0, '/home/maude/gdb_printers/python')
from libstdcxx.v6.printers import register_libstdcxx_printers
register_libstdcxx_printers (None)
end
```

这样就可以使用了，如果需要更详细的步骤，请看链接[2]。

9.1.2　编写自己的美观打印器

接下来，将详细介绍如何编写 Pretty Printer，用于显示自己的数据结构。例如，有一个包含多个数据成员的结构体：

```
struct MyStruct {
  std::name mName;
  std::map mField1;
  std::set mField2;
  int mI;
  int mj;
};
```

但是，在打印此结构体时，大部分时候只关注 mName 和 mI 字段。此时，我们就可以定义一个针对该数据结构的 Pretty Printer，这样大部分时候看到的只是我们关心的那部分字段，而无须在几十个字段中寻找。

如果不使用任何的 Pretty Printer，打印一个 MyStruct 数据结构的效果可能如下所示：

```
$2 = {mName = {static npos = <optimized out>,
    _M_dataplus = {<std::allocator<char>> = {<__gnu_cxx::new_allocator<char>> = {<No
data fields>}, <No data fields>},
    _M_p = 0x618c38 "student"}}, mField1 = {_M_t = {
    _M_impl = {<std::allocator<std::_Rb_tree_node<std::pair<int const,
std::basic_string<char, std::char_traits<char>, std::allocator<char> > > > >> =
{<__gnu_cxx::new_allocator<std::_Rb_tree_node<std::pair<int const,
std::basic_string<char, std::char_traits<char>, std::allocator<char> > > > >> = {<No data
fields>}, <No data fields>}, <std::_Rb_tree_key_compare<std::less<int> >> = {
    _M_key_compare = {<std::binary_function<int, int, bool>> = {<No data fields>},
```

---

[1] 如果链接失效了，可以查看 GCC 的文档找到新的链接。

[2] https://sourceware.org/gdb/wiki/STLSupport
　https://codeyarns.com/2014/07/17/how-to-enable-pretty-printing-for-stl-in-GDB/

```
<No data fields>}}, <std::_Rb_tree_header> = {
         _M_header = {_M_color = std::_S_red, _M_parent = 0x0, _M_left = 0x7fffffffe4e0,
_M_right = 0x7fffffffe4e0},
         _M_node_count = 0}, <No data fields>}}}, mField2 = {_M_t = {
      _M_impl = {<std::allocator<std::_Rb_tree_node<std::basic_string<char,
std::char_traits<char>, std::allocator<char> > > >> =
{<__gnu_cxx::new_allocator<std::_Rb_tree_node<std::basic_string<char,
std::char_traits<char>, std::allocator<char> > > >> = {<No data fields>}, <No data fields>},
<std::_Rb_tree_key_compare<std::less<std::basic_string<char, std::char_traits<char>,
std::allocator<char> > > >> = {
         _M_key_compare = {<std::binary_function<std::basic_string<char,
std::char_traits<char>, std::allocator<char> >, std::basic_string<char,
std::char_traits<char>, std::allocator<char> >, bool>> = {<No data fields>}, <No data
fields>}}, <std::_Rb_tree_header> = {_M_header = {
          _M_color = std::_S_red, _M_parent = 0x0, _M_left = 0x7fffffffe510, _M_right
= 0x7fffffffe510},
         _M_node_count = 0}, <No data fields>}}}, mI = 3, mj = 4}
```

看起来会让人感到困惑，因为信息过于复杂。

如果使用 GDB 自带的 STL 美观打印器，那么我们会得到如下简洁的结果：

```
(gdb) p s
$1 = {mName = "student", mField1 = std::map with 0 elements, mField2 = std::set with
0 elements, mI = 3, mj = 4}\
```

如果自己编写美观打印器，那么就会得到如下的结果：

```
(gdb) p s
$2 = MyStruct
 name: "student"  integer: 3
```

这样，只会打印自己关心的数据。如果希望查看原始的数据，那么可以使用 p /r s 命令。

美观打印器的实现思路如下：

（1）自定义打印类，提供 to_string() 方法，该方法返回希望打印出来的字符串。

（2）创建判断函数，判断一个值是否需要使用自定义的打印类来打印。

（3）将判断函数注册到 GDB 美观打印函数中。

编写打印类的代码如下：

```
class MyPrinter:
    def __init__(self, val):
        self.val = val
    def to_string(self):
        return "name: {}  integer: {}".format(self.val['mName'], self.val['mI']
```

从这简单明了的代码中可以看到，val 存储的是对应类的值。我们可以访问对应的类成员。

判断函数的代码如下：

```
# 判断一个 value，是否需要使用自定义的打印类
def lookup_pretty_printer(val):
    if val.type.code == gdb.TYPE_CODE_PTR:
        return None # to add
    if 'MyStruct' == val.type.tag:
        return MyPrinter(val)
    return None
```

要注册到 GDB 中，则使用如下函数：

```
gdb.printing.register_pretty_printer(
    gdb.current_objfile(),
    lookup_pretty_printer, replace=True)
```

完成上面的步骤和代码以后，可以编译如下程序，并测试是否成功：

```
struct MyStruct {
  std::string mName;
  std::map<int, std::string> mField1;
  std::set<std::string> mField2;
  int mI;
  int mj;
};

int main() {
  MyStruct s = {std::string("student"), lm, ls, 3, 4}
  return 0;
}
```

9.1.3　将重复的工作变成一个命令

在调试过程中，如果知道当前的栈指向了一个字符串，但是并不清楚它具体在哪里，想要遍历栈以找到它。此时，可以使用 Python 自定义一个名为"stackwalk"的命令。这个命令可以直接利用 Python 代码遍历栈，找出目标字符串。

```
###################################################
# 用法：将它加载到 GDB 中运行
# (gdb) source ..../path/to/<script_file>.py

Import gdb

class StackWalk(gdb.Command):
    def __init__(self):
        # 将我们的类注册为"StackWalk"
        super(StackWalk, self).__init__("stackwalk", gdb.COMMAND_DATA)
```

```
    def invoke(self, arg, from_tty):
        # 当我们从 GDB 调用 StackWalk 时，这个方法将要被调用
        print("Hello from StackWalk!")
        # 获取寄存器
        rbp = gdb.parse_and_eval('$rbp')
        rsp = gdb.parse_and_eval('$rsp')
        ptr = rsp
        ppwc = gdb.lookup_type('wchar_t').pointer().pointer()
        while ptr < rbp:
            try:
                print('pointer is {}'.format(ptr))
                print(gdb.execute('wc_print
{}'.format(ptr.cast(ppwc).dereference())))
                print('===')
            except:
                pass
            ptr += 8


# 在"源"时间将我们的类注册到 GDB 运行时
StackWalk()
```

wc_print 是笔者写的另外一个简单 Python 命令，用于打印给定地址的宽字符串。

9.1.4   更快地调试 bug

我们在调试多线程程序时，可能会发现调用栈（callstack）中有许多重复的部分。如果能自动去除这些重复部分，或者将它们折叠起来只关注其中一小部分，那将大大提高工作效率。好消息是，Python 可以通过一个简单的命令来实现这个功能。更好的是，已经有人为我们准备好了相关的代码，只需导入它们即可，代码如下（具体的使用方法请参阅原文章[1]）：

```
#From https://fy.blackhats.net.au/blog/html/2017/08/04/so_you_want_to_
script_gdb_with_python.html
###################################################
#
# 用法：将它加载到 GDB 中运行
# (gdb) source ..../path/to/debug_naughty.py
#
# 要让它自动加载，需要将脚本放在与二进制文件相关的路径中
# 如果已经创建了/usr/sbin/foo，那么可以将此脚本写作：
# /usr/share/gdb/auto-load/ <PATH TO BINARY>
# /usr/share/gdb/auto-load/usr/sbin/foo
#
# 这将触发 GDB 在启动时自动加载脚本，以从该位置访问核心或实时二进制文件
```

---

[1] https://fy.blackhats.net.au/blog/html/2017/08/04/so_you_want_to_script_gdb_with_python.html

```
#

import gdb


class StackFold(gdb.Command):
    def __init__(self):
        super(StackFold, self).__init__("stackfold", gdb.COMMAND_DATA)


    def invoke(self, arg, from_tty):
        # 这个从属进程是"当前正在运行的应用程序"，在本例中只有一个
        stack_maps = {}
        # 这会创建一个字典，其中每个元素都由回溯作为键
        # 然后每个回溯都包含一个"帧"数组
        inferiors = gdb.inferiors()
        for inferior in inferiors:
            for thread in inferior.threads():
                try:
                    # 改变我们的线程上下文
                    thread.switch()
                    # 获取线程的 IDS
                    (tpid, lwpid, tid) = thread.ptid
                    gtid = thread.num
                    # 获取回溯的可读副本，稍后需要用它进行显示
                    o = gdb.execute('bt', to_string=True)
                    # 构建回溯以进行比较
                    backtrace = []
                    gdb.newest_frame()
                    cur_frame = gdb.selected_frame()
                    while cur_frame is not None:
                        if cur_frame.name() is not None:
                            backtrace.append(cur_frame.name())

                            cur_frame = cur_frame.older()
                    # 现在我们有一个回溯，如['pthread_cond_wait@@GLIBC_2.3.2',
'lazy_thread', 'start_thread', 'clone']
                    # 字典不能使用列表作为键，因为它们是不可哈希的，所以我们将其转换为字符串
                    #记住，C 函数中不能有空格
                    s_backtrace = ' '.join(backtrace)
                    # 让我们看看它是否存在于堆栈映射中
                    if s_backtrace not in stack_maps:
                        stack_maps[s_backtrace] = []
                    # 现在让我们将此线程添加到映射中
                    stack_maps[s_backtrace].append({'gtid': gtid, 'tpid' : tpid, 'bt':
o} )
                except Exception as e:
```

```
                         print(e)
            # 此时我们有了追踪的字典，每个追踪都有一个匹配的"进程 ID"列表，让我们显示它们
            for smap in stack_maps:
                # 获取人类可读的形式
                o = stack_maps[smap][0]['bt']
                for t in stack_maps[smap]:
                    # 对于我们记录的每个线程
                    print("Thread %s (LWP %s))" % (t['gtid'], t['tpid']))
                print(o)

# 在"源"时间将我们的类注册到 GDB 运行时
StackFold()
```

GDB 提供了许多 API，更多详细内容请看官方的 API 文档[1]。

9.1.5　使用 Python 设置断点

如果在调试过程中遇到以下情况，应该如何设置断点呢？

● 需要在某个变量被修改时，将其修改的调用栈打印出来。

● 某个变量会被多次修改，只对某个特定时间点之后的修改感兴趣，而对之前的修改不感兴趣，那么如何设置断点？

● 如果觉得盯着屏幕等待条件满足时设置断点过于烦琐，那么有什么方法可以在需要我们关注的时刻，也就是期望的条件被满足时自动设置断点呢？

我们以 GDB 为例进行说明，其他的调试器也有类似的功能，如果对此感兴趣，可以查阅相应调试器的使用文档。

对于第一个需求，我们可以通过使用 data point 来实现。这一功能在 Visual Studio 和 GDB 中都有支持，在 GDB 中被称为 watch point。对于经常在同一个地方设置断点的操作，笔者倾向于使用 Python 脚本来创建断点。

对于第二个需求，我们可以首先设置一个条件断点，等到满足条件断点时，再设置 data point。两者结合起来的 Python 脚本如下（尽管代码看起来较长，但实际上非常直观，容易理解）：

```
try:
    import gdb
except ImportError as e:
    raise ImportError("This script must be run in gdb: ", str(e))
'''
First define the global settings
'''
creation_function = 'after_this_function()'
creation_breakpoint = None
```

---

[1] https://sourceware.org/gdb/onlinedocs/gdb/Python-API.html

```python
    watch_point = None
    symbol = 'referenceCount'

    def print_stack_trace():
        gdb.execute('bt')

    class CustomWatchPoint(gdb.Breakpoint):
        '''
        gdb watchpoint expression '..' doesn't work. It will complains 'You may have requested
too many hardware breakpoints/watchpoints.'
        The workaround is set wp by address, like 'watch *(long *) 0xa0f74d8'
        '''

        def __init__(self, expr, cb):
            self.expr = expr
            self.val = gdb.parse_and_eval(self.expr)
            self.address = self.val.address
            self.ty = gdb.lookup_type('int')
            addr_expr = '*(int*)' + str(self.address)
            gdb.Breakpoint.__init__(self, addr_expr, gdb.BP_WATCHPOINT)
            self.silent = True
            self.callback = cb

        def stop(self):
            addr = int(str(self.address), 16)
            val_buf = gdb.selected_inferior().read_memory(addr, 4)
            val = gdb.Value(val_buf, self.ty)
            print('symbal value = ' + str(val))
            self.callback()
            return False

    class CustomBreakPoint(gdb.Breakpoint):
        '''
        gdb breakpoint expression
        '''

        def __init__(self, bp_expr, cb, temporary=False):
            # spec [, type ][, wp_class ][, internal ][, temporary ][, qualified ])
            gdb.Breakpoint.__init__(
                self, bp_expr, gdb.BP_BREAKPOINT, False, temporary)
            self.silent = True
            self.callback = cb

            def stop(self):
                self.callback()
            return False
```

```
class CustomFinishBreakpoint(gdb.FinishBreakpoint):
    def stop(self):
        print("normal finish")
        global watch_point
        try:
            if watch_point is None:
                watch_point = CustomWatchPoint(symbol, print_stack_trace)
            if not watch_point.is_valid():
                print("Cannot watch " + symbol)
            else:
                print("watching " + symbol)
        except RuntimeError as e:
            print(e)

        return False

def out_of_scope():
    print("abnormal finish")

class CreateWatchPointCommand(gdb.Command):
    '''
        A gdb command that traces memory usage
    '''
    _command = "watch_ref"

    def __init__(self):
        gdb.Command.__init__(self, self._command, gdb.COMMAND_STACK)

    def invoke(self, argument, from_tty):
        '''
        1. Try to create the watchpoint
        2. If fail, then create a breakpoint after the variable has been created.
        '''
        global symbol
        global watch_point
        global creation_breakpoint
        watch_point = None
        creation_breakpoint = None

def watch():
    customFinishPoint = CustomFinishBreakpoint()
    try:
        creation_breakpoint = CustomBreakPoint(creation_function, watch)
    except Exception as e:
        print(e)
```

```
gdb.execute("set pagination off")
gdb.execute("set print object on")
gdb.execute("handle SIGSEGV nostop noprint pass")
CreateWatchPointCommand()
gdb.execute('watch_ref')
gdb.execute('set logging file debug-logging.txt')
gdb.execute('set logging on')
gdb.execute("c")
```

对于第三个需求，可以通过将 bash 脚本、GDB 以及 Python 三者结合起来实现。

9.1.6 通过命令行来启动程序和设置断点

GDB 支持在启动程序的时候执行一段代码，因此我们可以让 GDB 在运行的时候执行 Python 脚本以实现自动设置断点。

一个简单的命令行示例如下：

```
gdb -p <pid> -q -x scripts/watch_ref.py
```

● -q 表示不打印 GDB 启动时的输出信息。
● -x <script>表示 GDB 启动时执行脚本 script。

它使用一个循环，在感兴趣的程序出现时，会自动 attach 并且设置相应的断点。

如果读者喜欢尝试其他方法，可以试试第二种方法：

```
#!/bin/bash
function get_pid()
{
        ps -ef | grep -v grep | grep multip| awk '{print $2}'
}

proc_pid=''
while [ -z "$proc_pid" ]
do
proc_pid=$(get_pid)
done;   /usr/local/bin/gdb -p $proc_pid -q -x scripts/watch_ref.py
```

9.2 GDB 自定义命令

GNU 调试器 GDB 以其丰富的特性和广泛的平台支持著称。如果读者正在使用的 GDB 版本比较旧，不支持 Python，可以尝试使用 GDB 自定义命令。

虽然 GDB 支持命令脚本，但是它并未提供让终端用户编写自己的调试器插件的界面。曾经 GDB 社区努力推动 libgdb.so 这一共享库，使调试器的大部分功能都可以在该库中实现，开发者可以通过公开的库接口编写自己的工具，但这项尝试并未成功。

GDB 自定义工具是用户自定义命令（即一系列 GDB 命令）的组合。这些命令可以像常规的 GDB 命令一样被调用。读者可以直接在 GDB 提示符下输入这些命令来创建一个用户自定义的命令，如果希望保存这个命令以便于未来的调试，可以在脚本文件中编辑它。这个脚本文件可以随时通过 source 命令加载到 GDB 中：

```
(gdb)source command_file
```

更为方便的做法是，将命令的定义或者将上述的 source 命令包含在用户根目录$HOME 下的 GDB 初始化文件.gdbinit 中，每次用户启动调试器时，都会自动加载该文件。

每个用户自定义的命令以关键字 define 开始，以关键字 end 结束。自定义新命令的语法如下：

```
define command_name
  command
  command
  ...
end
```

每个用户自定义的命令最多可以有 10 个命名参数，分别为$arg0、$arg1 ... $arg9。在调用命令时，用户可以通过变量、复杂表达式甚至函数调用来传递参数。需要注意的是，在传递给用户自定义的命令之前，这些参数会被求值。因此，在命令脚本中使用参数之前，应始终检查传入参数的数量并进行验证。

```
command_name [arg0 arg1 ...]
```

GDB 还提供了一些关键字来构造用户自定义的命令。关键字 set 可用于为立即值声明一个新变量。例如，下面这行代码声明了一个变量$sum，我们稍后可以在脚本中使用它。

```
set $sum = 0
```

用户自定义的命令支持简单的流程控制，可以通过"if…else…end"结构和"while…end"循环来改变执行路径。这与 C 语言的语法非常相似，if 或 while 关键字后面的表达式会被评估为真（非零）或假。如果结果为真，则执行结构或循环内的命令；否则，这些命令将被跳过。

```
if expression
  ...
else
  ...
end

while expression
  ...
end
```

由于自定义命令通常是交互式地使用的，人为错误的发生不可避免。因此，在创建新的用户命令时，使用 GDB 的 document 命令为该命令提供使用说明是一个推荐的做法。当用户使用 GDB 的 help 命令时，这些文档信息将会被显示出来。以 pws 命令为例：

```
document pws
    打印宽字符字符串
    用法: pws <地址>
end
```

这样，我们就简明扼要地介绍了 GDB 用户自定义命令的基础概念。虽然这看似简单，但是在特定应用场景中，这样的自定义命令可以显著提高效率。

接下来，我们将深入探讨一个更具体的示例。这个自定义命令的功能是在指定的内存范围内搜索给定的指针值或引用，并打印出所有匹配该值的内存地址。

```
#
# 在指定的地址范围内搜索一个 long 或 pointer 类型的值
#
define find
    # 初始化游标为起始地址
    set $cursor = $arg1
    # 遍历地址范围直到终止地址
    while ((unsigned long)$cursor <= (unsigned long)$arg2)
        # 检查当前地址处的值是否与目标值相同
        if (*(void**)$cursor == $arg0)
            # 打印匹配的地址和其内容
            x/gx $cursor
        end
        # 移动游标到下一个可能的地址
        set $cursor = $cursor + sizeof(void*)
    end
end

document find
    在指定的内存范围内搜索已知的指针值
    用法: find <目标值> <起始地址> <终止地址>
    例如: find 0x5950020 0x7f40000 0x7f40080
end
```

用户自定义的 GDB 命令是实时解析和执行的，这意味着复杂的命令可能需要更长的执行时间。例如，如果在一个庞大的内存范围内进行搜索，前面介绍的 find 命令可能会运行得相对较慢。然而，这一缺点并不抵消它作为一种灵活且实用的工具所带来的便利。

总体而言，GDB 的用户自定义命令功能为开发者提供了高度定制化的解决方案，以便更有效地应对特定的调试挑战。虽然这些自定义命令可能有性能瓶颈，但是它们在特定情境下仍然极具价值，特别是当没有适合的现有工具可用或需要微调现有工具时。

9.3   本章小结

本章探讨了如何通过 Python 和 GDB 的用户自定义命令来扩展 GDB 的调试功能，并实现任务自动化。随着更频繁地进行调试，读者会逐渐体验到这些扩展是如何显著提升调试效率的，以及是如何更有效地帮助我们解决复杂和棘手的问题的。

第 10 章

内存调试工具

对于内存损坏问题，有许多工具可供选择，包括免费的开源工具和商业产品，从轻量级插件到功能丰富的重型工具。许多内存管理器已经嵌入了强大的调试功能，仅需通过调用 API、设置环境变量或注册表就可以启用这些功能。

虽然这些工具看起来可能非常不同，但它们的底层算法其实是非常相似的。内存调试工具大致可以分为 3 种类型：

（1）填充字节方法：最常用的方法是在每个内存块的开头和末尾添加额外的填充字节。正确编写的程序不应该触及这些填充字节。然而，有缺陷的代码可能会越过分配的内存块的界限，修改这些填充字节，从而改变它们的字节模式。调试工具会在特定的位置（通常是在内存分配 API 的入口，例如 malloc 和 free 函数）检查这些填充字节。如果发现填充模式被修改，就表示内存损坏，工具将报告错误的上下文，比如调用函数链等。

（2）系统保护页方法：这类工具会在可能被越界的内存块前后设置一个不可访问的系统保护页。当程序试图非法访问受保护的内存时，系统会通过硬件检测到这种操作，并在内存访问指令处停止执行程序。这种方法可以立即捕获无效的内存访问，因此可以非常有效地找到问题的根源。但是，频繁地分配和设置系统保护页会造成内存和 CPU 开销很大，需要更大的硬件配置，还有可能会改变程序的行为，使故障无法重现。

（3）动态二进制分析：基于 Valgrind 的工具就是这种类型的主要代表。Valgrind 是一个动态二进制检测框架，可以运行任何现有的程序而无须重新编译，它的 Memcheck 插件工具旨在检测各种内存错误，包括无效访问和内存泄漏。Memcheck 在内部使用影子内存来跟踪程序的内存使用情况，每次内存访问都会更新影子内存。当发生错误时，Memcheck 可以立即发现错误。这种方法的缺点是，由于细粒度和软件模式检查，性能可能会下降。谷歌的地址消毒器（Google Address Sanitizer）是最近很流行的内存错误调试工具。它与 Valgrind 相似，采用影子内存来跟踪程序的实时内存使用。不同之处在于，GAS 通过编译器在生成的二进制文件中插入诊断代码，因此它不需要二进制检测框架，也就是 Valgrind 的 CPU 模拟器。由于实现的不同，GAS 的平均性能损耗在 2 倍左右，而 Valgrind 在 10～20 倍。

对于复杂问题，如果初步调查无法得出结论，常见的方式是根据收集到的信息尝试在受控环境中重现问题。然而，如果问题的重现具有很强的时序相关性，或者每次运行时内存块的地址可能会改变，这就导致重现问题可能很困难甚至不可行。这时，我们可以通过各种工具尽早地检测到内存损坏，而不是让它继续传播。后面的章节将介绍这样的工具及其实现。

在接下来的部分中，将详细讨论内存管理器内置的调试功能和两种内存调试工具。

10.1   ptmalloc's MALLOC_CHECK_

作为内嵌内存调试的典型例子，glibc 内存管理器 ptmalloc 实现了一个基于填充的简单且非常有用的调试特性。我们可以通过将环境变量 MALLOC_CHECK_ 设置为非零数值来启用它。该值的最低两位决定了 ptmalloc 在检测到错误时应采取的操作：如果最低位设置了（例如 1），那么每次检测到错误时都会在 stderr 上打印出错误消息，如果不考虑最低位，第二低位设置了（例如 2），那么只要核心转储打开，ptmalloc 就会在检测到错误时终止进程并生成一个核心转储文件。

这个调试特性是通过 ptmalloc 支持的挂钩函数指针来实现的。只要提供相同的服务，即内存分配和回收，这些函数指针就可以被其他实现替代。在这种情况下，malloc、free、realloc 的调试版本通过设置挂钩函数（也称为钩子函数）指针替代了默认的实现，如下面的代码所示。注意，粗体显示的带有"_check"后缀的函数是启用了调试的替代函数。

```
void
__malloc_check_init()
{
    if (disallow_malloc_check) {
        disallow_malloc_check = 0;
        return;
    }
    using_malloc_checking = 1;
    __malloc_hook = malloc_check;
    __free_hook = free_check;
    __realloc_hook = realloc_check;
    __memalign_hook = memalign_check;
    if(check_action & 1)
        malloc_printerr (5, "malloc: using debugging hooks", NULL);
}
```

在 malloc_check 函数中，首先会调用内部的_int_malloc 函数来分配用户所请求的内存大小，并额外增加 1 字节。一旦内存成功分配，该函数随后会调用 mem2mem_check 函数，并将新分配的内存地址传递给这个函数。mem2mem_check 函数有一个特殊的操作：它利用 MAGICBYTE 宏，将这个地址进行哈希处理，得到一个单一字节的值，这个值被称为"魔术字节"。这个"魔术字节"将被写入那个额外分配的字节中，该字节位于用户分配的内存空间之后。

```
static Void_t*
malloc_check(size_t sz, const Void_t *caller)
{
    Void_t *victim;
```

```
        (void)mutex_lock(&main_arena.mutex);
        victim = (top_check() >= 0) ? _int_malloc(&main_arena, sz+1) : NULL;
        (void)mutex_unlock(&main_arena.mutex);
        return mem2mem_check(victim, sz);
}


#define MAGICBYTE(p) (((((size_t)p >> 3) ^ ((size_t)p >> 11)) & 0xFF)

static Void_t*
internal_function
mem2mem_check(Void_t *ptr, size_t sz)
{
    mchunkptr p;
    unsigned char* m_ptr = (unsigned char*)BOUNDED_N(ptr, sz);
    size_t i;

    if (!ptr)
        return ptr;
    p = mem2chunk(ptr);
    for(i = chunksize(p) - (chunk_is_mmapped(p) ? 2*SIZE_SZ+1 : SIZE_SZ+1);
        i > sz;
        i -= 0xFF) {
        if(i-sz < 0x100) {
            m_ptr[i] = (unsigned char)(i-sz);
            break;
        }
        m_ptr[i] = 0xFF;
    }
    m_ptr[sz] = MAGICBYTE(p);
    return (Void_t*)m_ptr;
}
```

　　注意，函数 malloc_check 只会从 main_arena 分配内存，而不会考虑其他的内存区域。如果应用程序有大量的多线程和频繁的内存分配，这可能会对性能产生影响。

　　此外，"魔术字节"并不一定是分配内存块的最后 1 字节。出于最小块大小或对齐需求，ptmalloc 可能会分配比用户实际请求更多的字节（这就是所谓的"填充"）。ptmalloc 的块标记会记录块的大小，但并不包含实际的用户请求大小。

　　为了找出在有填充字节的情况下的魔术字节位置，malloc_check 函数会把一个编码用户请求大小的字节写入内存块的最后 1 字节。1 字节最大只能表示 255，所以如果填充区大于这个值，那么函数就会从最后 1 字节开始，每 255 字节再写入 1 字节。这样，调试代码可以从内存块底部开始向后查找，以确定并验证魔术字节。

　　当 free_check 函数释放内存块时，会进行魔术字节的验证。如果验证结果符合预期，则内存没有被篡改，魔术字节会进行异或运算，以便标记内存状态，从而捕获到重复释放的情况。如果验证失败，系统会根据环境变量 MALLOC_CHECK_ 的设置来处理错误，就如前文所述。示例如下：

```
static void
free_check(Void_t* mem, const Void_t *caller)
{
    mchunkptr p;

    if(!mem) return;
    (void)mutex_lock(&main_arena.mutex);
    p = mem2chunk_check(mem);
    if(!p) {
        (void)mutex_unlock(&main_arena.mutex);

        malloc_printerr(check_action, "free(): invalid pointer", mem);
        return;
    }
    if (chunk_is_mmapped(p)) {
        (void)mutex_unlock(&main_arena.mutex);
        munmap_chunk(p);
        return;
    }
    _int_free(&main_arena, mem);
    (void)mutex_unlock(&main_arena.mutex);
}

static mchunkptr
internal_function
mem2chunk_check(Void_t* mem)
{
    mchunkptr p;
    INTERNAL_SIZE_T sz, c;
    unsigned char magic;

    if(!aligned_OK(mem)) return NULL;
    p = mem2chunk(mem);
    if (!chunk_is_mmapped(p)) {
        /* Must be a chunk in conventional heap memory. */
        int contig = contiguous(&main_arena);
        sz = chunksize(p);
        if((contig &&
            ((char*)p<mp_.sbrk_base ||
            ((char*)p+sz)>=(mp_.sbrk_base+main_arena.system_mem))) ||
            sz<MINSIZE || sz&MALLOC_ALIGN_MASK || !inuse(p) ||
            ( !prev_inuse(p) && (p->prev_size&MALLOC_ALIGN_MASK ||
            (contig && (char*)prev_chunk(p)<mp_.sbrk_base) ||
            next_chunk(prev_chunk(p))!=p) ))
```

```
            return NULL;
        magic = MAGICBYTE(p);
        for(sz += SIZE_SZ-1; (c = ((unsigned char*)p)[sz]) != magic; sz -= c) {
            if(c<=0 || sz<(c+2*SIZE_SZ)) return NULL;
        }
        ((unsigned char*)p)[sz] ^= 0xFF;
    } else {
        unsigned long offset, page_mask = malloc_getpagesize-1;

        /* mmap()ed chunks have MALLOC_ALIGNMENT or higher
           power-of-two alignment relative to the beginning of a
           page. Check this first. */
        offset = (unsigned long)mem & page_mask;
        if((offset!=MALLOC_ALIGNMENT && offset!=0 && offset!=0x10 &&
            offset!=0x20 && offset!=0x40 && offset!=0x80 &&
            offset!=0x100 && offset!=0x200 && offset!=0x400 &&
            offset!=0x800 && offset!=0x1000 && offset<0x2000) ||
           !chunk_is_mmapped(p) || (p->size & PREV_INUSE) ||
           (((((unsigned long)p-p->prev_size) & page_mask) != 0 ) ||
           ((sz=chunksize(p)), ((p->prev_size+sz)&page_mask) != 0 ))
                return NULL;
        magic = MAGICBYTE(p);
        for(sz-=1; (c = ((unsigned char*)p)[sz]) != magic; sz-=c) {
            if(c<=0 || sz<(c+2*SIZE_SZ)) return NULL;
        }
        ((unsigned char*)p)[sz] ^= 0xFF;
    }
    return p;
}
```

根据以上的算法，假设用户请求了 7 字节的内存，返回的内存块布局如图 10-1 所示。灰色区域代表分配给用户的 7 字节。在用户空间之后的紧邻字节是存储的"魔术字节"。由于 ptmalloc 的最小块大小为 32 字节，因此在本例中，用户空间和其"魔术字节"之后，还有额外的填充字节。

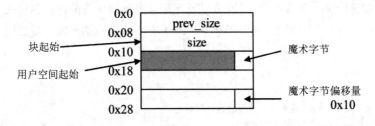

图 10-1 MALLOC_CHECK_=1 的内存块

最后 1 字节中存储了"魔术字节"的偏移量。当内存调试器在函数 mem2chunk_check 中验证"魔术字节"时，它从最后 1 字节开始。如果该字节与"魔术字节"不匹配，则调试器会将该字节中的值作为前方正确"魔术字节"的偏移量。

这个过程会持续进行,直到调试器找到正确的"魔术字节",或者在扫描完所有填充区域后仍无法找到匹配项,此时验证将失败。

考虑到调试内存损坏的复杂性和模糊性,本书通过一系列真实故事来详细阐述前文中讨论的技术和工具。这些示例中的错误可能各有不同,但我们的重点在于通过深入分析这些问题,揭示如何步步追踪到问题根源的思路和方法。

10.2　Google Address Sanitizer

Google Address Sanitizer(通常简称为 ASan)是一个快速的内存错误检测器。它是一个编译器扩展,旨在帮助开发人员发现各种类型的内存相关错误,这些错误在没有适当的检测工具的情况下可能很难找到。ASan 主要适用于 C 和 C++编程语言。

ASan 能够发现如下类型的问题:

- 内存泄漏:如果程序保留了对不再需要的内存的引用,而没有将它释放,将导致内存泄漏。这可能会逐渐消耗可用的内存,最终导致程序崩溃。
- 缓冲区溢出:如果程序试图写入超过预留空间的数据,就会发生缓冲区溢出。这可能会导致程序行为异常,甚至可能被利用来进行恶意攻击。
- 释放后使用:如果程序在释放某个内存块后仍然尝试使用它,就会出现释放后使用的情况。这可能会导致数据损坏或其他未定义的行为。
- 使用未初始化的内存:如果程序在对内存进行适当的初始化之前就开始使用它,可能会读取到预期之外的数据。
- 空指针引用:如果程序试图访问空(NULL)指针所引用的内存,就将引发错误。因为这块内存是不可访问的。
- 栈缓冲区溢出:如果函数调用的栈帧超出了预分配的栈空间,就会发生栈缓冲区溢出。这可能会导致程序崩溃,或者引发其他未定义的行为。

ASan 通过在编译时插入特殊的检查代码,以及在运行时使用特殊的内存布局来识别这些问题。这种方法的优点是,它可以准确地识别出问题发生的地方,从而帮助开发人员更快地修复错误。

假设我们有下面这段 C++代码:

```
int main() {
    int* array = new int[100];
    array[100] = 0;  // 这里是一个数组越界的问题
    delete[] array;
    return 0;
}
```

这段代码中的问题是试图访问数组的第 101 个元素,但是我们只分配了 100 个元素的空间。

这就是一个典型的缓冲区溢出问题。

如果我们试图用一个没有启用 ASan 的编译器来编译并运行这个程序，它可能会运行成功，并且不会有任何错误消息，尽管程序的行为并不正确。但如果我们启用了 ASan 并编译运行同样的代码，ASan 会立即检测到缓冲区溢出的问题，并提供详细的错误报告，包括错误发生的地方以及相关的调用栈信息。这将帮助开发人员更快地定位并解决问题。

为了使用 ASan，需要在编译时加上-fsanitize=address 标志。例如，如果使用的是 g++，可以这样编译程序：

```
g++ -fsanitize=address -g your_program.cpp -o your_program
```

这里，-fsanitize=address 开启了 Address Sanitizer，-g 让编译器生成调试信息，这样 ASan 就可以提供更详细的错误报告。此后，当我们运行程序时，如果出现了内存错误，ASan 就会立即报告这个错误。

注意，ASan 会使程序运行速度变慢，并且它会使用更多的内存。因此，虽然它在开发和测试阶段非常有用，但是通常不会在生产环境中使用。推荐阅读 Asan 的官方网站获取更多信息和知识。ASan 还支持发现程序内存泄漏，本节将在第 14 章介绍它的功能。

10.3　AccuTrak

AccuTrak 是笔者开发的一个内存调试工具，来源于工作中遇到的各种问题所产生的需求。尽管市面上已经存在许多内存调试工具，但是它们并不总能满足需求：

- 有些工具在处理棘手的内存破损问题时表现得力不从心。它们往往在问题发生后才报告错误，这使得追溯问题的根本原因变得困难。在某些情况下，由于应用程序的内存使用模式和工具的限制，这些工具甚至可能无法报告出问题。填充型的工具就是典型的例子。
- 依赖硬件帮助的工具能够快速揭示问题，但这类工具的运行速度通常较慢，且会消耗大量的内存。在运行内存密集型应用程序时，使用这类工具有很大限制。
- 全功能的重型工具通常过于臃肿。它们可能无法支持我们正在使用的平台，可能需要花费大量时间来安装并获取许可，甚至可能需要重新编译我们的程序。因此，可能无法在客户端或者其他特殊环境中使用这些工具。

在尝试了各种方法后，笔者决定自己开发一款内存调试器来解决这些问题。于是，AccuTrak 就诞生了。在开发这款工具的过程中，主要考虑了以下设计目标：

- 高效且灵活：这款工具应根据实际情况进行配置，对抗特定的内存损坏模式，并最小化对调试程序的干扰。AccuTrak 提供了很多可在运行时配置的参数。例如，工程师通常可以判断出在开发过程中哪些模块可能存在问题，因此，这款工具只需对这些模块进行检测。即便在生产环境中，对于所有加载的模块，也只有少部分可能需要检查。
- 可接受的性能和空间开销：虽然内存调试器通常运行速度较慢且占用更多内存，但是过高的性能和空间开销可能会导致其无法正常工作。

- 支持多平台：除了依赖于 ABI 的函数钩子代码之外，大部分的实现都是平台独立的，因此可以轻松地移植到新的平台上。
- 方便、轻量级并且易于集成到其他应用程序中：在支持预加载库的平台上，无须重新编译或链接即可使用。在其他平台上，需要重新链接到 AccuTrak 库。

AccuTrak 的实现包含 3 个主要逻辑组件：配置、函数钩子以及调试内存管理器。读者可以在代码库[1]中找到完整的源代码。强烈建议读者去阅读、编译和试验 AccuTrak。

AccuTrak 融合了多种调试算法，并针对各种类型的内存错误使用了合适的算法。它的运行时行为依赖于环境变量 AT_CONFIG_FILE 所指定的配置文件。配置文件会在程序启动时被读入。配置文件是一个纯文本文件，每行要么是注释，要么是参数设定，格式如下：

```
parameter_name=value
```

表 10-1 总结了 AccuTrak 支持的配置选项。

表 10-1　AccuTrak 支持的配置选项

选　项	有　效　值	说　明
modules	模块名称	要检测的模块
mode	deadpage、padding、record、private_heap	调试算法/运行模式
alignment	2 的幂（例如 1, 2, 4, 8, 16）	内存分配的对齐要求
min_block_size	正数	需要追踪的最小块大小
max_block_size	正数	需要追踪的最大块大小
check_underrun	yes 或者 no	在 deadpage 模式下捕获内存溢出或下溢
check_access_freed	yes 或者 no	捕获对已释放内存的无效访问
max_cached_blocks	正数	可缓存的已释放块的最大数量
max_defer_free_bytes	正数	延迟释放块的最大字节数
fill_free	yes 或者 no	使用特定模式填充已释放的内存块，以调试释放后的无效写入
fill_new	yes 或者 no	使用特定模式初始化新分配的内存，以调试未初始化的无效使用
check_frequency	正数	每隔多少次的 malloc 和 free 调用就检查整个堆是否有内存损坏
event_action	output, pause	发生事件时采取的动作
back_trace_depth	0~32	为每个分配的内存块获取回溯信息
output	stdout、stderr 或者文件路径	消息的输出流
message_level	fatal、error、info、none 或者 all	将哪种类型的消息发送到输出流
patch_debug	yes 或者 no	转储已修补模块和符号的详细信息

---

[1] https://github.com/yanqi27/accutrak

首先，也是最重要的一点，是选择运行模式或用于调试的策略，例如死页（Dead Page）、软件填充、私有堆或者录制。前两种模式允许 AccuTrak 通过软件填充或硬件辅助死页来调试内存损坏；而后两种模式提供了一种替代的方法来分配内存并获取关于内存使用模式的详细信息。

死页模式是一个硬件模式的实现：在每个被检测的块的前后都有一个系统页，其保护位设置为不可访问（也就是不可读、不可写、不可执行），这就是所谓的死页，也叫保护页。如果应用程序错误地读取或写入超出了其请求的内存块，那么就会触及死页，从而引发一个硬件异常。因此，错误会在发生无效访问的地方被立即捕获。在 AccuTrak 设置为死页模式时，其内存块布局如图 10-2 所示。根据用户选择是调试内存下溢出还是内存上溢出，死页（用砖状区域表示）可能位于用户空间（用灰色区域表示）的前面或后面。

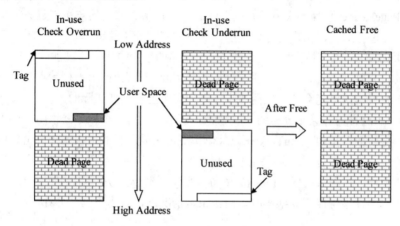

图 10-2　AccuTrak 死页模式下的内存块布局

AccuTrak 拥有一个名为 BlockWithDeadPageHeader 的小型数据结构，这是其特有的标识符，用来追踪用户块并标记 AccuTrak 分配的内存块。其他的块则没有这种标记。用户块的大小加上 AccuTrak 的标记，必须被四舍五入至系统页面的大小。这是为了确保检测块可以在系统页面的边界处结束，这样就可以把下一页面设置为死页，也就是说，这个页面是保留的，但是不可访问的。可以更改访问权限的内存区域的最小单位是一个系统页。在大多数的平台中，系统页面的大小为 4KB，但是对于大型应用程序，这个大小是可以增加的。

对于那些小于系统页面大小的用户块，大量的内存空间会被浪费在填充上。这就是为什么这种算法会有较大的空间开销的原因。为了限制这种开销，我们可以选择只对那些感兴趣的模块进行调试。值得注意的是，这个算法的效果会受到用户对齐要求和实际用户块大小的影响。在用户块的最后 1 字节和死页的开头之间，可能会有一些额外的对齐填充字节。在这种情况下，只有当溢出或欠载超过这些对齐填充时，死页才会触发硬件异常。用户可以选择 0 字节对齐方式，这实际上是完全禁用对齐计算，因此可以避免可能会漏掉的单字节违规行为。对于不需要严格数据对齐的体系结构（例如 x86 系列），这并不是问题，但对于其他的体系结构，比如 SPARC 和 PowerPC 处理器，应用程序很可能因为数据对象没有对齐而抛出异常。

当用户块被返回给分配器时，AccuTrak 会把用户页面也设置为死页，这意味着现在有两个页面是不可访问的，如图 10-2 的最后一列所示。在重新使用它们或将它们返回给内核之前，AccuTrak 会保留一定数量的已释放块的页面。这个算法对于捕获释放内存的无效访问非常有效。用户可以根据自己的测试环境配置缓存死页的数量。更大、更强大的机器可以缓存更多的页面，以便有更好的机会捕获这一类错误。当达到配置的最大缓存块数量时，AccuTrak 会以先进先出（FIFO）的方式重新使用这些块，以确保新释放的块有公平的机会被调试。

死页模式的目的是尽早发现错误，这在实践中确实非常有效。然而，它也带来了相当大的空间和性能开销，因为每个用户内存块，无论其大小如何，都至少需要两个系统页面：每个页面被设置为不可访问，如果用户请求的大小加上 AccuTrak 标记的大小（在下一节中将展示的结构 BlockWithDeadPageHeader）等于或小于系统页面的大小，那么就为用户块创建另一个页面。由于需要在系统页面上进行对齐，用户内存块越小，算法的空间开销就越大。

分配系统页面和设置它们的保护位是通过代价高昂的系统调用来实现的。如果一个应用程序是内存密集型的，并且其内存请求大小主要偏向小块，这在实际应用中（特别是 C++程序）非常常见，那么使用死页模式可能会让人望而却步，因为它可能是不切实际的。

图 10-3 展示了这种内存大小分布的一般趋势。该图表来自一个服务器程序在一小时内的内存分配统计数据，这些数据是由 AccuTrak 在记录模式下记录的，我们很快就会讨论到这点。水平轴显示的是递增的块大小，而垂直轴显示的是相应大小的分配数量。显然，大多数内存块的大小远远小于系统页面的大小，在测试机器（Linux/x86_64）上，这个大小是 4KB。如果对服务器程序进行死页检测，那么启动程序可能需要半小时，而在正常情况下，只需不到一分钟。

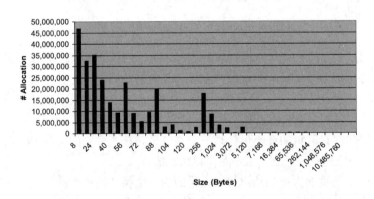

图 10-3　内存分配的大小分布

AccuTrak 试图通过仅对用户在配置文件中设置的部分模块进行调试来解决开销大的问题。来自这些模块的内存分配被设置为死页，而其他的内存块则没有这种设置。另一种降低开销的有效策略是选择一系列特定大小的内存块进行跟踪。这是因为内存损坏通常只会影响特定大小或有限大小范围的内存块。这些策略能够最大程度地减少需要跟踪的内存块数量，从而显著降低性能和空间开销，同时不会损害工具的有效性。然而，这确实需要工程师对可能存在的内存损坏模式和一般应用程序有准确的理解,这可以通过我们在上一节中的初步分析得出。下面是一份示例配置文件,它设置了选定的模块和内存块大小。该文件指示 AccuTrak 检测两个库——libA.so 和 libB.so,并且只调试大小在 32 字节到 64 字节之间的内存块。使用这些设置后,之前提到的服务器程序就不再表现出明显的减速。

```
modules=libA.so,libB.so
min_block_size=32
max_block_size=64
```

接下来将列出实现死页模式的关键函数。BlockWithDeadPageHeader 结构体是附加到每个被跟踪的内存块的标签。AccuTrak 将它嵌入用户页面的起始位置或结束位置(取决于用户是想检查内存向上溢出还是向下溢出),以便在应用程序结束时释放内存。MallocBlockWithDeadPage 函数替换了选定模块中的 malloc 函数。

```
struct BlockWithDeadPageHeader
{
union {
    // 用户块地址
        void* mUserAddr;
        // 当它为空闲状态时,将被用于页外页眉
        BlockWithDeadPageHeader* mNextHeader;
    } p;
    void* mRawBlockAddr;
    size_t mUserSize;
    // 用于标识分配的块的签名
    char   mSignature[8];
};

void*  MallocBlockWithDeadPage(size_t iSize)
{
    // 如果 size==0,将返回一个死页而不是无返回值
    if (iSize < gPatchMgr->GetMinBlockSize()
       || iSize > gPatchMgr->GetMaxBlockSize())
    {
        void* lpUserAddr = ::malloc(iSize);
        if (lpUserAddr)
        {
            gPatchMgr->ProcessEvent(PatchManager::AT_EVENT_MALLOC,
                            (unsigned long)lpUserAddr,
                            (unsigned long)lpUserAddr,
                            iSize);
        }
        return lpUserAddr;
    }
```

```
unsigned int lAlignment = gPatchMgr->GetAlignment();
size_t lPageSize = gPatchMgr->GetPageSize();
bool   lbCheckUnderrun = gPatchMgr->CheckUnderrun();

size_t Remainder;
// 调整请求的大小以便对齐
if(!lbCheckUnderrun && lAlignment>1)
{
    Remainder = iSize % lAlignment;
    if(Remainder > 0)
    {
        iSize += lAlignment - Remainder;
    }
}
size_t lRealSize = iSize + lPageSize;
Remainder = lRealSize % lPageSize;
if(Remainder > 0)
{
    lRealSize += lPageSize - Remainder;
}

void* lpRawBlock = GetPages(lRealSize, lbCheckUnderrun);

if(!lpRawBlock)
{
    return NULL;
}

char* lpUserAddr;
BlockWithDeadPageHeader* lpHeader = NULL;
bool lbUseEmbeddedHeader = false;
// 死页可以放在用户空间的前面或后面
if(!lbCheckUnderrun)
{
    // 获取正确的用户地址
    lpUserAddr = (char*)lpRawBlock + lRealSize - lPageSize
                 - iSize;
    // 设置页眉
    lpHeader = (BlockWithDeadPageHeader*)lpRawBlock;
    lbUseEmbeddedHeader = true;
}
// 否则检查欠载
else
{
    ...
}
```

```
lpHeader->mRawBlockAddr = lpRawBlock;
lpHeader->p.mUserAddr = lpUserAddr;
lpHeader->mUserSize = iSize;
SET_SIGNATURE(lpHeader);

gPatchMgr->ProcessEvent(PatchManager::AT_EVENT_MALLOC,
                        (unsigned long)lpUserAddr,
                        (unsigned long)lpRawBlock,
                        lRealSize);
return lpUserAddr;
}
```

这个功能设计得非常清晰并且注释充分，但还有几个细节值得我们深入探讨：

- 如果请求的块大小为 0，AccuTrak 会返回一个有效的内存地址，指向一个死页。任何对该地址的读写操作，即使只有 1 字节，都会触发硬件异常。
- 用户内存块位于无法访问的系统页面附近。然而，由于返回地址的对齐要求，可能会在用户空间的最后 1 字节和死页的开始之间留下几个填充字节，这可能会影响死页的有效性。可以通过配置文件将对齐设置为不同的值。默认情况下，对齐值等于指针的大小，在 64 位模式下为 8 字节。
- GetPages 函数直接处理底层的内存分配和释放，它通过内核来执行。函数会使用缓存的页面或者直接向内核请求新的页面。它还会调用系统 API 来设置特定的系统页面为不可访问状态。其缓存功能可以弥补很多性能损耗。

由于只有选定模块的内存分配由 AccuTrak 进行监控，其他内存块由默认的内存管理器处理，因此我们必须让这两者无缝共存，这是一个挑战。特别是在释放内存块的时候，需要区分 AccuTrak 分配的内存块和默认内存管理器分配的内存块，根据最初分配内存的实体，选择适当的处理算法。如果传入的内存块是由 AccuTrak 分配的，那么就可以通过检查关联的 BlockWithDeadPageHeader 标签来确认，此时下面的 VerifyBlockWithDeadPage 函数会返回真值。

```
static bool VerifyBlockWithDeadPage(void*  ipUserSpace,
                                    void*& orRawBlock,
                                    void*& orDeadPageAddr,
                                    size_t& orSize,
                                    size_t& orRawSize)
{
    bool rc = false;

    // 获取设置
    size_t lPageSize = gPatchMgr->GetPageSize();
    bool   lbCheckUnderrun = gPatchMgr->CheckUnderrun();
    size_t lPageMask = ~(lPageSize - 1);
```

```
        BlockWithDeadPageHeader* lpHeader;
        char* lpRawBlockCandidate;

        if(lbCheckUnderrun)
        {
            ...
        }
        else
        {
            // 块被保护以防止越界
            // 首先找到最接近页面边界的页眉
            lpHeader = (BlockWithDeadPageHeader*)((size_t)ipUserSpace & lPageMask);
            lpRawBlockCandidate = (char*)lpHeader;
            if(IS_MY_BLOCK(lpHeader,ipUserSpace,lpRawBlockCandidate))
            {
                orRawBlock = lpRawBlockCandidate;
                orSize = lpHeader->mUserSize;
                orRawSize = (lPageSize+orSize+lPageSize-1) & lPageMask;
                orDeadPageAddr = (char*orRawBlock+orRawSize-lPageSize;
                rc = true;
                GROUND_HEADER(lpHeader);
            }
        }
        return rc;
    }


    void FreeBlockWithDeadPage(void* ipUserSpace)
    {
        // 保护
        if(!ipUserSpace)
        {
            return;
        }

        size_t lPageSize = gPatchMgr->GetPageSize();
        void* lpDeadPageAddr = NULL;
        void* lpRawBlock = ipUserSpace;
        size_t lSize = 0;
        size_t lRawSize = 0;

        // 验证该块是否真的属于我
        if(VerifyBlockWithDeadPage(ipUserSpace, lpRawBlock, lpDeadPageAddr, lSize,
lRawSize))
        {
            // 释放该块，它可能被缓存以供以后使用
            BlockWithDeadPageHeader* lpHeader;
```

```
        if(lpDeadPageAddr == lpRawBlock)
        {
            lpHeader = (BlockWithDeadPageHeader*) ((char*)lpRawBlock + lPageSize);
        }
        else
        {
            lpHeader = (BlockWithDeadPageHeader*) lpRawBlock;
        }
        ReleasePages(lpRawBlock, lRawSize, lpHeader, lpDeadPageAddr);
    }
    else
    {
        // 该块由默认的分配器分配
#ifdef WIN32
        if (_CrtIsValidHeapPointer(lpRawBlock))
#endif
            ::free(lpRawBlock);
    }
}
```

相信读者已经理解了 AccuTrak 是如何实现死页功能的。接下来，通过一个例子来看一下 AccuTrak 是如何捕捉运行中的错误的。下面的代码段访问超出其边界的内存块，如果没有调试工具，那么这个错误可能完全无法察觉。这个错误并没有覆写堆元数据，只是读取了不相关的数据。

```
const int sz = 3;
char* lStr = (char*)malloc(sz);
printf("Allocated %d bytes at [0x%lx]\n", sz, lStr);
int rc = 0;
for(int i=-2; i<sz+7; i++)
{
    printf("Access %dth byte at 0x%lx\n", i, &lStr[i]);
    rc += lStr[i];
}
```

虽然这个错误的表现可能相对温和，但它仍然是一个错误。如果我们在 AccuTrak 下运行这段代码并启用了死页模式，将看到以下的输出。

```
Allocated 3 bytes at [0x2a957d0ff8]
Access -2th byte at 0x2a957d0ff6
Access -1th byte at 0x2a957d0ff7
Access 0th byte at 0x2a957d0ff8
Access 1th byte at 0x2a957d0ff9
Access 2th byte at 0x2a957d0ffa
Access 3th byte at 0x2a957d0ffb
Access 4th byte at 0x2a957d0ffc
Access 5th byte at 0x2a957d0ffd
Access 6th byte at 0x2a957d0ffe
```

```
Access 7th byte at 0x2a957d0fff
Access 8th byte at 0x2a957d1000
Segmentation fault (core dumped)
```

在这个示例中，我们看到在 0x2a957d0ff8 处根据用户请求分配了一个 3 字节的内存块。用户代码错误地在 0x2a957d0ff6 和 0x2a957d0ff7（这是内存下溢的位置）读取了第 1 字节后的内容，但这并未触发任何异常。这是因为 AccuTrak 默认设置为检查内存溢出，即使程序在请求的 3 字节后从 0x2a957d0ffb 到 0x2a957d0fff 进行读取（这是真正的内存溢出），但由于 8 字节的对齐填充，因此也不会触发死页。然而，一旦代码读取到第 9 字节，也就是无法访问的死页的第 1 字节，程序就会接收到 SIGSEGV 信号并按设计终止。如果将对齐配置为 1 字节，用户内存块将从 0x2a957d0ffd 开始，读取第 4 字节就会在 0x2a957d1000 处遇到死页并在那里崩溃。

接下来的示例将演示对已释放内存的非法访问情况。在测试程序中，分配了一个有 288 个字符的数组。程序删除了这个数组并在完成后释放了底层内存。然而，它在释放内存后读取了第一个字符，这是非法的，结果是未定义的。AccuTrak 可以轻易地检测到这种错误：

```
char* p = new char[288];
printf("\tAllocate one small block at 0x%lx \n", p);
...
delete[] p;
rc = p[0];

$ TestAccessFree
Allocate one small block at 0x2a95816ee0
Segmentation fault (core dumped)
```

注意，内存块的地址距离下一个 4KB 系统页面边界正好是 288 字节。当我们将核心转储文件加载到调试器中时，可以看到程序在尝试读取 p[0]时发生了崩溃：

```
$gdb TestAccessFree core.32587
...
Program terminated with signal 11, Segmentation fault.
#0  0x0000000000400963 in main (argc=1, argv=0x7fbfffff518) at TestAccessFree.cpp:46
46          rc = p[0];

(gdb) x /i $rip
0x400963 <main+299>:  movsbl (%rax),%eax
(gdb) print /x $rax
$1 = 0x2a95816ee0
```

除了死页模式之外，AccuTrak 还可以配置为在填充模式、记录模式和私有堆模式下运行。填充模式类似于之前描述的 ptmalloc 的 MALLOC_CHECK_ 调试功能，但是它有不同的填充模式和长度。例如，下面的代码请求一个 3 字节的内存块，这与之前的示例相同，它循环读取分配的内存前后的数据，然后覆盖了用户空间最后 1 字节后的 1 字节。

```
const int sz = 3;
char* lStr = (char*)malloc(sz);
printf("Allocated %d bytes at [0x%lx]\n", sz, lStr);
int rc = 0;
for(int i=-2; i<sz+7; i++)
{
    printf("Read %dth byte at 0x%lx\n", i, &lStr[i]);
    rc += lStr[i];
}
printf("Write one byte at 0x%lx\n", &lStr[3]);
lStr[3] = 0;
free(lStr);
```

AccuTrak 分配的内存块如图 10-4 所示。它以一个 32 字节的标签结构开始，这个结构中包含了用户请求的大小、链接指针和尾部签名；接下来的 3 字节被分配给了用户；在用户空间后面，是一个 8 字节的固定模式填充，这个模式在释放内存块时会被检查；由于对齐要求，填充后可能会有一些额外的字节。

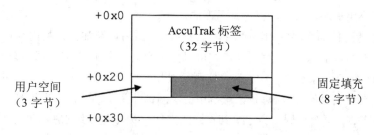

图 10-4　AccTrak 在填充模式下的内存块布局

下面的清单是程序的输出和 AccuTrak 终止进程时的回溯。

```
Allocated 3 bytes at [0x501680]
Read -2th byte at 0x50167e
Read -1th byte at 0x50167f
Read 0th byte at 0x501680
Read 1th byte at 0x501681
Read 2th byte at 0x501682
Read 3th byte at 0x501683
Read 4th byte at 0x501684
Read 5th byte at 0x501685
Read 6th byte at 0x501686
Read 7th byte at 0x501687
Read 8th byte at 0x501688
Read 9th byte at 0x501689
Write one byte at 0x501683
Abort (core dumped)
```

```
$gdb TestOverrun core.17491
...
Program terminated with signal 6, Aborted.
#0  0x0000003f53a2e25d in raise () from /lib64/tls/libc.so.6
(gdb) bt
#0  0x0000003f53a2e25d in raise () from /lib64/tls/libc.so.6
#1  0x0000003f53a2fa5e in abort () from /lib64/tls/libc.so.6
#2  0x0000002a9558de6e in PatchManager::ProcessMemError
#3  0x0000002a95594ef7 in CheckBlockWithPaddingHeader
#4  0x0000002a95594f6b in FreeBlockWithPadding
#5  0x00000000004008b6 in main
```

在使用 AccuTrak 的填充模式下，如果发生了非法读取，将不会产生副作用；当出现字节覆写时，该模式只会改变填充区域的固定值；仅当内存块被释放时，AccuTrak 才会检测到错误并向用户报告。这个例子揭示了相较于 AccuTrak 的硬件填充模式（如死页模式），软件填充模式的主要短板：越界读取基本上无法被发现，而且即使最后发现了覆写，也可能为时已晚，且原因可能已经模糊。但从另一方面来讲，因为对齐要求，即便没有限制，软件填充模式也可以轻易捕获到 1 字节的溢出；即使对于小用户块，空间开销也是适度的。

读者有没有思考过你的程序的内存使用有什么特点，或者应该如何调整内存管理器以提升性能或减少内存消耗？AccuTrak 的内存记录模式可以提供帮助。它在程序运行过程中将所有内存交互、分配和释放的行为都记录在文件中。这个实现经过精心设计，旨在减少运行时的开销：所有记录的数据都以二进制格式存储，因此每条记录占用的空间都非常小；同时，数据也被缓存在内存中，以减少 I/O 操作的次数。每个线程都会记录到不同的文件，以避免同步问题，并且能充分利用多处理器机器。当程序完成测试后，会分析记录的文件并生成报告，以统计内存块的大小分布、各个模块的使用情况、各个线程的使用情况等。图 10-3 就是根据记录数据绘制的服务器程序的内存分布统计。下面的列表是另一个输出示例，它展示了在测试期间进行的内存操作概述。

```
AccuTrak Version 1.0 malloc replay
The test machine is 64bit little endian
The following 148 modules are tracked for malloc/free operations:
[0]: /home/myan/views/orion2/BIN/Linux/bin/MSTRSvr
[1]: libM8Base4.so
[2]: libM8DatTy4.so
...
[147]: libMJCubSvr.so
Processing TID_1075841376.log ...
Processing TID_1077942624.log ...
...
Processing TID_182907940000.log ...

Total Malloc: 940093    Total Free: 946605    Total Realloc: 50
Memory Allocation Size Histogram (bytes):
[0-8] [9-16] [17-24] [25-32] [33-40] ...
```

```
111013 87847  47751  93533   50499   ...

Per-module statistics follows:
Module_Name        Total_Malloc   Total_Free    Total_Realloc
MSTRSvr            15             15            0
libM8Base4.so      263935         359350        0
libM8DatTy4.so     213765         158642        0
...
```

　　记录模式的另一个实用特性是,用户可以在测试完成后重播记录的文件。这里有一个叫作 MallocReplay 的独立程序,它可以基于实验记录的数据重播内存分配的过程。这个工具模拟了应用程序发出的内存请求流。该工具的优势在于其模拟过程并不依赖于正式运行环境,例如数据库连接、网络等。该工具专为内存性能调优、内存使用情况调研等场景设计。读者可以使用它来尝试各种不同的内存管理设置,甚至可以切换到不同的内存分配器。可以在代码库[1]中找到这个实用程序。

　　该工具的实现相当简洁,它读取上次运行生成的日志文件,并通过创建相同数量的线程来重现测试。每个线程执行的内存分配、访问和释放的记录都保存在日志文件中。这些内存操作也通过记录中的时间戳进行同步。由于 MallocReplay 仅仅是像原始测试那样分配或释放内存块,而并未涉及更高级的逻辑,因此其运行速度很快,且无须依赖于常规测试所需的大量环境和输入——这些通常都比较烦琐且代价高昂。因此,随时运行 MallocReplay 都相当方便。我们可以在回放运行时方便地监控回放过程,并尝试对特定的内存管理器应用调整各种参数。

　　AccuTrak 支持的最后一种模式是私有堆模式。如果此模式被启用,AccuTrak 就会使用独立的堆来满足特定模块的内存请求。这可能会缩小问题范围,使得问题更容易被隔离。它还有助于减少内存碎片,因为同一模块请求的内存块往往具有相似的生命周期。另一个可能的好处是性能的提升,因为来自同一个堆的内存块在地址空间中可能会紧密聚集,从而提供更好的局部性。但是,这个功能需要底层的内存管理器支持多堆 API。

10.4　有效地调试内存损坏

　　通过检查程序失败时的状态进行初步调查,我们可以对问题有一定的了解,但通常这还不足以确定问题的根源。本章开头的简单示例展示了一个典型的内存损坏场景,但在实际中我们可能会遇到更复杂的情况。对于无法得出结论的复杂问题,我们可以通过改变可能受到影响的变量的相对位置来获取更多信息,例如通过人为增加疑似数据对象的块大小,或者策略性地改变内存块的位置,从而影响内存管理器的分配算法,使得可疑的数据对象可以与其他对象分离。

　　由于内存损坏(如越界和未初始化的使用)通常与靠近问题代码的数据对象紧密相关,将受影响的数据对象移远或添加缓冲区可能会改变甚至切断错误的传播方式。这样做的目的是改变错误的传播链,以便在程序崩溃时能得到更多线索的上下文。如果错误以不同的方式表现出来,那么它

---

[1] https://github.com/yanqi27/accutrak

可能会为进一步的调试提供新的证据和线索。有时，错误可能会被掩盖，不再显示故障，因为分配算法已经发生了改变。但这并不意味着错误已经被修复，一旦运行环境稍微变动，它可能会再次出现。我们可能需要回到起点，从另一个角度开始调查。

虽然有许多内存调试工具可供选择，但是成功使用它们的关键在于我们对当前问题有很深的理解以及确定哪个工具最适合解决哪种问题。每个工具在不同情境下都有其优势和劣势，例如在能力、侵入性、便利性、效果、成本等方面。表 10-2 比较了之前讨论过的 4 种内存调试工具，它应该能帮助读者大致了解如何为自己的问题选择最适合的工具。

表 10-2　不同内存调试工具的对比

调试特性	ptmalloc (MALLOC_CHECK_)	Asan	AccuTrak	Valgrind/Memcheck
实现原理	软件填充	软件影子内存	硬件和软件填充	软件影子内存
检测上溢出	Yes	Yes	Yes	Yes
检测下溢出	No	Yes	Yes	Yes
检测重复释放	Yes	Yes	Yes	Yes
检测释放后使用	No	Yes	Yes	Yes
检测使用未初始化内存	No	No	No	Yes
粒度	字节	字节	字节	位
变慢程度	小	中	小	大
空间开销（每个用户块）	1~16 字节	1 字节	8 字节 or 1 系统页面	与块大小相同
配置	No	No	Yes	No
代码开源	Yes	Yes	Yes	Yes
重新编译	No	Yes	No	No

ptmalloc 的 MALLOC_CHECK_ 在使用方面是相当便捷的，原因在于它被内嵌于 C 的运行时内存管理器中。如果可以重复进行测试并在可控的环境下复现问题，那么应当首选此方法。然而很多情况下，比如前面的内存破损示例，它无法发现错误的根源，从而导致程序在被波及的受害者的位置崩溃。这不仅解决不了问题，还常常把不知情者引入错误的方向。

```
$export MALLOC_CHECK_=1

$a.out
Memory fault (core dumped)

$gdb a.out core.8847
Program received signal SIGSEGV, Segmentation fault.
0x0000003f53a697e1 in _int_malloc () from /lib64/tls/libc.so.6
```

```
(gdb) bt
#0  0x0000003f53a697e1 in _int_malloc () from /lib64/tls/libc.so.6
#1  0x0000003f53a6b682 in malloc () from /lib64/tls/libc.so.6
#2  0x00000000004006ea in Victim () at access_free.cpp:17
#3  0x0000000000400738 in main (argc=1, argv=0x7fbffff4b8) at access_free.cpp:34
```

虽然有这样的缺点，但这个工具在许多场景下仍然是极其有用的。即使未能解决问题，但它往往也会在一定程度上改变症状，这是因为每个内存块都添加了额外的字节，这可能为我们进一步的调查提供了额外的线索。

ASan 是一个非常强大的工具，用于检测内存错误。与其他一些内存检测工具如 Valgrind 相比，ASan 快了很多。它的运行速度通常为没有使用任何内存检测工具的原始程序的运行速度的 1/2。Asan 可以检测到大多数问题的根源，并且提供详细的错误报告，包括错误的类型、错误发生的位置以及完整的调用栈信息。ASan 可以检测许多类型的内存错误，包括缓冲区溢出、使用后释放以及内存泄漏。它的另外一个优点是无须修改源代码：ASan 作为编译器的一部分，可以在不需要修改源代码的情况下检测内存错误。ASan 还可以与其他 Sanitizers 一起使用：可以同时使用 ASan 和 Google 的其他 Sanitizers，如 ThreadSanitizer（用于检测数据竞争）和 UndefinedBehaviorSanitizer（用于检测未定义的行为）。

为了检测内存错误，ASan 需要使用额外的内存。在许多情况下，ASan 可能会使程序的内存使用增加一倍或更多。虽然 ASan 比许多其他内存检测工具快，但它仍然会使程序的运行速度减慢。由于上述原因（特别是内存使用增加和运行速度减慢），ASan 通常不适合在生产环境中使用。它主要用于开发和测试阶段，帮助开发人员找到和修复内存错误。在发布一个新版本之前，我们都会运行完整的 Asan 测试以增加信心。

AccuTrak 在处理内存损坏问题时，可以非常精准地捕捉到特定的错误。其设计目的是在可控的性能影响范围内即时抓住问题的根源，达到与硬件调试同等的效率。下面的输出来自在 AccuTrak 的死页模式下运行的同样的示例程序。命令行设置了两个环境变量，用于预加载 AccuTrak 的共享库并设置其配置文件的路径。当 bug 试图在第 12 行向已释放的内存写入整数时，无法访问的系统页面会引发硬件异常并终止程序。在 GDB 加载生成的核心转储文件后，它会显示堆元数据破损的准确位置。

```
$csh -c "setenv LD_PRELOAD libaccutrak.so; setenv AT_CONFIG_FILE ./accutrak.ini; a.out"
All specified modules are patched
Segmentation fault (core dumped)

$gdb a.out core.9803
Program terminated with signal 11, Segmentation fault.
#0  0x00000000004006cf in AccessFree () at access_free.cpp:12
12  lArray[1] = 1;
(gdb) bt
#0  0x00000000004006cf in AccessFree () at access_free.cpp:12
#1  0x0000000000400733 in main (argc=1, argv=0x7fbffff408) at access_free.cpp:29
```

虽然 AccuTrak 在死页模式下可以提供强大的调试功能，但是其开销也大大高于 MALLOC_CHECK_。因此，在使用前需对此进行深思熟虑。根据被调试程序的内存使用情况，该工具需要的系统页面数（在 UNIX/Linux 上为匿名内存映射）可能超出系统默认允许的数量。例如，Linux kernel 2.6 默认允许单个进程最多创建 65,536 个 mmap 区域。对于大规模的应用程序来说，这个数量可能是不够的。用户可以提高这个限制，使其超过 mmap 区域的峰值使用量。通常情况下，测试机器需要比调试程序更多的物理内存，以避免过度的页面换出。与其他工具如 Electric Fence（这是 Linux RedHat 发行版中的一部分，位于/usr/bin/ef）不同，AccuTrak 允许用户设置许多参数，以使用更少的系统页面来提高运行速度，从而最大限度地减少对被调试程序的影响。这增加了问题重现的可能性，同时也保持了硬件调试的有效性。

选择或使用内存调试工具时，还有一些其他的注意事项。以下是用户在初步调查任何内存损坏问题时应该回答的一些关键问题：

- 受影响的内存块大小：内存损坏通常发生在特定大小的内存块或有限的大小范围内。如果初步调查表明损坏链与特定大小的内存块相关，则可以配置 AccuTrak 仅调试在该范围内的内存块，而不是跟踪所有的内存块。
- 涉及的模块：我们可能对 libc.so 库中的内存使用不感兴趣，相反，开发的库或程序崩溃的地方可能更为关键。通过选择要追踪的模块，可以大大减少工具的开销。
- 可疑内存的寿命：为了调试释放内存的无效访问错误，AccuTrak 会缓存用户页面并将其保护位设置为不可访问，就像"死页"一样。理想情况下，该工具应该将所有释放的内存块保留在缓存中，直到程序退出，但是这样可能很快就会耗尽内存。因此，AccuTrak 对缓存页面的数量有限制。用户可以配置此参数。在极端情况下，该数值可以设置为 0，这实际上就是放弃了对释放内存的无效访问的检查。
- 相关内存地址的模式：如果地址是可预测的，我们可以要求 AccuTrak 在每次分配器分配或释放可疑地址的内存块时进行暂停或追踪。

初始调查在许多情况下都能为下一步的调试工作提供指引。在此基础上能否选择正确的工具并明智地使用它，其结果可能会有巨大的差异：要么通宵达旦地工作，这对我们许多人来说并不陌生，要么与心爱的人享受欢乐时光。这么说或许有些夸张，但相信读者已经明白所要表达的意思了。

10.5　实战故事 6：内存管理器的崩溃问题

当一个程序在内存管理器中崩溃，即在内存分配或释放的函数中遇到问题时，这通常意味着应用程序的某个错误导致了内存的损坏。但在内存管理器无法分配或释放内存块的情况下，追溯到源代码的错误非常困难，因为出错的代码可能已经从执行线程中退出了。

这类问题的一个典型例子也是实际发生最多的情况是内存溢出错误，这种错误可能会破坏内存管理器的堆数据结构，并最终在试图释放涉事内存块时导致程序崩溃。下面是一个内存管理器崩溃的例子，它与 ptmalloc 相似但不完全相同，笔者将展示如何收集各种线索，并逐步缩小问题的范围。

10.5.1　症状

用户提交任务时，采用客户端-服务器模式运行的程序发生崩溃。核心转储文件显示内存管理器内部存在段错误，相关的调用栈信息如下：

```
#0  0x0000002a9555fecd in _shi_freeVar () from libsheap_smp64.so
#1  0x0000002a9555fe20 in MemFreePtr () from libsheap_smp64.so
#2  0x0000002a955679be in free () from libsheap_smp64.so
#3  0x0000002a95e92e3e in operator delete () from libstdc++.so.6
#4  0x0000002a95698249 in Base::BufferImplementation::Delete
#5  0x0000002aa50b6e3d in AITabularData::~AITabularData$base ()
#6  0x0000002aa4e0c0ff in ~CComObject (this=0x2ac8d70178)
#7  0x0000002aa4e0bfea in ATL::CComObject<AITabularData>::Release ()
#8  0x0000002aa50b12e1 in ~CComXTabBuffer (this=0x22f7170)
#9  0x0000002aa50b136c in CComXTabBuffer::Release (this=0x22f7170)
#10 0x0000002aa50d648c in AICube::~AICube$base ()
#11 0x0000002aa4e0fe73 in ~CComObject (this=0x2ac8e10078)
#12 0x0000002aa4e0fd9c in ATL::CComObject<AICube>::Release ()
#13 0x0000002aa4e0c225 in ~AIViewDataSet (this=0x2ac0a36978)
#14 0x0000002aa4e0bd07 in ATL::CComObject<AIViewDataSet>::Release ()
#15 0x0000002aa4e083ab in AIDataSet::Clear (this=0xca88738)
#16 0x0000002aa4e0782b in AIDataSet::~AIDataSet$base ()
#17 0x0000002aa4e033d6 in ~CComObject (this=0xca88738)
#18 0x0000002aa4e0331a in ATL::CComObject<AIDataSet>::Release ()
#19 0x0000002a9b267e98 in AIResultSet::~AIResultSet ()
#20 0x0000002a9b1c1925 in AIReportInstance::~AIReportInstance$base ()
#21 0x0000002a9b20564c in
    ATL::CComObject<AIReportInstance>::~CComObject$delete ()
#22 0x0000002a9b2066d9 in ATL::CComObject<AIReportInstance>::Release ()
#23 0x0000002a9b2f6949 in AIReportCacheManager::hDeleteCache
    (this=0x1ce1470, ipCachedReport=0x979e88, CachedReportLock=80)
...
#35 0x0000003137206137 in start_thread () from libpthread.so.0
```

10.5.2　分析和调试

调用栈比较复杂，有长达 35 个栈帧。从最内层的函数开始，栈帧 0～2 是内存管理器的释放函数；栈帧 3 是来自 C++运行时库的一个函数；栈帧 4 及以上属于用户代码，看起来像是复杂的 C++对象被破坏了。从这些迹象来看，内存管理器似乎是在释放内存块的过程中触发了段错误信号。

首要的任务是找出导致程序崩溃的直接原因。通过查看顶层栈帧的函数_shi_freeVar 的源代码知道，内存管理器在用户空间的内存块前放置了一个 8 字节的数据结构（struct_Block）。这是我们熟知的用于存储内存块大小的块标签。由于块的大小始终是 8 字节的倍数以满足最小对齐要求，因此标签的最低两位始终为 0。这两位被用于两个标志：最低位（INUSE_MASK）用来指示块是否在使用中；次低位（PREVINUSE_MASK）用来指定前一个内存块是否在使用中。

_shi_freeVar 函数首先读取即将释放的内存块的块标签（第 3 行），然后检查标签的次低位（第 9 行）以确定前一个块是否在使用中。如果它是空闲的，就将它与即将释放的块合并。为了实现这一点，前一个块的大小是从紧挨在标签（宏 PREV_SIZE）之前的长整数中检索的。接着，该函数通过从当前块的地址中减去前一个块的大小来计算前一个块的地址（第 13 行）。最后，它会更新前一个块的标签以包含刚被释放的内存块。函数继续以类似的方式对下一个块进行测试和合并。

尽管代码经过了优化，导致 GDB 无法准确识别导致程序崩溃的源代码行，并且也不能打印出所有的局部变量，但这并不阻碍我们的分析。我们可以通过深入研究汇编代码来拼凑出相关信息（关于如何分析汇编程序的更多详细信息，请参考第 5 章）。首先，检查程序执行的最后一条指令。

```
(gdb) x/i $rip
0x2a9555fecd <_shi_freeVar+77>: mov    (%rdi),%rax


(gdb) info reg
rax          0x2ac8e510       717808912
rbx          0x2ac8f25d59     183759953241
rcx          0x22e01c0        36569536
rdx          0x380000002ac8e513     4035225266841773331
rsi          0x4bc5b4e4       1271248100
rdi          0x2af3bb4269     184477762153
rbp          0x2ac8f20020     0x2ac8f20020
rsp          0x4bc5b4b0       0x4bc5b4b0
r8           0x17     23
r9           0x18     24
r10          0x4      4
r11          0x14e    334
r12          0x0      0
r13          0x4bc5b4e4       1271248100
r14          0x164886f8       373851896
r15          0x16488818       373852184
rip          0x2a9555fecd     0x2a9555fecd <_shi_freeVar+77>
eflags       0x10202  66050
```

程序执行的最后一条指令位于函数_shi_freeVar 中偏移量为+77 的位置，这条指令试图读取存储在寄存器%rdi 中的内存。但是，这个寄存器包含的值为 0x2af3bb4269，它既不是有效的地址，也没有正确地进行对齐。这就是出现分段错误的直接原因。但是，这个错误的地址是如何出现在这里的呢？下面的代码列表展示了从函数_shi_freeVar 开始到程序崩溃处的指令。

```
0x2a9555fe80 <_shi_freeVar>:     push    %r13
0x2a9555fe82 <_shi_freeVar+2>:   mov     %rsi,%r13
0x2a9555fe85 <_shi_freeVar+5>:   push    %r12
0x2a9555fe87 <_shi_freeVar+7>:   mov     $0x1,%r12d
```

```
0x2a9555fe8d <_shi_freeVar+13>: push   %rbp
0x2a9555fe8e <_shi_freeVar+14>: push   %rbx
0x2a9555fe8f <_shi_freeVar+15>: lea    0xfffffffffffffff8(%rdi),%rbx
0x2a9555fe93 <_shi_freeVar+19>: mov    %rbx,%rax
0x2a9555fe96 <_shi_freeVar+22>: sub    $0x8,%rsp
0x2a9555fe9a <_shi_freeVar+26>: and    $0xffffffffffff0000,%rax
0x2a9555fea0 <_shi_freeVar+32>: lea    0x20(%rax),%rbp
0x2a9555fea4 <_shi_freeVar+36>: mov    0xfffffffffffffff8(%rdi),%rax
0x2a9555fea8 <_shi_freeVar+40>: test   $0x2,%eax
0x2a9555fead <_shi_freeVar+45>: jne    0x2a9555ff80 <_shi_freeVar+256>
0x2a9555feb3 <_shi_freeVar+51>: sub    0xfffffffffffffff0(%rdi),%rbx
0x2a9555feb7 <_shi_freeVar+55>: and    $0xfffffffffffffffc,%eax
0x2a9555feba <_shi_freeVar+58>: xor    %r12d,%r12d
0x2a9555febd <_shi_freeVar+61>: add    %rax,(%rbx)
0x2a9555fec0 <_shi_freeVar+64>: mov    (%rbx),%rdx
0x2a9555fec3 <_shi_freeVar+67>: mov    %rdx,%rax
0x2a9555fec6 <_shi_freeVar+70>: and    $0xfffffffffffffffc,%eax
0x2a9555fec9 <_shi_freeVar+73>: lea    (%rax,%rbx,1),%rdi
0x2a9555fecd <_shi_freeVar+77>: mov    (%rdi),%rax
```

通过回溯最后一条指令，我们可以看到寄存器%rdi 的值是从寄存器%rax 和%rbx 中获取的。因为这个函数处理内存块，且程序运行在 64 位模式下，所以内存管理器返回的所有地址都应该至少在 8 字节边界上进行对齐。这里，寄存器%rbx 是有问题的，因为它的值是一个奇数。

因此，我们需要进一步跟踪这个寄存器的值在粗体显示的指令中是如何计算出来的。在函数的偏移量+15 的位置，它获取了初始值%rdi- 8，然后将其值减去了内存中的一个地址(%rdi - 0x10)。换言之，寄存器%rbx 是从寄存器%rdi 指向的内存中获取它的值的。根据 x86_64 的函数调用规约，寄存器%rdi 保存的是函数的第一个参数，也就是函数 _shi_freeVar 要释放的内存块的地址。对照源代码，我们可以合理推测寄存器%rbx 保存的是前一个内存块的地址。

为了理解为什么前一个内存块无效，我们需要检查当前内存块标签的内容。不幸的是，要释放的内存块的地址，即函数入口处寄存器%rdi 的原始值，在函数的偏移量+73 处的指令中被覆写了。但是，我们可以检查这个函数的调用者 MemFreeptr，看看它是如何将第一个参数传递给函数 _shi_freeVar 的。

```
(gdb) frame 1
#1  0x0000002a9555fe20 in MemFreePtr () from libsheap_smp64.so
(gdb) info reg
rax       0x2ac8e510       717808912
rbx       0x2ac8f25d98     183759953304
rcx       0x22e01c0        36569536
rdx       0x380000002ac8e513       4035225266841773331
rsi       0x4bc5b4e4       1271248100
rdi       0x2af3bb4269     184477762153
rbp       0x22e0020        0x22e0020
```

```
rsp          0x4bc5b4e0        0x4bc5b4e0
r8           0x17     23
r9           0x18     24
r10          0x4      4
r11          0x14e    334
r12          0x4d     77
r13          0x21     33
r14          0x164886f8        373851896
r15          0x16488818        373852184
rip          0x2a9555fe20      0x2a9555fe20 <MemFreePtr+144>
eflags       0x10202  66050
```

寄存器%rdi 显示的值与第 0 帧的值 0x2af3bb4269 相同。然而，如果在调用函数 _shi_freeVar 时，这是实际的值，那么程序在首次对内存地址（即在偏移量+36 的地方）进行解引用时就应该崩溃了。实际上，程序能够延续运行到后面，是因为根据 x86_64 的 ABI，寄存器%rdi 在函数调用中并不会被保留。当通过切换到上一层的栈帧来改变函数的范围时，调试器无法恢复它的先前值。因此，我们需要查看汇编代码，找出在 MemFreePtr+144 函数调用之前，它是如何被设定的。

```
(gdb) x/8i $rip-34
0x2a9555fdfe <MemFreePtr+110>:    lea    0x4(%rsp),%rsi
0x2a9555fe03 <MemFreePtr+115>:    mov    %rbx,%rdi
0x2a9555fe06 <MemFreePtr+118>:    and    $0xffffffffffff0000,%rax
0x2a9555fe0c <MemFreePtr+124>:    movzwl 0x38(%rax),%edx
0x2a9555fe10 <MemFreePtr+128>:    mov    1109385(%rip),%rax  # 0x2a9566eba0
0x2a9555fe17 <MemFreePtr+135>:    and    $0x7,%edx
0x2a9555fe1a <MemFreePtr+138>:    movzwl %dx,%edx
0x2a9555fe1d <MemFreePtr+141>:    callq  *(%rax,%rdx,8)
```

函数 MemFreePtr 在调用函数 _shi_freeVar 之前的指令显示,寄存器%rdi 是由另一个寄存器%rbx 设置的,而%rbx 在 ABI 的函数调用规约中是被保留的。其值为 0x2ac8f25d98,这是函数 _shi_freeVar 的第一个参数，也就是待释放内存块的地址。这个地址的内存内容及其标签如下：

```
(gdb) x/2gx 0x2ac8f25d88
0x2ac8f25d88:   0x0000000000000037        0x0000000000001000
```

这个标签位于用户地址为 0x2ac8f25d98 的块之前的位置 0x2ac8f25d90，也就是 8 字节或者说 sizeof(struct_Block)。它的大小字段为 0x1000，意味着这个块和它前面的块都处于空闲状态。这应该引发一个警告，因为这个块并没有被释放，所以它的大小字段的最低位应该被设置。由于前一个块被标记为空闲，因此前一个块的大小被读取出来，位于 0x2ac8f25d88 的位置，数值为 0x37。这显然是错误的，因为块的大小应该始终是 8 字节的倍数，以确保在 64 位系统上进行正确的对齐。这解释了寄存器%rbx 为何得到一个奇数地址（即 0x2ac8f25d90-0x37），该地址应该是前一个空闲块的地址（参见源代码的第 13 行）。

这个明显错误的地址 0x2ac8f25d59，就是前一个块的地址，恰好是可以访问的。然后，这个地址被用于计算下一个块的地址（源代码的第 19 行），这导致了无法访问的地址 0x2af3bb4269（存放在寄存器%rdi 中）。这个无效的地址最终导致函数_shi_freeVar 在源代码的第 20 行或者说是在汇编代码的偏移量+77 的位置上发生了崩溃。

　　到现在为止，我们确定了待释放的内存块带有一个可疑的标签。除了通过代码分析之外，对问题内存区域的堆遍历也能提供启示。将在第 11 章中讨论的 Core Analyzer 的命令生成了以下的输出信息。

```
(gdb) heap
Fixed page
   Traverse all blocks in page:
   0x2ac8f20080 [free] size=3304
   0x2ac8f20d70 [in-use] size=4096
   0x2ac8f21d78 [in-use] size=4096
   0x2ac8f22d80 [in-use] size=4096
   0x2ac8f23d88 [in-use] size=4096
   0x2ac8f24d90 [in-use] size=4096
   0x2ac8f25d98 [free] size=4088
   0x2ac8f26d98 [free] size=27928
[Error]: Found 5 in-use blocks while page header says there should be 6
```

　　这表明页眉和块标签之间存在不一致。待释放的内存块前的内存块大小为 4096 字节，起始地址为 0x2ac8f24d90。这与我们之前在标签中看到的数值存在冲突。所有这些都暗示待释放的内存块的标签可能已经损坏，尤其是它的标志位引发了严重的怀疑。

　　我们重点排查前一个内存块，其范围从 0x2ac8f24d90 到 0x2ac8f25d90，看看是否存在内存溢出。我们检查了整个块的内容，看到了各种数字和字符串。这些字符串代表了程序的某些特定模块。然而，对相关代码进行检查后，发现有太多地方使用了类似的字符串，因此很难确定具体是哪里出了问题。幸运的是，我们可以通过复制客户的输入数据并遵循他们的操作步骤来在内部复现这个错误。我们选择了 AccuTrak 以在测试运行中监测服务器程序，并设置了以下的选项：

```
mode=deadpage
min_block_size=4096
max_block_size=4096
```

　　这将使 AccuTrak 能够使用保护的系统页面来捕获大小为 4096 字节的内存块的内存溢出。程序按预期产生了崩溃。新生成的核心转储文件展示了一个调用栈，这个栈准确地指出了问题所在的代码部分。崩溃发生在故障线程试图从流对象中读取字符串的时候，这个字符串被放置在一个堆内存块中，但它超出了分配的空间。当它试图把数据写入 4096 字节块之后的系统页时，由于这个页是无法访问的，因此最终导致程序崩溃。核心转储文件可以迅速地识别出问题的罪魁祸首。

```
#0  MCOMSerialization::AIReadBlockStreamImpl::ReadByteArray () at
AIReadBlockStreamImpl.cpp:219
    #1  AIXTabBDCol::hReadData () at AIXTabBDCol.cpp:1078
    #2  AIXTabBDCol::Load7u () at AIXTabBDCol.cpp:616
```

```
#3   AIMetricSlice::Load7u () at AIMetricSlice.cpp:456
#4   AIXTabMetrics::Load7u () at stl_vector.h:289
#5   AITabularData::Load7u () at stl_vector.h:289
#6   AIDataSet::Load7u () at AIDataSet.cpp:695
#7   AIReportInstance::LoadFroSReam () at Msi_atlbase.h:544
#8   AICachedReport::hLoadRIFromStm () at Msi_atlbase.h:544
#9   AIReportCacheManager::hDeleteCache () at Msi_atlbase.h:371
#10  AIReportCacheManager::hCleanUpCache () at AIRCMHelper.cpp:1
#11  AIReportCacheManager::hLKUPTableCachesOperation () at SmartPtrI.h:200
#12  AIReportCacheManager::CleanUpInvalidCaches() at AIRCMAdmin.cpp:12
#13  AIReportCacheManager::GetAllCacheInfos () at AIRCMAdmin.cpp:86
#14  GetReportCacheInfos::Execute () at Msi_atlbase.h:376
#15  LAIAIICommand::Process () at LAIAIICommand
#16  LAICommandQTask::Run () at LAICommandQTask.cpp:284
#17  LAIThreadPoolTask::Run () at LAIThreadPool.cpp:1315
#18  LAIThread::Run () at LAIThread.cpp:413
#19  Synch::RunnableProxyImpl::Run () at RunnableProxyImpl.h:93
#20  Synch::ThreadImpl::ThreadFunction () at SmartPtrI.h:188
#21  start_thread () from /lib64/libpthread.so.0
#22  clone () from /lib64/libc.so.6
```

对相关源文件的深入审查显示，代码分配了一个大小为 4096 字节的缓冲区，然后将各种数据对象（如字符串和浮点数）存入缓冲区。在极端的情况下，会有一个空字符串被存入缓冲区，但代码错误地请求了 0 字节的空间，而没有考虑到空字符串的结束符，从而导致了 1 字节的溢出。如果空字符串被存放在缓冲区的中间位置，那么这种损坏情况是良性的。但是，当缓冲区达到其 4096 字节分配空间的末尾时，1 字节的溢出就会破坏下一个内存块的标签，这正是我们在原始核心转储文件中看到的情况。此种使用场景的出现概率很低，它只会在缓冲区耗尽并且源流中的下一个数据为一个空字符串时出现。这合理解释了为什么我们在内部测试中没有检测到该错误。

此错误的另一个有趣现象是其字节顺序的依赖性。在小端序机器如 x86_64 上，空字符串的结束符 "\0" 与下一个块标签的最低字节重叠，从而清除了它的两个标志位。这是内存损坏的第一个表现，它让内存管理器误以为当前块及其前一个块是空闲的，并最终在试图将它们合并为一个连续的块时导致程序崩溃。对于大端序机器，空结束符溢出到标签的最高字节，而这通常原本就是 0，因此内存损坏被吸收，从而没有明显的影响。实际上，我们只在基于 x86_64 的 Linux 和 Windows 上看到了这个问题，但从未在 PowerPC、SPARC 和 Itanium 平台上看到过。

内存管理器的崩溃和许多其他程序故障一样，可能初看起来似乎毫无头绪，因为它们与真正的错误源无关，然而，进程映像通常提供了各种关于发生了什么和可能涉及哪些对象的提示。如果能理解这些内在的含义，那将有助于我们进行深入探索，并最终解决这个问题。

10.6　本章小结

本章详尽地介绍了 ptmalloc 的 MALLOC_CHECK_和两款内存调试工具——Google Address Sanitizer 和 AccuTrak，包括它们的实现原理和正确的使用方法。值得注意的是，AccuTrak 所展示的各类配置选项并非其独有的，其他工具也或多或少具备这些功能。尽管它们在表面上可能有所不同，但其底层原理是相通的，也就是说，用户应该知道这些工具是如何进行内存检测的，以及它们是如何改变程序的正常行为的。通过理解这些工具的优劣，我们将能够在进行理论分析时，根据初步调查所收集的信息，更加明智地选择工具和配置这些工具的选项。即使有的工具无法直接找出正在寻找的错误，我们也能够通过测试结果，合情合理地推断出哪些可能性已被排除，从而进一步缩小调查范围。

第 11 章

Core Analyzer

Core Analyzer[1]是一款专门用于调试内存问题的强大工具，它可以解析进程的核心转储文件或实时的地址空间内存映像。当笔者首次开发此工具时，主要是为了解决 GDB 用户自定义命令的缓慢响应问题。但随着更多问题的涌现以及笔者在使用中不断得到的反馈，其功能也随之扩展。利用 Core Analyzer，我们可以对目标堆数据进行扫描，检查是否存在内存损坏；也可以搜索整个地址空间，查找数据对象的引用；还可以对内存模式进行分析。这款工具的运行既深入又高效，为调试者提供了深刻的洞察力。在实际处理一些复杂的调试问题时，它显示出了巨大价值。

Core Analyzer 旨在助力用户深入分析各种格式的核心转储文件，从而优化调试过程。该工具很容易整合到自动处理流程中，从而减少人工干预，特别适合预处理客户问题。当程序崩溃时，系统会生成一个核心转储文件。尽管在开发和测试阶段，我们可以直接进行调试，但在客户端的实际运营环境中，这几乎是不可能的。原因有很多：客户可能缺乏相关技术背景；出于安全考虑，不愿意或不能进行调试；他们所在的生产环境并不配备调试工具。因此，通常的做法是将客户的核心转储文件传送回公司，由开发团队进行详细分析。

然而，这个流程可能非常耗时。考虑到大部分核心转储文件的分析任务都是重复且固定的，如加载文件到调试器、打印调用栈、检查线程上下文等，自动化这些任务不失为一个好方法。许多时候，我们实际上只需快速查看一些关键信息（如线程的调用栈），就可以确定问题的根源，而无须后端开发团队的深入参与。这样，处理客户问题的周期就大大缩短了。

Core Analyzer 的主要功能有：

- 堆内存：
  - ➢ 扫描堆数据并报告内存损坏和内存使用统计数据。
  - ➢ 显示给定地址周围的内存块布局。
  - ➢ 显示包含给定地址的内存块状态。
  - ➢ 显示最大尺寸的前几个堆内存块（潜在的内存大户）。
- 对象引用：
  - ➢ 查找给定内存地址关联的对象的大小、类型和符号。
  - ➢ 搜索并报告对给定对象的所有引用，无论间接级别如何。
- 其他：

---

[1] 源代码在 https://github.com/yanqi27/Core Analyzer。

➢　查找给定 C++类的所有对象实例。

➢　显示由选定或所有线程共享的对象。

➢　显示带有数据对象上下文的反汇编指令。

➢　内存区域范围内的数据模式。

➢　包括所有段及其属性的详细进程映射。

该工具支持包括 Windows/RedHat/SUSE/MacOSX 在内的 x86_64 架构。它与 GDB 和 Windbg 调试器集成，并支持 GDB 的 Python 扩展。

11.1　使用示例

Core Analyzer 的功能设计目的是在调试内存相关问题时为开发人员提供更多信息。以下是一个基本使用示例。尽管这个例子很简单，但它展示了从内存管理器的视角看内存如何出现损坏。

首先，看一下源代码：

```
01 #include <stdlib.h>
02 #include <stdio.h>
03 int main()
04 {
05    char* p1 = (char*)malloc(128);
06    char* p2 = (char*)malloc(32);
07
08    // 做一些工作
09
10    free(p1);
11
12    // 由 p1 指向的内存块已归还给 ptmalloc
13
14    char* p3 = (char*)malloc(40);
15
16    // 做更多工作
17    // 由 p1 指向的内存块以更小的尺寸再次分配给用户
18
19    return 0;
20 }
```

第 05 行为变量 p1 分配了一个内存块，并在第 10 行释放。任何第 10 行后通过 p1 进行的内存访问都是无效的，并会产生未定义的后果。实际开发中的错误可能比这复杂得多，它们可能隐藏在复杂的数据结构中，或者在多线程环境下只在某个线程中偶尔出现。

通过 Core Analyzer 调试器命令，可以获得对底层内存块的深入了解，这有助于解释某些运行时行为。例如，在第 05 行，可以查看由 p1 指向的内存块的信息，证明该块是有效的，用户空间从 0x501010 开始，长度为 136 字节。虽然源代码只请求了 128 字节，但多出的 8 字节是由于 ptmalloc

为了确保 16 字节对齐而额外添加的。

```
(gdb) heap /b p1
Walking arena [0x501000 - 0x522000]
[Block] In-use
        (chunk=0x501000, size=144)
        [Start Addr] 0x501010
        [Block Size] 136
```

当第 10 行执行后，该内存块被释放。此时通过查看 p1 的状态可以确认这一点。任何试图通过 p1 访问此内存块的操作，特别是写操作，都很有可能会损坏 ptmalloc 为空闲块添加的元数据，或者从该块读取到无关的数据。

```
(gdb) heap /b p1
Walking arena [0x501000 - 0x522000]
[Block] Free
        (chunk=0x501000, size=144)
        [Start Addr] 0x501010
        [Block Size] 136
```

随着程序的进一步执行，在第 14 行后，我们观察到 p1 指向的内存块状态发生了变化。ptmalloc 重新使用这块空闲内存来满足第 14 行的请求。但这次，内存块的大小为 40 字节，而不是原来的 136 字节。如果用户继续通过 p1 访问这块内存，极有可能会导致内存溢出，覆写其他无关的数据，这种问题是非常难以调试的。

```
(gdb) heap /block p1
Walking arena [0x501000 - 0x522000]
[Block] In-use
        (chunk=0x501000, size=48)
        [Start Addr] 0x501010
        [Block Size] 40
```

这些命令结合了之前详细介绍的 ptmalloc 的关键数据结构。下面，进一步强调这一实现的几个关键点：

- 适用范围：无论是 32 位还是 64 位应用程序，这些命令都适用。它们不依赖于硬编码的偏移，而是利用 sizeof 操作符来计算数据结构的内存布局。
- 动态 arena 选择：命令初始化时会选择主 arena 或一个动态 arena。如果所选 arena 不包含指定的地址，命令会继续选择下一个 arena 进行搜索，这一过程将持续进行直到找到相关的内存块或检查完所有的 arena。
- 地址的灵活性：命令会遍历整个 arena，因此不论地址是否位于内存块中间，或是其他无效的指针值，都可以正常工作。这种策略能够展现内存管理器的视角，帮助我们找出潜在的问题。
- 堆的遍历方式：基于块标签或 malloc_chunk 的数据结构遍历堆。所有的块，从第一个到最后一个（即顶层块），都是连接在一起的。通过当前块的偏移或 malloc_chunk 的 size 字段来查找下一个块，而非它的实际地址。需要注意的是，如果某个 malloc_chunk 损坏了（这在内存损坏的情况下是常见的），遍历过程可能会出错。

- 小内存块的处理：小于 ptmalloc 的调整参数 max_fast（64 位系统默认为 80 字节，32 位系统默认为 72 字节）的内存块在释放后会被放入一个叫作"快速盒子"的特殊结构中。尽管如此，与这些释放块相关的 malloc_chunk 并未真正转为空闲状态。这种设计是为了加快小内存块的重用速度，这在 C++程序中十分常见。

- 大内存块的特性：大于 ptmalloc 的调整参数 mmap_threshold（默认为 128KB）的内存块是直接通过系统 API mmap 从内核中分配的。这些块通常在地址空间上与其他的 arena 相隔离。对于这类内存块，很难直接确定一个给定的地址是否处于块的中部。理论上，我们可以通过扫描整个堆地址空间的方式来判断，但这并不是一个高效的做法。

11.2 主要功能

为了提高 Core Analyzer 的效率，笔者还集成了一些特定于应用程序的智能功能。接下来，将详细介绍每一个功能及其可能的应用场景。

11.2.1 搜索引用的对象（水平搜索）

搜索引用的对象（水平搜索）对指定的数据对象执行全面搜索。这个搜索会扫描整个核心转储文件，覆写所有线程上下文、栈帧、全局数据段以及堆内存。需要注意的是，有效的引用可能直接指向数据对象的起始地址，也可能只是指向该对象的某个部分。这在我们想要确定哪些线程可能已访问了该对象，或者哪些其他对象持有对该对象的引用时尤为有用。例如，当我们需要确定哪些元素可能损坏了某个对象时，这个功能就显得尤其重要。

在下面的示例中，一个从 0xb523c0 开始、大小为 280 字节的对象有 5 个引用，其中 4 个引用源于堆对象（都是活动的），而另一个来自加载模块中.data 部分的一个全局变量。这个全局变量有相关联的调试符号，我们可以使用 GDB 的 info symbol 命令来查询这些符号。深入检查与该变量相关的代码，将有助于我们更清晰地理解这个数据对象的性质以及如何与之交互。

```
(gdb) ref 0xb523c0 280
Searching all references to object starting at 0xb523c0 size 280
        [heap] block 0xb523c0 (size=280, inuse) +32: 0xb523e0
        [heap] block 0xb523c0 (size=280, inuse) +40: 0xb523e0
        [heap] block 0xc748b0 (size=48, inuse) +40: 0xb523c0
        [heap] block 0xc8ba20 (size=32, inuse) +24: 0xb523c0
        module /home/lib/libMJCntMgr.so [data] 0x2a96e49e00: 0xb523c0

(gdb) info symbol 0x2a96e49e00
MContractMgr::ContractManagerImplLinux::mpContractManager in section .bss
```

```
(gdb) print MContractMgr::ContractManagerImplLinux::mpContractManager
$10 = {
  mpData = 0xb523c0
}
```

搜索引用的对象功能的主要目的是在核心转储文件中搜索任何落在目标对象的开始和结束之间的值（即从输入地址到输入地址加上输入对象大小）。如果对象大小为 1 字节，该功能本质上等同于搜索字节模式，一些调试器，例如 Windbg 的"s"（搜索内存）命令支持这个功能。但是，调试器命令不是很方便，因为它通常要求用户提供一个连续的内存范围进行搜索。在许多情况下，我们要么不知道要搜索哪个内存段，要么不想仅限于一个区域。由于核心转储文件有清晰的格式布局，因此工具可以轻松地进行彻底搜索，而无须我们干预。

下面的代码列表是一个示例用法，一个无效的指针（0xc408338a0874a73）导致程序崩溃。该指针看起来不像是一个随机值，因此第一步是了解这个值是什么以及如何使用它。找出该值的一种方法是看看这个值是否在其他地方出现。搜索结果显示许多对象都包含这个值，证明它是从数据库中检索的 ID 号。后来发现是由于由此 ID 号组成的数据结构过大导致了内存超限。

```
(gdb) ref 0xc408338a0874a73 1
Searching all references to object starting at 0xc408338a0874a73 size 1
      [heap] block 0x161f0acd0 (size=48, inuse) +24: 0xc408338a0874a73
      [heap] block 0x16c3d6020 (size=48, inuse) +0: 0xc408338a0874a73
...
```

11.2.2　查询地址及其底层对象（垂直搜索）

上述搜索功能的一个变种是找到给定对象的数据类型，主要针对的是对于没有调试符号的堆对象。其思路是找到至少一个带有调试符号的变量（全局变量、局部变量和传递的参数）直接或间接地引用目标对象。我们可以通过所有权链来推断目标的数据类型。如果直接引用都来自堆对象，那么它们的引用（相对于目标对象的第二级引用）会递归地被搜索。这个过程会重复，直到找到一个带有调试符号的变量，从已知对象建立到目标的引用链。因此，与水平搜索相比，这个被称为垂直搜索。

以下示例显示了对地址 0x95ed10 的搜索结果：

```
(gdb) ref 0x95ed10
Address 0x95ed10 belongs to in-use heap block 0x95ed10 (size 80) at offset +0x0
thread 1 (rsp+0x998) 0x401fb7a0: 0xb54530
module [libMJCmdSvc.so] .data/.bss section 0x2a9a7ce390: 0xb54530
module [libMJSvr.so] .data/.bss section 0x2a9d37ebe0: 0xb54530
      heap block 0xb54530 (size 792) +16: 0x95ed28

(gdb) info symbol 0x2a9a7ce390
LAICommandUtility::mClusterManager in section .bss
```

```
(gdb) print LAICommandUtility::mClusterManager
$16 = (LAIClusterManager *) 0xb54530

(gdb) print *LAICommandUtility::mClusterManager
$17 = (LAIClusterManager) {
  ...
  mServer = {
     static npos = 18446744073709551615,
     _M_dataplus = {
       <Base::Allocator<wchar_t>> = {
         mMemPtr = 0x0
       },
       members of
std::basic_string<wchar_t,std::char_traits<wchar_t>,Base::Allocator<wchar_t> >::_Alloc_
hider:
         _M_p = 0x95ed28
     }
  },
   ...
  }
```

初步分析表明，该地址上有一个大小为 80 字节的堆对象。与此同时，线程 1 的栈上的局部变量、模块 libMJCmdSvc.so 中的全局变量以及模块 libMJSvr.so 中的另一个全局变量都引用了一个开始于 0xb54530、大小为 792 字节的堆对象。令人感兴趣的是，这个大对象在 16 字节的偏移处引用了目标对象（涉及 24 字节的内容）。

深入分析后，我们注意到了地址 0x2a9a7ce390，它是 LAICommandUtility::mClusterManager 这个全局变量的地址，指向一个 LAIClusterManager 对象。在这个对象中有一个名为 mServer 的数据成员，其类型是 STL 中的 std::basic_string<wchar_t>。这个字符串结构的_M_p 成员恰好持有目标地址。

因此，可以得出结论：地址 0x95ed10 上的对象实际上是一个字符串，可以通过上述提到的几个变量来访问。

11.2.3　内存模式分析

pattern 命令在分析特定范围内的内存模式时非常实用，特别是在没有调试符号的情况下，它有助于识别内存中的结构或变量。以下面的 GDB 输出为例，我们可以看到函数的栈帧起始于 0x401fb0a0 并结束于 0x401fb770。由于这是一个发布版构建，调试器并不显示局部变量，但 Core Analyzer 识别出在栈帧上只有一个堆对象与此尺寸匹配。因此，我们有充分理由认为这是一个 this 指针，即使没有其他的上下文或代码信息。

```
(gdb) print sizeof(*this)
$29 = 240
```

```
(gdb) print /x $rsp
$30 = 0x401fb0a0

(gdb) print /x $rbp
$31 = 0x401fb770

(gdb) pattern 0x401fb0a0 0x401fb770
     0x401fb0a8: 0x97e400(free 0x97e400 16 bytes)
     0x401fb0d8: 0x97e400(free 0x97e400 16 bytes)
     0x401fb700: 0xcf0db8(inuse 0xcf0da0 112 bytes)
     0x401fb710: 0xc41140(inuse 0xc41110 1864 bytes)
     0x401fb730: 0xc41890(inuse 0xc41860 1528 bytes)
     0x401fb750: 0xcd68d8(inuse 0xcd68c0 64 bytes)
     0x401fb758: 0x9b0f80(inuse 0x9b0f80 240 bytes)
```

11.2.4　查询堆内存块

另一个有用的功能是检查堆数据结构，了解内存块状态、潜在的内存损坏和内存使用统计。例如，对于给定的地址 0xc41140，下面的输出显示它指向一个正在使用的内存块的中间。对 C++ 程序来说，这意味着输入地址指向大小为 1864 字节对象的一个子集或一个切片。

```
(gdb) heap /b 0xc41140
     [Medium Block] In-use
     [Start Addr] 0xc41110
     [Block Size] 1864
     [Offset] +0x30
```

11.2.5　堆遍历（检查整个堆以发现损坏并获取内存使用统计）

这是个频繁使用的命令，它会检查进程的所有堆数据以确定它们的一致性。如果怀疑有内存损坏，该命令可以帮助我们找到被损坏的内存块及其堆数据，为进一步调试提供怀疑和跟踪对象。该命令提供了多个选项和子命令：

- /verbose 选项：可以在遍历每个堆时显示更多细节，包括已使用和未使用的内存的直方图。
- /leak 选项：会报告可能泄露的内存块列表。这个算法的基础理念是，如果堆内存没有被任何本地或全局变量直接或间接地引用，那么任何代码都无法访问到这块内存，因此它被视为泄露的。如果调试器无法识别模块的某个部分，该工具可能会产生误报。
- /block 选项：用于查询输入地址所包含的内存块。它显示了内存块的地址范围、大小以及它是空闲还是正在使用中。
- /cluster 选项：可以显示给定地址周围的内存块集群，换句话说，它显示了感兴趣位置周围的内存布局。
- /usage 选项：用于计算由某个变量引起的堆内存消耗。它报告了该变量直接和间接可达的总堆内存量（以字节为单位）。这块内存可能是由该变量分配并拥有的，或与其他变量共享。

- /topblock 选项：列出大小最大的堆内存块。
- /topuser 选项：列出在聚合大小方面消耗最多堆内存的本地或全局变量，或者通过变量可以到达的总堆内存。这等同于使用 "heap /usage" 命令查询每个本地和全局变量，并找到顶部列表。

直接运行 heap 命令，会给出堆总结的信息，例如：

```
(gdb) heap
        Tuning params & stats:
            mmap_threshold=131072
            pagesize=4096
            n_mmaps=17
            n_mmaps_max=65536
            total mmap regions created=17
            mmapped_mem=2932736
            sbrk_base=0x55555555e000
        Main arena (0x7ffff7d9bb80) owns regions:
            [0x55555555e010 - 0x55555557f000] Total 131KB in-use 82(74KB) free 1(57KB)
        Dynamic arena (0x7fffe8000020) owns regions:
            [0x7fffe80008d0 - 0x7fffe821f000] Total 2MB in-use 2071(1MB) free
1316(1MB)
        Dynamic arena (0x7ffff0000020) owns regions:
            [0x7ffff00008d0 - 0x7ffff0213000] Total 2MB in-use 2032(1MB) free
1564(1MB)
        mmap-ed large memory blocks:
            [0x7ffff678d010 - 0x7ffff67b5000] Total 159KB in-use 1(159KB) free 0(0)
            [0x7ffff67b5010 - 0x7ffff67d9000] Total 143KB in-use 1(143KB) free 0(0)
            [0x7ffff67d9010 - 0x7ffff6805000] Total 175KB in-use 1(175KB) free 0(0)
            [0x7ffff6805010 - 0x7ffff682a000] Total 147KB in-use 1(147KB) free 0(0)
            [0x7ffff682a010 - 0x7ffff6858000] Total 183KB in-use 1(183KB) free 0(0)
            [0x7ffff6858010 - 0x7ffff687d000] Total 147KB in-use 1(147KB) free 0(0)
            [0x7ffff687d010 - 0x7ffff68ad000] Total 191KB in-use 1(191KB) free 0(0)
            [0x7ffff68ad010 - 0x7ffff68d7000] Total 167KB in-use 1(167KB) free 0(0)
            [0x7ffff68d7010 - 0x7ffff6901000] Total 167KB in-use 1(167KB) free 0(0)
            [0x7ffff6901010 - 0x7ffff6924000] Total 139KB in-use 1(139KB) free 0(0)
            [0x7ffff6924010 - 0x7ffff6949000] Total 147KB in-use 1(147KB) free 0(0)
            [0x7ffff6949010 - 0x7ffff6976000] Total 179KB in-use 1(179KB) free 0(0)
            [0x7ffff6976010 - 0x7ffff699c000] Total 151KB in-use 1(151KB) free 0(0)
            [0x7ffff699c010 - 0x7ffff69cb000] Total 187KB in-use 1(187KB) free 0(0)
            [0x7ffff69cb010 - 0x7ffff69f9000] Total 183KB in-use 1(183KB) free 0(0)
            [0x7ffff69f9010 - 0x7ffff6a28000] Total 187KB in-use 1(187KB) free 0(0)
            [0x7ffff7a2a010 - 0x7ffff7a5b000] Total 195KB in-use 1(195KB) free 0(0)

        There are 3 arenas and 17 mmap-ed memory blocks Total 7MB
        Total 4202 blocks in-use of 4MB
        Total 2881 blocks free of 2MB
```

如果堆损坏了，会输出如下内容：

```
(gdb) heap
        Tuning params & stats:
                mmap_threshold=131072
                pagesize=4096
                n_mmaps=17
                n_mmaps_max=65536
                total mmap regions created=17
                mmapped_mem=2818048
                sbrk_base=0x55555555e000
        Main arena (0x7ffff7d9bb80) owns regions:
                [0x55555555e010 - 0x55555557f000] Total 131KB in-use 82(74KB) free 1(57KB)
        Dynamic arena (0x7fffe8000020) owns regions:
                [0x7fffe80008d0 - 0x7fffe821c000] Total 2MB in-use 2013(1MB) free
1416(1MB)
        Dynamic arena (0x7ffff0000020) owns regions:
                [0x7ffff00008d0 - 0x7ffff0214000] Total 2MB
        Failed to walk arena. The chunk at 0x7ffff0000de0 may be corrupted. Its
size tag is 0x0

        mmap-ed large memory blocks:
                [0x7ffff67a9010 - 0x7ffff67cd000] Total 143KB in-use 1(143KB) free 0(0)
                [0x7ffff67cd010 - 0x7ffff67fa000] Total 179KB in-use 1(179KB) free 0(0)
                [0x7ffff67fa010 - 0x7ffff6827000] Total 179KB in-use 1(179KB) free 0(0)
                [0x7ffff6827010 - 0x7ffff6850000] Total 163KB in-use 1(163KB) free 0(0)
                [0x7ffff6850010 - 0x7ffff687c000] Total 175KB in-use 1(175KB) free 0(0)
                [0x7ffff687c010 - 0x7ffff689d000] Total 131KB in-use 1(131KB) free 0(0)
                [0x7ffff689d010 - 0x7ffff68cb000] Total 183KB in-use 1(183KB) free 0(0)
                [0x7ffff68cb010 - 0x7ffff68f3000] Total 159KB in-use 1(159KB) free 0(0)
                [0x7ffff68f3010 - 0x7ffff691b000] Total 159KB in-use 1(159KB) free 0(0)
                [0x7ffff691b010 - 0x7ffff6947000] Total 175KB in-use 1(175KB) free 0(0)
                [0x7ffff6947010 - 0x7ffff696a000] Total 139KB in-use 1(139KB) free 0(0)
                [0x7ffff696a010 - 0x7ffff6998000] Total 183KB in-use 1(183KB) free 0(0)
                [0x7ffff6998010 - 0x7ffff69bd000] Total 147KB in-use 1(147KB) free 0(0)
                [0x7ffff69bd010 - 0x7ffff69de000] Total 131KB in-use 1(131KB) free 0(0)
                [0x7ffff69de010 - 0x7ffff6a07000] Total 163KB in-use 1(163KB) free 0(0)
                [0x7ffff6a07010 - 0x7ffff6a28000] Total 131KB in-use 1(131KB) free 0(0)
                [0x7ffff7a2a010 - 0x7ffff7a5b000] Total 195KB in-use 1(195KB) free 0(0)

1 Errors encountered while walking the heap!
[Error] Failed to walk heap
```

如果使用/v 模式，那么会进行详细输出，例如：

```
(gdb) heap /v
        Tuning params & stats:
```

```
               mmap_threshold=131072
               pagesize=4096
               n_mmaps=17
               n_mmaps_max=65536
               total mmap regions created=17
               mmapped_mem=2863104
               sbrk_base=0x55555555e000
       Main arena (0x7ffff7d9bb80) owns regions:
               [0x55555555e010 - 0x55555557f000] Total 131KB in-use 82(74KB) free 1(57KB)
       Dynamic arena (0x7fffe8000020) owns regions:
               [0x7fffe80008d0 - 0x7fffe820b000] Total 2MB in-use 2004(997KB) free
1381(1MB)
       Dynamic arena (0x7ffff0000020) owns regions:
               [0x7ffff00008d0 - 0x7ffff0211000] Total 2MB in-use 2048(1MB) free
1561(1024KB)
       mmap-ed large memory blocks:
               [0x7ffff679e010 - 0x7ffff67bf000] Total 131KB in-use 1(131KB) free 0(0)
               [0x7ffff67bf010 - 0x7ffff67eb000] Total 175KB in-use 1(175KB) free 0(0)
               [0x7ffff67eb010 - 0x7ffff6813000] Total 159KB in-use 1(159KB) free 0(0)
               [0x7ffff6813010 - 0x7ffff6835000] Total 135KB in-use 1(135KB) free 0(0)
               [0x7ffff6835010 - 0x7ffff685c000] Total 155KB in-use 1(155KB) free 0(0)
               [0x7ffff685c010 - 0x7ffff6889000] Total 179KB in-use 1(179KB) free 0(0)
               [0x7ffff6889010 - 0x7ffff68b6000] Total 179KB in-use 1(179KB) free 0(0)
               [0x7ffff68b6010 - 0x7ffff68e6000] Total 191KB in-use 1(191KB) free 0(0)
               [0x7ffff68e6010 - 0x7ffff690f000] Total 163KB in-use 1(163KB) free 0(0)
               [0x7ffff690f010 - 0x7ffff6936000] Total 155KB in-use 1(155KB) free 0(0)
               [0x7ffff6936010 - 0x7ffff6966000] Total 191KB in-use 1(191KB) free 0(0)
               [0x7ffff6966010 - 0x7ffff6990000] Total 167KB in-use 1(167KB) free 0(0)
               [0x7ffff6990010 - 0x7ffff69b1000] Total 131KB in-use 1(131KB) free 0(0)
               [0x7ffff69b1010 - 0x7ffff69d9000] Total 159KB in-use 1(159KB) free 0(0)
               [0x7ffff69d9010 - 0x7ffff6a00000] Total 155KB in-use 1(155KB) free 0(0)
               [0x7ffff6a00010 - 0x7ffff6a28000] Total 159KB in-use 1(159KB) free 0(0)
               [0x7ffff7a2a010 - 0x7ffff7a5b000] Total 195KB in-use 1(195KB) free 0(0)


       There are 3 arenas and 17 mmap-ed memory blocks Total 6MB
       Total 4151 blocks in-use of 4MB
       Total 2943 blocks free of 2MB


       ========== In-use Memory Histogram ==========
       Size-Range      Count        Total-Bytes
       16 - 32         178(4%)      4KB(0%)
       32 - 64         108(2%)      5KB(0%)
       64 - 128        287(6%)      26KB(0%)
       128 - 256       466(11%)     85KB(1%)
       256 - 512       1074(25%)    405KB(8%)
       512 - 1024      1960(47%)    1MB(29%)
```

```
1024 - 2KB       60(1%)        60KB(1%)
64KB - 128KB     1(0%)         71KB(1%)
128KB - 256KB    17(0%)        2MB(56%)
Total            4151          4MB
========== Free Memory Histogram ==========
Size-Range       Count         Total-Bytes
16 - 32          101(3%)       2KB(0%)
32 - 64          133(4%)       6KB(0%)
64 - 128         238(8%)       21KB(1%)
128 - 256        267(9%)       50KB(2%)
256 - 512        526(17%)      199KB(9%)
512 - 1024       1124(38%)     846KB(39%)
1024 - 2KB       406(13%)      559KB(26%)
2KB - 4KB        136(4%)       352KB(16%)
4KB - 8KB        11(0%)        51KB(2%)
32KB - 64KB      1(0%)         57KB(2%)
Total            2943          2MB
```

这里简要介绍了 Core Analyzer 的一些常用功能，所有这些功能都来自调试真实问题的需要，每个功能都有可以配置的选项。还有更多其他命令没有介绍，欢迎读者阅读项目的文档[1]来获取更详细的信息。

11.3   本章小结

Core Analyzer 是一个专为深入分析和探索各种核心转储文件而设计的工具，目的是助力调试过程。其诞生初衷是为了解决 GDB 用户在自定义命令时遇到的响应延迟问题。随着笔者的不断使用和优化，它逐渐支持了更多格式的核心转储文件，并展现出简洁且分层的可扩展架构。笔者鼓励感兴趣的读者深入研究源代码，以便基于这个工具进行进一步的开发，以满足特定的需要。

---

[1] https://github.com/yanqi27/Core Analyzer/blob/master/docs/debugger-commands.md

第 12 章

更多调试工具

在软件开发过程中，我们不可避免地会遇到各种性能问题、系统故障或其他预料之外的挑战。要有效地诊断和解决这些问题，选用合适的工具是关键。本章将引导读者进入 3 个出色的 Linux 性能分析和调试工具的世界：strace、Perf 以及 eBPF。

- 想知道程序和操作系统之间究竟有何交流吗？ strace 可以为你解开这个谜团。
- 当需要深入分析系统性能瓶颈时，Perf 无疑是我们的得力助手。
- 如果面对的是需要高度定制和细致分析的问题，那么 eBPF 的高度灵活性和强大功能将会让我们印象深刻。

本章将详细探讨这些工具如何助我们一臂之力，更精准地分析、诊断和优化软件，从而提升软件的整体质量和用户体验。

12.1　strace

strace 是一个强大的 Linux 命令行工具，可以用于跟踪系统调用（System Calls）和信号（Signals）。它主要用于调试、诊断、分析程序执行时的行为。使用 strace 可以做到以下几点：

- 诊断程序错误：通过分析程序与操作系统之间的交互，可以帮助找到错误和异常的原因。
- 性能分析：通过查看系统调用的时间、数量和类型，可以识别潜在的性能瓶颈。
- 安全分析：检查程序是否进行恶意行为，如不当访问文件、套接字等。
- 学习和理解：通过观察系统调用，可以加深对 Linux 操作系统、库函数和系统调用之间关系的理解。
- 调试：在没有源代码的情况下，可以通过查看系统调用的顺序和参数来了解程序的执行流程。

12.1.1　常用功能

strace 的常用功能有以下 4 个：

（1）定位配置文件：如果需要更改程序的配置文件，但不知道该文件的位置，strace 可以帮助我们。虽然可能有多种方法来指示从哪里读取配置文件，但是实际上只有一个系统调用会真正打开它。

```
strace -f -e trace=open <program>
```

（2）诊断性能问题：通过使用 strace 来运行程序，可以查看它执行了哪些系统调用。使用 -t
选项还可以显示每个系统调用的执行时间。

（3）确定文件依赖：如果程序无法运行，那么可能是因为缺少某个库或库版本不匹配。strace
可以帮助我们识别这些依赖。

（4）解决权限问题：strace 也可以用于确定是否因为权限问题而无法访问某个文件。

```
strace -f -e trace=write <program>
```

12.1.2　常用附加选项

strace 的常用附加选项如下：

-o <file>: 将输出重定向到一个文件，例如 strace-out.txt。

```
strace -f -o strace-out.txt -e trace=execve <program>
```

● -s <size>: 指定输出字符串的长度。这在需要查看长字符串内容时很有用。

对于更多的功能和配置选项，推荐查阅 strace 的帮助手册。

在接下来的部分，笔者将分享如何使用 strace 定位一个非常复杂的 bug。

12.2　实战故事 7：僵尸进程

有一次，在产品即将发布前夕，突然出现了一个严重的回归问题（即以前不存在的 bug 在添
加新的代码后突然出现）。使用 strace，笔者找到了问题的原因，得到了领导和同事们的赞扬。在
接下来的内容中将详细介绍这个 bug 及其解决过程。

12.2.1　遇到难题

我们有一个用于设定参数的配置程序，该程序在设定参数后会重启 Server，使其运行在新的参
数配置下。然而，在即将发布新的产品时，测试人员发现配置程序在设定参数后无法重启 Server，
这在之前的版本中从未出现过。

这个配置程序是由另一个团队（以下简称"Java 团队"）用 Java 编写的，而启动 Server 的模
块由我们的团队（以下简称"C++团队"）负责。当问题出现时，Java 团队并未发现任何异常。他
们认为，配置程序是通过 Java Native Interface（JNI）调用 C++代码来启动服务的，所以问题很可
能出在 C++代码模块。

下面先了解一下启动流程：配置程序在设定参数后会关闭 Server，然后检查 Server 是否已关
闭，如果已关闭，就重新启动 Server 以便新的配置生效；如果 Server 还在运行，就在循环中等待，

直到 Server 关闭为止。

问题出在等待检查机制上。虽然 Server 已被关闭，但是由于某种未知原因，Server 变成了僵尸进程。检查机制仍然能检测到 Server 的进程 ID，于是误以为 Server 仍在运行，所以就一直等待 Server 关闭。然而，这里从未有代码来回收僵尸 Server，于是就陷入了死循环等待。

修复这个 bug 相对简单，只需完善检查机制即可，如果发现有进程 ID 存在，且其状态为僵尸，那么我们就认为 Server 已经被关闭。

然而，最后的难题在于为什么 Server 会变成僵尸进程？之前的版本并未出现过这个问题。两个团队都认为问题出在对方的代码上。C++团队认为，Server 变成僵尸进程，是因为父进程（也就是配置程序）没有调用 waitpid。而 Java 团队指出，他们从未调用过 waitpid，而且这显然是个回归问题，所以不可能是这个问题导致的（否则，为何之前没有问题）。

经过长时间的调查，我们仍未能找到问题的根源。最终，通过使用 strace 找到了突破口。

由于涉及多个进程和频繁的系统交互，传统的调试器跟踪方法相对困难，在知道 strace 的能力以后，我们可以使用 strace 启动配置程序，然后分别运行正常的和有问题的配置程序，比较它们的运行差异，从而找到相关的线索。使用的命令如下：

```
strace -o debug.txt -f -e trace=signal <java 配置程序.jar>
```

通过比较两者之间的输出，笔者发现有问题的配置程序在最后会产生一个 SIGCHLD 信号，而正常的配置程序并没有。沿着这个线索，我们就可以一步一步找到 bug 的所在了。

12.2.2　揭示 bug 的真相

原来，问题的根源在于 Java 团队最近对他们的代码进行的一次更新。他们在代码中添加了一个新的功能，使用 Java 的 Process 模块启动一个进程去调用另一个程序进行参数配置。当 Java 的 Process 模块启动进程时，它会将 SIGCHLD 信号处理程序设置为 SIG_DFL，而此前该信号处理程序是 SIG_IGN。当 SIGCHLD 信号处理程序被设置为 SIG_IGN 时，SIGCHLD 信号不会产生影响。这就解释了为什么在此前，Server 并不会变成僵尸进程——SIGCHLD 信号被忽略了，Server 自然不会转变为僵尸进程。

通过这个例子可以看出，strace 是一个非常强大的工具，能够帮助我们解决各种复杂的问题，特别是与系统调用相关的疑难杂症。如果对它的其他用途感兴趣，推荐阅读链接[1]。

12.3　Perf

Perf（Performance Counters for Linux，性能计数器子系统）是一个 Linux 性能分析工具，用于分析系统和应用程序的运行时性能。Perf 可以帮助开发人员和系统管理员了解 CPU 性能计数器、内核跟踪点和硬件事件等信息，从而找到性能瓶颈，优化软件性能并诊断问题。由于 Perf 不要求

---

[1]　https://jvns.ca/blog/2021/04/03/what-problems-do-people-solve-with-strace/

重新编译目标程序，也没有复杂的环境配置，因此它对测试环境和生产营运环境同样适用。

Perf 工具通过 Linux 内核中的 perf_event 子系统收集性能数据，该子系统提供了一个统一的框架来访问 CPU 性能计数器和其他硬件事件。这些事件包括：

（1）CPU 周期。

（2）指令计数。

（3）缓存命中或缓存未命中。

（4）分支预测错误。

（5）内存访问等。

Perf 提供了多种子命令来收集、分析和报告性能数据。以下是一些常用的 Perf 子命令：

（1）perf stat：提供高级统计信息，如 CPU 周期、指令计数等。

（2）perf record：记录事件样本以供进一步分析。

（3）perf report：分析记录的事件样本并生成报告。

（4）perf list：列出可用的事件和跟踪点。

（5）perf top：实时显示系统中最耗费 CPU 的函数。

Perf 工具可用于各种性能分析场景，如 CPU 使用率分析、内存访问分析、系统调用跟踪等。它对于诊断性能问题和优化应用程序性能非常有帮助。推荐读者通过阅读官方文档来获取更多关于 Perf 的使用方法和原理。

12.4　eBPF

eBPF（Extended Berkeley Packet Filter，扩展的伯克利包过滤器）[1]是一种内核技术，它为 Linux 内核[2]提供了一种高度可定制、可编程的沙箱执行环境。它主要被用于安全、网络和性能监控等领域。eBPF 最早来源于 Berkeley Packet Filter（BPF），这是一种在内核空间中执行用户空间代码的轻量级虚拟机。后来，BPF 得到了扩展和改进，成为现在的 eBPF（已经不仅仅是用于包过滤）。

eBPF 程序可以在内核中执行，对内核对象和数据结构进行访问，然后根据运行结果修改 eBPF 程序在内核空间的执行。它们具有较低的性能开销，相较于传统的用户空间解决方案，其性能更为优越。

eBPF 程序以事件驱动的方式运行，在遇到内核或应用程序内的特定 hook 时执行代码。这些 hook 可以是各种各样的事件，例如系统调用、函数的进入或退出、内核跟踪点、网络事件等。如果预定义的 hook 无法满足特定需求，可以创建内核探针（kprobe）或用户探针（uprobe），以便在内核或用户应用程序的几乎任何位置附加 eBPF 程序。eBPF hook 概览如图 12-1 所示。

---

[1]　https://ebpf.io/what-is-ebpf/
[2]　内核版本支持链接 https://github.com/iovisor/bcc/blob/master/docs/kernel-versions.md。

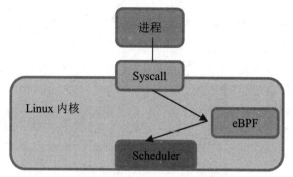

图 12-1　eBPF hook 概览

　　eBPF 程序可以使用 C 语言编写，然后使用 LLVM 编译器将其编译成 eBPF 字节码。这些字节码在加载到内核之前会经过一个验证器，来确保程序是安全的，不会造成死锁或崩溃。程序一旦验证通过，就可以在内核中执行。

　　下面将介绍一个使用 C 语言编写的简单 eBPF 程序示例。该程序计算通过网络接口的数据包的数量。为了简洁性，我们将把这个程序部署到 Linux 内核的 XDP（eXpress Data Path）层[1]。

12.4.1　准备环境

　　确保系统已经安装了 LLVM、clang 编译器和 eBPF 依赖，以便编译 C 代码为 eBPF 字节码。由于笔者使用的系统是 Red Hat 9，因此需要手动安装 eBPF（https://github.com/libbpf/libbpf）。

12.4.2　编写代码

　　创建一个名为 packet_counter.c 的文件，将以下代码段复制到该文件中。

```
#include <linux/bpf.h>
#include <bpf/bpf_helpers.h>

struct {
    __uint(type, BPF_MAP_TYPE_PERCPU_ARRAY);
    __type(key, __u32);
    __type(value, __u32);
    __uint(max_entries, 256);
} packet_count SEC(".maps");

// 程序的入口点
SEC("xdp")
int xdp_packet_counter(struct xdp_md *ctx) {
    __u32 key_in = 0;  // 键 0 代表入站数据包
    __u32 *value_in;
```

_____
[1] https://en.wikipedia.org/wiki/Express_Data_Path

```
    value_in = bpf_map_lookup_elem(&packet_count, &key_in);

    if (value_in) (*value_in)++;

    return XDP_PASS;
}

char _license[] SEC("license") = "GPL";
```

代码解析如下：

（1）SEC("xdp")是一个宏，标记下面的函数为 eBPF 程序的入口点。SEC 宏用于将程序或数据结构定义为特定的 eBPF 程序类型或 map 类型。

（2）int xdp_packet_counter(struct xdp_md *ctx)是 eBPF 程序的主函数。xdp_packet_counter 是函数的名称，它接收一个参数 ctx，这是一个指向 xdp_md 结构的指针。该结构提供了关于当前处理的数据包的信息。

（3）__u32 key_in = 0;定义了一个键值，代表进入的数据包。本例键值 0 代表进入的数据包。

（4）__u64 *value_in = bpf_map_lookup_elem(&packet_count, &key_in);这行代码使用 bpf_map_lookup_elem 函数从名为 packet_count 的 eBPF map 中查找与之前定义的键关联的值。这些值是当前的数据包计数。

（5）if (value_in) (*value_in)++;这条 if 语句检查从 map 中查找到的值是否存在（即不为 NULL）。如果存在，那么这些值将被递增，表示已经处理了一个新的数据包。

（6）return XDP_PASS;这行代码是函数的返回语句，返回 XDP_PASS 表示数据包应该继续在网络栈中传递和处理。XDP 提供了其他的返回选项，例如 XDP_DROP（丢弃数据包）或 XDP_REDIRECT（重定向数据包到另一个接口）。

12.4.3 编译程序

在终端中运行以下命令来编译上面的文件：

```
clang -O2 -target bpf -c packet_counter.c -o packet_counter.o
```

这将生成一个名为 packet_counter.o 的 eBPF 对象文件。我们可以通过 llvm-objdump 或者 readelf 来观察该文件：

```
>llvm-objdump -S packet_counter.o
```

得到的输出如下：

```
packet_counter.o:file format elf64-bpf

Disassembly of section xdp:
```

```
0000000000000000 <xdp_packet_counter>:
    llvm-objdump: warning: 'packet_counter.o': debug info line number 29 exceeds the number
of lines in /root/packet_counter.c
        0: b7 01 00 00 00 00 00 00    r1 = 0
    llvm-objdump: warning: 'packet_counter.o': debug info line number 30 exceeds the number
of lines in /root/packet_counter.c
        1: 63 1a fc ff 00 00 00 00    *(u32 *)(r10 - 4) = r1
        2: b7 01 00 00 01 00 00 00    r1 = 1
        3: 63 1a f8 ff 00 00 00 00    *(u32 *)(r10 - 8) = r1
        4: bf a2 00 00 00 00 00 00    r2 = r10
        5: 07 02 00 00 fc ff ff ff    r2 += -4
    llvm-objdump: warning: 'packet_counter.o': debug info line number 33 exceeds the number
of lines in /root/packet_counter.c
        6: 18 01 00 00 00 00 00 00 00 00 00 00 00 00 00 00 r1 = 0 ll
        8: 85 00 00 00 01 00 00 00    call 1
        9: bf 06 00 00 00 00 00 00    r6 = r0
       10: bf a2 00 00 00 00 00 00    r2 = r10
       11: 07 02 00 00 f8 ff ff ff    r2 += -8
    llvm-objdump: warning: 'packet_counter.o': debug info line number 34 exceeds the number
of lines in /root/packet_counter.c
       12: 18 01 00 00 00 00 00 00 00 00 00 00 00 00 00 00 r1 = 0 ll
       14: 85 00 00 00 01 00 00 00    call 1
    llvm-objdump: warning: 'packet_counter.o': debug info line number 36 exceeds the number
of lines in /root/packet_counter.c
       15: 15 06 03 00 00 00 00 00    if r6 == 0 goto +3 <LBB0_2>
       16: 61 61 00 00 00 00 00 00    r1 = *(u32 *)(r6 + 0)
       17: 07 01 00 00 01 00 00 00    r1 += 1
       18: 63 16 00 00 00 00 00 00    *(u32 *)(r6 + 0) = r1

0000000000000098 <LBB0_2>:
    llvm-objdump: warning: 'packet_counter.o': debug info line number 37 exceeds the number
of lines in /root/packet_counter.c
       19: 15 00 03 00 00 00 00 00    if r0 == 0 goto +3 <LBB0_4>
       20: 61 01 00 00 00 00 00 00    r1 = *(u32 *)(r0 + 0)
       21: 07 01 00 00 01 00 00 00    r1 += 1
       22: 63 10 00 00 00 00 00 00    *(u32 *)(r0 + 0) = r1

00000000000000b8 <LBB0_4>:
    llvm-objdump: warning: 'packet_counter.o': debug info line number 39 exceeds the number
of lines in /root/packet_counter.c
       23: b7 00 00 00 02 00 00 00    r0 = 2
       24: 95 00 00 00 00 00 00 00    exit
```

12.4.4　加载和运行程序

有多种方式可以在 Linux 内核中加载和运行这个 eBPF 程序，比如使用 iproute2 或 bpftool 工具，或者使用相应编程语言的库或者框架。

这里我们通过使用 xdp-loader 来加载，运行的命令如下：

```
> xdp-loader load -m skb lo packet_counter.o
```

使用下面的命令查看加载情况：

```
>xdp-loader status lo

CURRENT XDP PROGRAM STATUS:

Interface      Prio Program name      Mode     ID   Tag                Chain actions
-----------------------------------------------------------------------------------
lo                  xdp_dispatcher    skb      1403 90f686eb86991928
 =>            50   xdp_packet_counter         1412 100865ea186c1247  XDP_PASS
```

还可以使用 bpftool 命令来查看存储在 map 中的数据包计数：

```
bpftool map dump id [Map ID]
```

如何获取 map 的 ID 呢？可以通过下面的命令：

```
bpftool map show | grep packet_counter
```

在笔者的环境中得到的是：

```
628: percpu_array name packet_counter flags 0x0
```

628 是 map ID，而在读者的环境中可能是不一样的值。

如果看到 eBPF 程序被正确加载，那么我们可以简单验证一下该程序。

首先使用下面的 tcpdump 命令来监控 80 端口的 TCP 流量：

```
tcpdump -i lo tcp port 80 -w output.pcap
```

接着运行 curl 命令来访问当前机器：

```
curl localhost
```

因为没有在端口 80 启动监听，所以会直接遇到下面的错误，这是意料之中的：

```
curl: (7) Failed to connect to localhost port 80: Connection refused
```

接着按快捷键 Ctrl+C 来中断 tcpdump，这时可以看到输出如下：

```
^C4 packets captured
8 packets received by filter
0 packets dropped by kernel
```

显示有 4 个包被抓住。查看对应的 map 628，里面的计数也刚好是 4 个包。为什么是 4 个包呢？留给读者作为思考题。

这个简单的示例仅展示了如何创建、编译和运行一个基本的 eBPF 程序。如果读者有兴趣了解更多复杂的用例（如流量控制、安全策略等），可以访问 eBPF 官网（https://ebpf.io/）。

12.5　实战故事 8：链接问题

某天，笔者遇到了一个棘手的问题。在为一个庞大的单元测试程序添加测试用例以后，这段代码在本机运行得非常顺利，但在持续集成（CI）环境中执行时，程序却崩溃了。

通过进一步排查，发现单元测试程序在将要退出时发生崩溃。更为奇特的是，如果减少一个.cpp 源文件的编译，程序就不会崩溃；反之，只要多编译这个源文件，程序就会崩溃。另外一点需要注意的是，在本机，如果不加上这个源文件，链接会出现错误。但在 CI 环境中，链接却没有问题。通过仔细观察崩溃调用栈，发现一个共享库同时被静态和动态链接了。那么，为什么这样的操作会导致程序崩溃呢？

12.5.1　切入

为了找出问题的根源，我们可以构建一个简单的程序进行实验，看看静态链接和动态链接同时存在时会出现什么问题。

我们的小程序由 main.cpp、header.h 以及 shared_library.cpp 组成。需要关注的是变量 std::map mxx。首先，通过静态链接将 main 程序和 shared_library.o 链接在一起，然后同时对 shared_libary.so 进行动态链接。代码如下：

```
// main.cpp
#include <iostream>
#include "header.h"

int main()
{
    std::cout<< "main start..\n";
    f0f();
    std::cout << "main finished\n";
}


//header.h

#ifndef MY_HEADER_H
#define MY_HEADER_H
#include <iostream>
#include <atomic>
#include <map>
```

```
#include <string>
// Context 用于构建一个全局变量，在构造和析构时输出一些信息
class Context
{
private:
    std::atomic_size_t mRef{0};

public:
    Context(/* args */);
    ~Context();
};

extern "C" void f0f();
#endif
```

Shared_libarry.cpp 如下：

```
//shared_library.cpp
#include "header.h"
#include <map>
#include <string>
//__attribute__ ((visibility ("hidden"))) std::map<int, char*> mxx;
std::map<int, char *> mxx;
Context::Context(/* args */)
{
    std::cout << "Constructing Context: this= " << this << " refcount=" << mRef <<
std::endl;
    mRef++;
}

Context::~Context()
{
    std::cout << "destroying Context: this= " << this << " refcount=" << mRef << "\t
map address " << &mxx << std::endl;
}
Context g;
extern "C" void f0f()
{
    std::cout << "map address " << &mxx << std::endl;
    for (int i = 0; i < 20; i++)
    {
        mxx[i] = "ddd";
    }
}
```

可以使用下面的编译脚本 build.sh：

```
# faddress='-fsanitize=address -fsanitize-recover=all'
# fsan='-lasan'
# main='main'
# lshared=''
set -e
faddress=''
fsan=''
main='main'
lshared='-lshared'
rm -f libshared.so
g++  -fPIC -std=c++17 $faddress shared_library.cpp -shared -o libshared.so
rm -f shared.o
g++ -c $faddress -std=c++17 shared_library.cpp  -o shared.o
rm -f ${main}.o
g++ $faddress -std=c++17  -c  ${main}.cpp -o ${main}.o
rm -f ${main}
export LD_LIBRARY_PATH=$LD_LIBRARY_PATH:.
g++ -o ${main}  -std=c++17 $fsan -L. ${main}.o shared.o -ldl ${lshared}
./${main}
```

如果倾向于使用 cmake，也可以使用以下配置：

```
project(LinkTwice )
cmake_minimum_required(VERSION 3.15)
if(WIN32)
else(WIN32)
    ADD_DEFINITIONS(-fPIC)
endif(WIN32)
set(CXX_STANDARD_REQUIRED 17)
set(CMAKE_CXX_STANDARD 17)
ADD_LIBRARY( static_lib STATIC shared_library.cpp header.h)

ADD_LIBRARY( shared_lib SHARED shared_library.cpp header.h)

TARGET_LINK_LIBRARIES( shared_lib static_lib )

ADD_EXECUTABLE( main_exe main.cpp )
TARGET_LINK_LIBRARIES( main_exe static_lib shared_lib )
```

读者可以试着思考一下，运行以上的 build.sh 脚本会有什么样的输出，有多少个 Context 和 map 会被构造？只有一个吗？在笔者的计算机上输出结果如图 12-2 所示。

```
Constructing Context: this= 0x10174c1b0 refcount=0
Constructing Context: this= 0x10172a1b0 refcount=0
main start..
map address 0x10172a198
main finished
destroying Context: this= 0x10172a1b0 refcount=1          map address 0x10172a198
destroying Context: this= 0x10174c1b0 refcount=1          map address 0x10174c198
```

图 12-2　笔者计算机上编译后运行程序输出的结果

看到创建了两份 map 和 Context（Context 被用来在构造和析构时打印信息）。它们的地址都是不同的，所以这里并没有问题。然而，当我们在 RedHat 6.x 上编译并运行这个程序时，程序有时会崩溃。我们来看看它的输出是什么，参考图 12-3。

```
Constructing Context: this= 0x6094a0 refcount=0
Constructing Context: this= 0x6094a0 refcount=0
main start..
map address 0x609460
main finished
destroying Context: this= 0x6094a0 refcount=1      map address 0x609460
destroying Context: this= 0x6094a0 refcount=1      map address 0x609460
```

图 12-3　程序崩溃后输出的结果

观察输出结果可以看到，两份 map 和 Context 的地址实际上是相同的，因此 map 被析构了两次，这就引发了"double free"的 bug。这说明，在 RedHat 6.x 上，如果我们同时静态链接和动态链接相同的 object file（即链接.o 文件和.so 文件），会导致全局变量被析构两次，从而导致程序崩溃。

在 RedHat 7.x 上进行相同的测试，我们发现两份 map 的地址是不同的。这说明，不同版本的 linker 在处理这种问题时的行为是有所不同的。

12.5.2　更奇怪的事情

这个问题看似已经找到了答案，接下来的解决步骤应该是顺理成章的。从笔者找到的资料来看，有两种可能的解决方案：一种是避免同时进行静态链接和动态链接；另一种是使用 GCC 的 attribute visibility 功能来改变变量的可见性。

然而，事情开始变得有些奇怪。当笔者采取了第一种解决方案，即去掉了对 shared.so 的动态链接之后，单元测试程序仍然会崩溃。这到底是怎么回事呢？

在去掉对 shared.so 的动态链接之后，上述的小程序中就只有一份 map 和 Context 了，这表明同一个符号不会被构造和析构两次。

然后，笔者使用 ldd 工具来查看单元测试程序，看看它是否还在链接同一个共享库。结果并没有出乎意料，程序没有链接同一个共享库。

于是，笔者向同事寻求帮助。他们也对这个问题感到很奇怪，然后推荐了一个工具，用于查看链接依赖关系。

这个工具叫作 ldd-tree，它可以展示某个共享库（shared library）是如何被链接进来的，非常方便（事实上，在使用这个工具之前，笔者自己写了一个 Python 脚本，用来查询某个 library 是如何被链接进来的。尽管这个脚本没有 ldd-tree 那么好用，但也提醒我下次在编写脚本之前，先看看是否已经有现成的轮子可以使用）。

例如，前面的程序的依赖库是：

```
# lddtree main
main => ./main (interpreter => /lib64/ld-linux-x86-64.so.2)
    libasan.so.5 => /usr/lib64/libasan.so.5
        libdl.so.2 => /lib64/libdl.so.2
        librt.so.1 => /lib64/librt.so.1
        ld-linux-x86-64.so.2 => /lib64/ld-linux-x86-64.so.2
    libshared.so => not found
    libstdc++.so.6 => /usr/lib64/libstdc++.so.6
    libm.so.6 => /lib64/libm.so.6
    libgcc_s.so.1 => /lib64/libgcc_s.so.1
    libc.so.6 => /lib64/libc.so.6
    libpthread.so.0 => /lib64/libpthread.so.0
```

使用 lddtree 确定并没有同时动态链接这个库。那么问题在哪里呢？

12.5.3　柳暗花明

在尝试使用 lddtree 确定问题时，我们发现并没有同时动态链接到这个库。那么，问题究竟出在哪里呢？

使用 ldd 来检查程序的库依赖性，这在程序未运行时就可以完成（例如，单元测试程序可能需要长时间运行，但 ldd 却能迅速分析出结果）。那么，是否有可能这个共享库是在运行时加载的呢？

通过深入阅读代码，笔者发现单元测试程序的确会在运行期间使用 dlopen 将目标共享库加载进来。

对于没有源代码参考的情况，读者可能会问，是否存在其他方法可以确定程序在运行期加载（例如，Linux 通过 dlopen）共享库？实际上，确实有几个方法可以帮助我们实现这个目标：

● 使用 GDB 并在合适的时候 attach 到程序，GDB 会打印所有用到的共享库。

● 查看/proc/\<pid>/maps。

● 使用其他相关的调试工具。

利用上述第二种方法，笔者确认了单元测试程序会在运行期使用 dlopen 加载目标库。

这就引出了一个新问题，dlopen 会使得同一个 symbol 被构造和析构两次吗？对此感兴趣的读者，可以将它作为一个尝试。

于是为了解决这个问题，使用 GCC 的 __attribute__ ((visibility ("hidden")))来防止同一个符号在同一个地址被构造和析构两次。

然而，这种情况在 Windows 上一般不会出现，为什么呢？留给读者去探讨。

12.5.4　补充

如何确定一个符号是否在同一地址被构造和析构两次？我们有以下两种方法：

（1）使用 GDB 或者 Visual Studio 等调试工具。

（2）如果是 Linux，可以使用 LD_DEBUG。

下面将介绍如何使用第二种方法。

我们只需在程序前面添加 LD_DEBUG=symbols, bindings，然后就可以得到以下日志（此处省略了具体的日志内容）：

```
LD_DEBUG=symbols,bindings ./${main} > look-symbols.txt 2>&1

grep mxx look-symbols.txt
        mxx[i] = "ddd";
        mxx[i] = "ddd";
    72170: symbol=mxx;  lookup in file=./main [0]
    72170:   binding file libshared.so [0] to ./main [0]: normal symbol `mxx'
```

通过检查这些日志，我们发现 libshared.so 的 mxx 被绑定到了主程序的 symbol mxx，而主程序本身已经绑定过一次 mxx。所以，同一个 symbol 被不同的文件绑定了两次。

下面的代码示例是笔者用于测试 dlopen 的。注意，只有主程序和 build.sh 被修改了，其他代码保持不变：

```cpp
//main-dlopen.cpp

#include <iostream>
#include "header.h"
#include <dlfcn.h>

int main()
{
    f0f();
    void* p = dlopen("libshared.so", RTLD_LAZY | RTLD_GLOBAL);
    if (p == nullptr)
    {
        std::cout << "load shared.so failed" << dlerror() << std::endl;
        exit(3);
    }
    else
    {
        std::cout << "load shared.so successful\n";
        auto func = (void (*)()) dlsym(p, "f0f");

        std::cout<<"get func"<<dlerror() << std::endl;
        if (func)
```

```
        {
            std::cout << "called\n\t";
            (*func)();
        }
    }
    dlclose(p);
    std::cout << "main finished" << std::endl;
}
```

```
//build-dlopen.sh
# faddress='-fsanitize=address -fsanitize-recover=all'
# fsan='-lasan'
# main='main'
#lshared=''
set -e
faddress=''
fsan=''
main='main-dlopen'
lshared='-lshared'
rm -f libshared.so
g++ -fPIC -std=c++17 $faddress shared_library.cpp -shared -o libshared.so
rm -f shared.o
g++ -c $faddress -std=c++17 shared_library.cpp -o shared.o
rm -f ${main}.o
g++ $faddress -std=c++17 -c ${main}.cpp -o ${main}.o
rm -f ${main}
export LD_LIBRARY_PATH=$LD_LIBRARY_PATH:.
g++ -o ${main} -std=c++17 $fsan -L. ${main}.o shared.o -ldl
LD_DEBUG=symbols,bindings ./${main}
```

12.5.5 结论

总的来说，我们需要避免让同一个目标文件既被静态链接，又被动态链接，或者在静态链接的同时，又在运行期加载包含这个目标文件的共享库。这样做可能会产生一些复杂的 bug，如 double free。

对于这些问题，使用 ldd、lddtree、Address Sanitizer 以及 LD_DEBUG=symbols,bindings 等工具，或者编写简单的测试程序都可以提供有效的帮助。

12.6 实战故事 9：临时变量的生命周期

本节将探讨一个关于临时变量生命周期的问题。以下的代码是否会导致程序崩溃？

```
#include <iostream>
#include <functional>
```

```
template<typename T>
class ScopeGuard {
    public:
    ScopeGuard(T iFunc) {
        mFunc = iFunc;
    }
    ~ScopeGuard() {
        std::cout<<"Exit the scope, so run the scope guard.\n";
        (*mFunc)();
    }
    private:
    T mFunc;
};

int main() {
    int i = 3;
    auto lGuard = ScopeGuard(&[&]() {
        std::cout<<"access value " << i<<std::endl;
    });
    return 0;
}
```

尽管这段代码看起来简短，但是实际上涉及 C++ 中的许多重要概念，如 lambda、xvalue/临时变量、prvalue/纯右值、取地址&、泛型编程、RAII 等（如果对 C++ 值分类感兴趣，欢迎阅读链接[1]）。

临时变量生命周期的问题来源于测试人员发现的一个崩溃。这段代码需要加 "-fpermissive" 才能编译成功，而且会报如下的警告：

```
source>: In function 'int main()':
<source>:6:5: warning: taking address of rvalue [-fpermissive]
    6 |    };
      |     ^
```

在这个过程中，笔者注意到了一个常见的认知误区，新手很容易掉入这个误区，经验丰富的开发者如果不够警惕，也可能犯下同样的错误：

很多人会认为 Lambda 只是一个函数指针，它应该存储在程序的代码段中。他们还会认为，由于 Lambda 临时变量的生命周期与 lGuard 的生命周期一样长，因此 Lambda 可以访问变量 i，即使这与语言标准定义的未定义行为相悖。

实际上，"Lambda 只是一个函数指针"这个观念并不全面，甚至可以说是错误的。只有当 Lambda 没有捕获任何变量时，它才可以被视为一个函数指针。然而，一旦捕获了变量，它就会成为一个结构体。例如，下面的 Lambda 等同于一个函数指针：

---

[1] https://zhuanlan.zhihu.com/p/374392832

```
int main() {
    auto lam = []() {
        int j = 0;
        j += 1;
    };
    int i = 3;
}
```

当我们创建一个不捕获任何变量的 Lambda 时，Lambda 实际上存储的是一个位于代码段的函数地址。我们可以使用 lldb 的命令 lldb> image lookup -va <address> 来验证这一点。

然而，如果我们创建一个捕获变量的 Lambda，情况就会有所不同。此时，这个 Lambda 就不再是一个简单的函数指针，而是一个结构体，例如：

```
auto s = [&]() {
    int j = i + 3;
};
```

想获取更多关于 Lambda 的知识，推荐阅读链接[1]。

在所讨论的代码片段中，由于捕获了变量 i，Lambda 函数变成了一个结构体。当我们对这个结构体取地址&时，实际上是在对一个 prvalue（纯右值）取地址。然而，prvalue 通常是用来初始化 glvalue 的，我们不能直接对其取地址。在这种情况下，C++ 会生成一个临时变量（xvalue），我们所取的地址实际上就是这个临时变量的地址。

然而，临时变量的生命周期只是当前语句本身，而不包含当前语句的作用域。当程序执行完 auto lGuard =...语句后，这个临时变量就被析构了。而当作用域结束时，scope guard 将被执行，此时它将试图访问已经被释放的临时变量。

如果使用如下命令来编译：

```
g++ -std=c++17 -g -fpermissive main.cpp -o main
```

程序将正常运行并输出结果，那么这是否意味着测试人员发现的崩溃并非由这段代码引起的呢？

答案并非如此。因为这段代码试图访问已经析构的内存，它实质上是一种未定义行为。在未定义行为的情况下，任何情况都可能发生。例如，它可能在测试环境下导致崩溃，但在其他机器上却能正常运行。

事实上，测试人员发现崩溃的环境与我们自己的环境并不相同。测试人员使用的是发布版本的程序，而我们自己编译的是调试版本。如果使用如下命令来编译：

```
g++ -std=c++17 -O1 -g -fpermissive main.cpp -o main
```

发现程序会崩溃。所以，对于未定义行为，我们不能因为在一个环境下没有出现问题，就认

---

[1]　https://zhuanlan.zhihu.com/p/378270921。

为在其他环境下也不会出现问题。不同的编译器和编译配置可能会导致不同的结果。因此，我们一定不能依赖未定义行为！

　　最后，还要提醒一点：尽量避免使用-fpermissive 标志来编译程序。尽管因为历史原因笔者公司的代码中使用了这个标志，但现在 C++ 已经发展到了 20 版本，这个标志会让一些本应报错的代码通过编译，导致一些原本在编译期就可以发现的错误混入了最终的产品中。本节中讨论的代码片段就是一个很好的例子。几位开发者在代码审查过程中都没有发现这个问题。如果没有这个标志，编译器早就会发现错误，并阻止我们犯下这样的错误。

12.7　本章小结

　　本章深入探索了 strace、Perf 和 eBPF 这三大强力工具，以及两个实战问题的调试过程。每一个工具都有其独特之处，将它们结合起来能为开发者提供一套全面的性能分析与调试方案。借助这些工具，开发者不仅可以更有信心地应对各种性能和系统挑战，还可以持续地提升软件的表现与稳定性。考虑到这些工具的深度和能力，强烈建议读者进一步参阅其官方文档，以深化对它们的理解。

第 13 章

崩溃发送机制

到目前为止，我们讨论的都是单一程序的调试技术，这对于应对有限的可控运行环境是足够的，但是如果程序安装在成百上千的服务器或终端设备上，那么及时支持和管理它们将具有挑战性。传统方法是通过人工收集数据，然后报告给总部的技术支持人员，如果问题无法解决，对应的开发和测试人员将进一步介入，有可能需要重现故障发生的环境以寻找根源，这注定会是一个非常缓慢的过程，而且难以保证数据的完整性，上述步骤常常需要重复数次才能有结果。崩溃报告（Crash Reporting）是应运而生的一个有效工具，简单地说，它是用于收集、分析和报告应用程序运行时崩溃信息的机制。当应用程序由于未捕获的异常、错误或其他问题而意外终止时，崩溃报告会生成一个包含有关崩溃原因以及上下文的详细报告。这有助于开发者及时地识别、调试和修复应用程序中的问题。下面的崩溃报告是 MacBook 生成的一个实例（由于篇幅原因只显示了部分内容），可以看出是一个内核线程崩溃了，报告显示了系统软硬件的版本信息，利用出错线程的上下文和相应内核代码的调试符号，开发者可以得到完整的调用栈。

```
panic(cpu 0 caller 0xffffffff00acf1a68): x86 CPU CATERR detected
Debugger message: panic
Memory ID: 0x6
OS release type: User
OS version: 20P6072
macOS version: 22G90
Kernel version: Darwin Kernel Version 22.6.0: Wed Jul  5 21:38:08 PDT 2023;
root:xnu-8796.141.3~1/RELEASE_ARM64_T8010
Kernel UUID: F1805A53-5DF0-38E6-B1B8-0063FFF1926D
Boot session UUID: D7ABE995-5A40-4BD3-B820-B698AB79D70E
iBoot version: iBoot-8422.141.2
x86 Shutdown Cause: 0x1
PCIeUp link state: 0x89473614
CORE 0 is the one that panicked. Check the full backtrace for details.
Compressor Info: 0% of compressed pages limit (OK) and 0% of segments limit (OK) with
0 swapfiles and OK swap space
Panicked task 0xffffffe2a41e92e0: 0 pages, 229 threads: pid 0: kernel_task
Panicked thread: 0xffffffe0d77eb938, backtrace: 0xffffffeff3d6f700, tid: 400
  lr: 0xffffffff00bbb9624  fp: 0xffffffeff3d6f770
  lr: 0xffffffff00bcd98d4  fp: 0xffffffeff3d6f7e0
  lr: 0xffffffff00bcd8888  fp: 0xffffffeff3d6f8c0
```

```
lr: 0xffffffff00bb7d5fc    fp: 0xffffffeff3d6f8d0
lr: 0xffffffff00bbb9060    fp: 0xffffffeff3d6fc80
lr: 0xffffffff00c20cf50    fp: 0xffffffeff3d6fca0
lr: 0xffffffff00acf1a68    fp: 0xffffffeff3d6fcd0
lr: 0xffffffff00acd9604    fp: 0xffffffeff3d6fd30
lr: 0xffffffff00ace2aec    fp: 0xffffffeff3d6fd80
lr: 0xffffffff00acdbb5c    fp: 0xffffffeff3d6fe20
lr: 0xffffffff00acd8b94    fp: 0xffffffeff3d6fe90
lr: 0xffffffff00aaeeb40    fp: 0xffffffeff3d6fec0
lr: 0xffffffff00c158de4    fp: 0xffffffeff3d6fef0
lr: 0xffffffff00c1586d4    fp: 0xffffffeff3d6ff20
lr: 0xffffffff00bb886c0    fp: 0x0000000000000000
```

　　崩溃报告不一定是在崩溃的时候才能启动，我们完全可以设定不同条件来获取广泛的有用信息。例如在系统资源短缺的时候，程序会明显运行缓慢，这时程序虽然没有崩溃，但是它的服务效率低下，用户会感觉系统反应迟缓甚至挂起，我们可以触发崩溃报告来收集运行上下文并及时通知管理员。再举一个例子，程序中往往有很多基本的假定，如果这些假定不成立，程序很可能进入不确定的状态，内部测试可以发现大多数问题，但是不可能发现所有的问题，当它在实际运行中发生的时候，崩溃报告可以帮助我们收集线索，找到不易想到的特殊情况。

　　崩溃报告的另一个功能是遥测。一个成功的产品会有很多版本，延续十几年甚至更长的时间，遍布世界各地，支持不同的系统和环境，甚至允许客户在产品的基础上进行二次开发。开发者需要非常小心地避免新的功能破坏兼容性。理想情况下，我们清楚所有用户的使用环境和用法，这样可以做出正确的选择。例如，一个新的功能要求系统的支持，太旧的系统无法兼容，如果我们确定没有用户或者只有很少用户还在使用旧系统，那么可以在实现中不必考虑兼容性，也可以提前与用户沟通，从而达到事半功倍的效果。崩溃报告的遥测功能可以帮助我们很容易地收集这些用户信息。通过定期上传非隐秘的用户使用数据，我们能够及时了解产品的使用环境和方式，哪些功能最受欢迎、哪些功能从未使用等。显然依靠人工汇报是无法获得如此及时且全面的信息数据。

　　虽然每个企业有自己的实现，但是崩溃报告系统通常包括 3 个组成部分：客户端、远程报告收集服务器和终端集成器。客户端生成崩溃报告后把它发送到远程服务器进行存储和分析。这样，开发者团队可以收集并分析大量用户崩溃数据，确定常见问题和优先修复的区域。许多崩溃报告工具还提供了聚合、过滤和可视化功能，以帮助开发者更容易地分析和解决问题。

　　有许多第三方崩溃报告库和服务可用于各种编程语言和平台，如 Sentry、Crashlytics、Bugsnag 等。此外，许多操作系统和开发框架也提供了内置的崩溃报告功能，如 Android 的 Crash Reporting、iOS 的 CrashReporter 等。

13.1　客户端

　　客户端是插入应用程序的一个子模块，负责在崩溃或者异常的时候触发并收集上下文及相关数据，然后打包成崩溃报告发送给远程服务器，所以它又叫崩溃处理器（Crash Handler）或者异常处理器（Exception Handler）。崩溃报告通常包括以下信息：

- 崩溃发生的日期和时间。
- 应用程序的版本和配置信息。
- 操作系统和硬件环境。
- 崩溃时的栈跟踪，显示函数调用序列和代码行号。
- 有关崩溃原因的详细错误信息或异常信息。
- 进程所加载的模块的路径名、版本、编译和调试标识。
- 用户自定义数据，如日志（Logging）或其他上下文信息。

谷歌的崩溃垫（Crashpad）是一个开源的被广泛应用的 C/C++客户端实例，在 Linux 系统上它利用信号处理机制注册自己以便拦截崩溃系统抛出的信号，例如 SIGSEGV、SIGBUS、SIGABRT、SIGILL 等。当程序崩溃时，程序流程控制由系统传入崩溃垫的信号处理函数并开始执行它的代码。它先生成一个子进程并赋予跟踪的权限，然后等待子进程完成任务。子进程诞生后跟踪并附在母进程上，然后读取进程信息、线程栈内存、模块列表等数据，在磁盘上生成一个 Minidump 格式的进程转储文件，随后返回。母进程确认子进程返回后结束等待，并将进程转储文件以及其他程序上下文数据和用户自定义数据以 HTTP multipart/form-data 的协议上传给远程服务器。完成这些后，崩溃垫将程序流程控制传给下一个注册的信号处理器，通常这会是系统的默认处理器。有兴趣的读者可以阅读崩溃垫的源代码以了解更多的细节。

13.2　远程报告收集服务器

客户端分散于各种各样的运行环境中，它们上传的崩溃报告由一个远程的服务器接收并处理，然后存储于数据库中。服务器的第一个挑战是高并发和超大数据量，这取决于应用程序安装的数量和质量，服务器可能几秒就收到一个崩溃报告，也有可能每秒收到几十个甚至更多崩溃报告。常见的浏览器、嵌入式系统和手机程序都是产生高发崩溃报告的典型。服务器的第二个挑战是有效的分析能力和高速的存储检索能力，一个程序错误可能会引发成百上千的崩溃报告，服务器需要正确地合并这些报告，不管报告来源于哪个平台或者哪个版本，只要错误是同一个漏洞所致，服务器就应当把它们关联并排除重复报告，这样开发者才能根据这些信息做出合理的判断。远程服务器还需要提供多样的合成界面，以便开发者可以与现有的漏洞跟踪服务器接口一起有效地服务其他团队和相关者。

求助（Socorro）是 Mozilla 的开源软件，是远程报告收集服务器的一个典型实现，在火狐浏览器中使用。服务器的主要模块包括收集器、处理器、网页界面和资源管理。这个服务器已经开发营运了很多年，有详尽的文档和开源代码，是学习此类服务器设计的一个很好的例子。

13.3   终端集成器

崩溃报告提供一个自动的快速反馈机制，其最终目的还是提高软件开发的生产效率和用户体验。远程报告收集服务器得到的数据需要融入程序开发的各个环节中以便及时处理。例如在测试中，不管是单元测试还是系统测试，经常会有崩溃或者异常发生，在测试报告中我们希望包括这些现象的记录和分析，以便及时修补。又如，每个公司都有自己的漏洞跟踪服务器，崩溃报告应当是一个重要的来源并且是判断漏洞的影响大小的重要依据。终端集成器的作用就是把远程报告收集服务器的原始数据融入各种质量控制的流程中。

13.4   本章小结

崩溃报告具备易于集成和自动化的特性，实践证明它能提高开发和支持的效率，是企业级应用程序不可或缺的重要组成部分。开发者可以利用它全面了解一个程序错误的诸多表现和上下文，从而找出其中的规律。例如内存错误往往表现出很高的偶然性，同一个漏洞可能导致程序在不同的函数中崩溃，这给调试带来很多疑惑和困难，崩溃报告可以帮助我们收集并汇总所有的不同的表现，进而识别和修复问题，提高应用程序的稳定性和用户体验。崩溃报告可能会更早发现问题，例如有些错误在开发之初就已经出现，我们可能忙于其他事情而忽视了它，崩溃报告会忠实地记录并提醒我们及早处理。用户利用崩溃报告可以及时发现问题并联系客户，为已知的问题提供解决方案，如升级或规避措施，及时沟通和预警新出现的问题。质量控制和管理者可以利用崩溃报告评估产品的质量，确定产品开发支持的优先级。决策者可以依据数据而不是感觉来决定产品的远景，比如在做出停止支持某个平台或者功能的决定前必须确定有多少客户会受到影响，从而衡量这个改变的利与弊。

第 14 章

内存泄漏

对于具有垃圾回收（GC）机制的编程语言（如 Java、Python、Node、Go），程序员无须时刻关注内存是否被正确释放，因为这些语言自带的 GC 机制能帮助我们处理不再使用的内存（有 GC 机制的语言仍然存在内存泄漏问题）。然而，对于 C++程序，程序员需要谨慎处理内存，避免内存泄漏。无内存泄漏意味着所有申请的内存都被正确释放。本章将首先探讨如何编写能避免内存泄漏的代码，然后介绍如何调试内存泄漏问题。

在 C++中，要想编写无内存泄漏的代码，关键在于使用 RAII（资源获取即初始化）以及基于其上的引用计数技术（例如智能指针）。没有 RAII，所有的结构都可能形同虚设。

14.1 为什么 RAII 是基石

程序员需要释放每一块申请的内存（例如通过 new、malloc 等操作）。未能释放的内存会导致内存泄漏，进而导致可能没有足够的内存可用，从而触发系统的 OOM（内存耗尽）问题，并使程序被系统强制终止。

在早期，避免内存泄漏完全依赖于程序员编写代码的精确性。他们需要在申请内存后记得在适当的时机进行 delete 操作，代码如下：

```
// 代码 1
void f() {
    int*p = new int{3};
    int error = doSomething(p);
    if (error)
        return;

    finalize(p);
    delete p;
}
```

在代码 1 中，首先申请内存以存储整数，然后在函数结束时通过 delete p 释放内存。看起来很直观，只需记得在使用后删除即可。然而，实际情况并非如此。例如，如果 doSomething 返回了错误，函数就会提前结束，delete p 就不会执行，从而造成内存泄漏。

有些人可能会说，只需在错误处理中添加内存释放即可，代码如下：

```
// 代码2
void f() {
    int*p = new int{3};
    int error = doSomething(p);
    if (error) {
        delete p;  // 释放内存，当出现错误的时候
        return;
    }

    finalize(p);
    delete p;
}
```

添加了错误处理就不会有内存泄漏了吗？不尽然。如果 doSomething 抛出了异常，两个 delete p 都不会被执行，内存泄漏依然会发生。

还有些人可能会认为，直接添加 try-catch 语句，在 catch 块中释放内存就可以了。实际上这种方式并不可行，因为会引入更严重的问题——破坏了程序的语义，将难以维护。即使加上了 try-catch，代码中仍然可能会出现内存泄漏。因为如果有新的代码被添加，程序员（包括我们自己）可能会忘记 delete。

因此，仅仅依赖程序员的细致入微来避免内存泄漏是行不通的。

14.2　分析

依赖程序员自行释放内存的做法存在以下问题：

（1）代码分支过多，只要遗漏其中任何一个都可能导致内存泄漏。例如，14.1 节的代码 1 中就遗漏了处理错误和异常的分支。

（2）代码需要频繁地进行修改和维护，其中任何一次修改都可能会引入新的分支。这种情况在函数过长或过复杂时尤为常见。即使代码写得很简洁，也可能需要维护别人写的复杂代码，而且修改时，如果要关注释放内存，就会增加修改时的心智负担。

（3）如果多次释放同一块内存（多次 delete 同一个指针），会面临更严重的问题，即 double-free，其行为是未定义的，属于 C++中最难处理的问题之一。这意味着程序可能会无预警地崩溃，而且发生崩溃的时机也是随机的。想象一下为了找出 bug 而熬过的那些个长夜。

（4）程序员的技术水平参差不齐，而 C++中的陷阱又多，有时即使程序员不断提醒自己也不清楚何时该释放内存，何时不应该释放。例如，在调用函数 int *p = getArray()时，如果 getArray 函数并非自己编写的，那么如何知道是应该释放内存还是不应该释放内存呢？编译器并不会告诉他（现代编译器会通过动态分析告诉我们程序是否存在内存泄漏，但这需要在运行时才能发现）。

为了解决这 4 个问题，C++提供了 RAII 以及基于 RAII 的引用计数（智能指针）。

RAII 全称为 Resource Acquisition Is Initialization[1]，意为通过构造函数获取资源，并通过析构函数释放资源。在许多情况下，RAII 还被用作范围保护（Scope Guard）。它与 Lambda 表达式一起使用时，效果更佳，详见后文。

RAII 的命名看起来比较随意（笔者个人认为 Ownership-Based Resource Management（OBRM），即基于所有权的资源管理会更恰当），其核心思想是：在获取资源时，应通过构造函数进行初始化。构造函数是 C++ 对象的初始化函数。

为什么推荐使用 RAII 米管理资源（内存也是一种资源）？

首先，我们需要明白堆对象和栈对象的区别。堆对象是通过 new 或 malloc 等动态获取的内存，而栈对象是存储在栈上的对象，当栈对象的生命周期结束时会自动调用其析构函数。

为什么会这样呢？因为编译器知道栈对象什么时候会失效。例如，在代码 1 中，error 就是一个栈对象，编译器知道它的生命周期，一旦离开其作用域，就会调用其析构函数进行清理。

这样，问题 1 就解决了，因为栈对象会自动调用析构函数，我们就不用关心函数从哪个分支结束。我们要的是"无论你如何结束，都要释放内存"。因此，可以创建一个封装了内存管理功能的栈对象，将其应用在我们的代码中。例如，将代码 1 修改为下面这样：

```cpp
// 代码 3
class MyInt {
public:
  int* p;
  MyInt(int i) {
   p = new int{i};
  }
  ~MyInt() {
    delete p;
  }
};
int doSomething(int* p) {
   return -1;
}
void finalize(int* p) {
}
void f() {
   MyInt my(3);
   int error = doSomething(my.p);
   if (error) {
      return;
   }
   finalize(my.p);
}
```

[1] https://en.wikipedia.org/wiki/Resource_acquisition_is_initialization

在代码 3 中，只需要在 MyInt 的析构函数中 delete p，而在函数 f 里面，完全不需要关心哪里需要 delete p。使用这种方式，无论函数如何退出，都可以保证 p 指向的内存会被释放，因为 my 是一个栈对象，编译器会在每个分支退出时自动插入析构函数（这么做没有额外的性能开销，实际上 C++ 标准库已经为我们提供了 unique_ptr，无须自己编写 MyInt）。

问题 1 解决了，问题 2 和 3 也随之解决了。因为我们保证了在函数退出时内存被释放，且只被释放一次，问题 2 和 3 也自然得到了解决。

对于问题 4，基于 RAII 的引用计数机制就是用来解决这个问题的。然而这个问题的解决方案需要额外的篇幅来阐述，推荐读者阅读其他资料，本章不再赘述。

此外，我们还可以使用基于 RAII 的 Scope Guard 来帮我们管理内存，示例代码如下：

```cpp
// 代码 4
#include<functional>
#include<iostream>
class ScopeGuard
{
    std::function<void()> mFunc;

public:
    ScopeGuard(std::function<void()> f)
    {
        mFunc = f;
    }
    ~ScopeGuard()
    {
        mFunc();
    }
};

int doSomething(int* p) {
    return -1;
}
void finalize(int* p) {
}
void f() {
    int* p = new int{3};
    ScopeGuard s([&p]() {
        if (p) {
            delete p;
        };
        std::cout << "delete point\n";
    });
    int error = doSomething(p);
    if (error) {
        return;
```

```
    }
    finalize(p);
    std::cout<<"Function ends!\n";
}
int main()
{
    f();
}
```

在这里，ScopeGuard 保证了函数结束时，无论通过何种方式退出，都会删除当前的指针（Go 语言的 defer 用法与这非常相似）。ScopeGuard 通常用于关闭资源。

RAII 为我们提供了这样的保证：在任何情况下结束某个操作时，该操作都会被执行，且只被执行一次。有了这个保证，我们就不再需要苦恼地不断提醒自己一定要记得释放内存，也一定不要释放两次或更多次。任何需要这种效果的操作都可以使用 RAII 来实现，不再依赖于程序员的自觉和认真。结合 RAII 的资源管理和 move 操作的所有权转移，我们可以编写出更易理解和维护的代码。

由 RAII 衍生出以下原则，可以帮助我们更加得心应手地编写代码：

- 创建资源后，立即分配一个所有者。
- 明确所有权是独占的还是共享的。如果引用资源，但不确定资源是否仍然有效，那么需要共享所有权。
- 如果是借用资源，那么只能在当前的作用域或更小的作用域内使用资源。
- 所有者负责释放资源，其他人不能释放资源。

14.3　调试内存泄漏

之前我们讨论了如何使用 RAII 来编写无内存泄漏的代码，然而，在实际工作中，我们可能会遇到内存泄漏问题，这使得排查和解决 C/C++ 程序的内存泄漏问题显得尤为重要。

相比那些带有垃圾回收功能的编程语言，在 C/C++ 程序中，内存泄漏问题可能会更为"常见"。下面来看一个例子：

```
void g();

void f() {
  int* p = new int(3);
  g();
  delete p;
}

void g() {
  throw 3;
}
int main() {
```

```
  try {
    f();
  } catch(...) {
  }
}
```

在上述例子中，当函数 g()抛出异常时，已经分配给指针 p 的内存可能会发生泄漏。

我们可以将 C++的内存泄漏问题划分为两大类：

● 独占所有权的内存泄漏。

● 共享所有权的内存泄漏。

每类内存泄漏问题都有自己独特的解决方案。例如，刚才讨论的例子中的内存泄漏属于独占所有权的内存泄漏。

对于独占所有权的内存泄漏问题，其实比较容易解决。当前已经有许多工具可以用来检测和处理这类内存泄漏，例如常用的 Google Leak Sanitizer，它已经集成到 Google Address Sanitizer 里面了。

例如，可以使用以下命令编译并运行前面的示例代码：

```
g++ -fsanitize=address -std=c++17 -g mem_leak.cpp -o mem_leak
```

此命令使用了 Google 的地址清理工具-fsanitize=address，该工具可以在运行时检测许多内存错误，包括内存泄漏。-std=c++17 指定编译器使用 C++17 标准进行编译，而-g 选项用于生成调试信息。

运行这个程序，如果存在内存泄漏，就会得到一份详细的内存泄漏报告，这份报告可以帮助我们定位和解决代码中的内存泄漏问题，如下所示。

```
=================================================================
==108123==ERROR: LeakSanitizer: detected memory leaks

Direct leak of 4 byte(s) in 1 object(s) allocated from:
    #0 0x7f688a57f690 in operator new(unsigned
long) ../../../../libsanitizer/asan/asan_new_delete.cc:90
    #1 0x400a33 in f() /ef/t.cpp:4
    #2 0x400aff in main /ef/t.cpp:14
    #3 0x7f688984b554 in __libc_start_main ../csu/libc-start.c:266

SUMMARY: AddressSanitizer: 4 byte(s) leaked in 1 allocation(s).
```

Google 的地址清理工具的工作原理是在分配内存时记录分配的调用栈。当程序块结束时，工具会遍历所有未被释放的内存，并打印出相关的调用栈。因此，我们可以通过检查这些调用栈来确定哪些内存分配未被正确释放。

对于共享所有权的内存，目前的工具都存在一些限制。这是因为在共享所有权的情况下，内存通常由智能指针管理。然而，如果智能指针的引用计数出错，无论是增加了还是减少了引用计数，工具都无法直接捕获问题确切发生的地点和时间。

那么，如何解决共享所有权的内存泄漏问题呢？我们可以将这种内存泄漏问题细分为两类：稳定重现的和随机出现的。

- 对于稳定重现的内存泄漏，可以使用二分法，通过多次试验来缩小泄漏的代码区域，从而发现问题所在。
- 对于随机出现的内存泄漏，可以在增加或减少引用计数的地方打印调用栈，然后比较存在内存泄漏和不存在内存泄漏的调用栈。这样就可以找出问题所在的调用栈，一旦找到问题，就可以轻松地解决它。

关键问题是如何打印调用栈。在 Linux 系统中，我们可以使用 backtrace 库。然而，在实际操作中，这种方法的性能开销较大，可能会引入所谓的"海森堡效应"。海森堡效应是指观测过程可能会影响到观测结果。也就是说，当我们试图打印调用栈时，可能会使得 bug 消失。

这种现象为何会发生呢？因为无法稳定重现的内存泄漏很可能是多线程 bug，而这种 bug 与程序的运行状态紧密相关。因此，我们需要一种能够快速打印调用栈的方法。

如何快速打印调用栈呢？可以参考 Google 的地址清理工具的实现方式。其大致原理是通过栈顶指针的偏移来获取调用栈，然后恢复相关的符号表。读者可以阅读 GAS 的源代码[1]来深入了解。

14.4　本章小结

内存泄漏在大型程序中是一个常见的问题。各种编程语言中都可能出现内存泄漏的情况，特别是在 C++中，由于其不具备自动的垃圾回收机制，使得内存泄漏问题更为突出。因此，学习如何调试并解决这种问题是非常必要的。在本章中，强调使用 RAII 和智能指针来编写尽量避免内存泄漏的程序，并介绍了几种有效的内存泄漏调试方法，希望能为读者在面对此类问题时提供有力的帮助和指导。

---

[1] https://github.com/llvm/llvm-project/blob/0f339e6567bffb290e409ef5de272fb75ce70234/compiler-rt/lib/sanitizer_common/sanitizer_stacktrace_printer.cpp#L159

第 15 章

协　　程

协程在许多主流编程语言中都已得到了广泛的应用，这体现了其在编程中的重要性。当然，这也意味着我们需要调试涉及协程和异步的代码。本章将深入探索 C++20 中的协程特性，并为之后的协程调试工作打下坚实的基础。

在最基本的层面上，协程可以视为一种特殊的函数，其独特之处在于它支持暂停（Suspend）和恢复（Resume）的操作。这意味着可以在函数执行到某个特定位置时暂停它，转向执行其他任务，而后在适当的时候，从暂停的地方继续执行这个函数。如图 15-1 所示的灰色区域代表一个协程，当它被调用时，可以在不同的线程中分别执行其不同的部分。

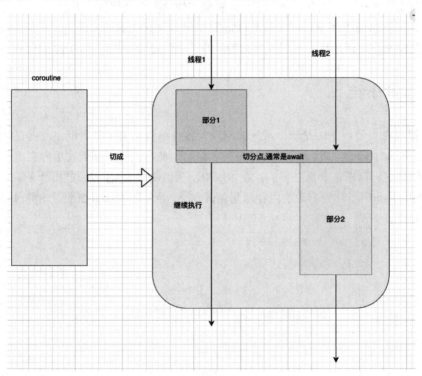

图 15-1　协程示例

那么，为什么需要将一个完整的函数拆分为多个部分去执行呢？因为这种拆分可以带来一个好处，就是各个函数片段可以在不同的时间点执行。这使得当某些任务在当前条件下尚不适合执行时，我们可以选择将它暂时挂起，等到条件成熟时再进行处理，而不是阻塞地等在原地。此外，协程可以让我们将一个耗时较长的任务分割成多个小片段，从而避免连续、长时间地占用 CPU。

为了理解 C++协程的工作原理，需要深入探讨其背后的机制。接下来通过简单的代码来理解其原理。

15.1　C++协程

如果读者知道 JavaScript，就会明白它的协程写法非常简洁明了：

```
async reply() {
  get_name(); // 普通函数调用
  const data = await read_data(); //等待异步函数返回后，程序再继续执行
  const res = await write(data);
  return res;
}
```

这与同步代码非常相似，唯一的区别是在需要等待的函数调用前使用了 await 关键字，并且整个函数前面标注了 async 关键字。尽管在逻辑上，这些代码是按照书写的顺序执行的，但实际上它们是异步执行的。

那么，C++中的协程又是如何呈现的呢？虽然 C++更接近底层编程，但其协程的代码结构与其他高级语言非常相似，例如：

```
sync<int> reply() {
  get_name(); // 普通函数调用
  std::string data = co_await read_data();
  int res = co_await write(data);
  return res;
}
```

在上述代码中，我们观察到了 co_await 关键字的使用，它与 JavaScript 中的异步特性有些相似。但是，让上述 C++代码成功编译并不是件容易的事。完整且可运行的代码已列在附录 C 中，读者可以看到其中包含了很多需要深入理解的细节。简单总结，C++中的协程实现依赖于两个关键点：一是需要编译器的支持，这通常意味着应使用较新的 C++编译器版本；二是开发者必须遵循编译器的约定，编写相应的特定代码。

下面是从附录 C 截取的代码，它展示了如何实现协程功能：

```
template<typename T>
class lazy {
    bool await_ready()
    {
        const auto ready = this->coro.done();
        Trace t;
        std::cout << "Await " << (ready ? "is ready" : "isn't ready") << std::endl;
        return this->coro.done();
```

```
        }
        void await_suspend(std::experimental::coroutine_handle<> awaiting)
        {
            {
                Trace t;
                std::cout << "About to resume the lazy" << std::endl;
                this->coro.resume();
            }
            Trace t;
            std::cout << "About to resume the awaiter" << std::endl;
            awaiting.resume();
        }
        auto await_resume()
        {
            const auto r = this->coro.promise().value;
            Trace t;
            std::cout << "Await value is returned: " << r << std::endl;
            return r;
        }
    }
}

lazy<std::string> read_data()
{
    Trace t;
    std::cout << "Reading data..." << std::endl;
    co_return "billion$!";
}

lazy<int> write_data()
{
    Trace t;
    std::cout << "Write data..." << std::endl;
    co_return 42;
}

sync<int> reply(int i)
{
    std::cout << "Started await_answer" << std::endl;
    auto a = co_await read_data();
    std::cout << "Data we got is " << a  << std::endl;
    auto v = co_await write_data();
    std::cout << "write result is " << v << std::endl;
    co_return 42;
}
```

reply()函数中使用了 co_await 关键字，这意味着它是一个协程。为此，我们需要让 sync<int>

支持特定的接口，具体细节将在后续章节一一进行深入探讨。

另外，read_data()和 write_data()都被用作 co_await 的对象。一个被 co_await 的对象实际上代表了一个异步操作。这种操作不一定会立即执行直到结束，而是可能在未来某个时刻完成。它们返回的类型 lazy<T>需要支持以下 3 个接口：

● await_ready()：判断被 co_await 的对象（例如 read_data(), write_data()）是否应该挂起当前的协程（如 reply()）。

● await_suspend()：在挂起时，定义何时可以继续执行（Resume）。

● await_resume()：规定当被 co_await 的对象恢复执行时，应该返回什么值。

co_await 结构如图 15-2 所示。

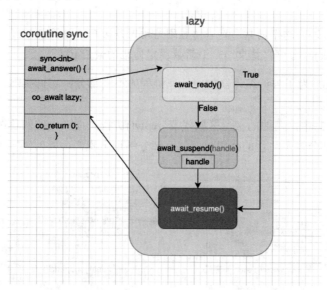

图 15-2 co_await 结构

因此，使用 co_await 的代码在等待异步操作完成之前会被暂停。当异步操作结束时，控制权会回到 co_await 之后的代码。例如，read_data()函数可能会从硬盘或网络中读取数据，这样的操作通常需要一定的时间。通过使用协程，我们可以在等待数据时释放 CPU 供其他任务使用，一旦数据读取完成，代码就会继续执行。

15.2 协程的切分点

我们知道协程是一种可以暂停和恢复的函数，借助它可以在特定的位置将函数的执行暂停，然后执行其他任务；在适当的时间，再从暂停的地方恢复该函数继续执行。那么 C++是怎么来切分程序呢？现在我们来进一步探讨上述 reply 协程的运行机制。

```
sync<int> reply()
{
    std::cout << "Started await_answer" << std::endl;
    auto a = co_await read_data();
    std::cout << "Data we got is " << a << std::endl;
    auto v = co_await write_data();
    std::cout << "write result is " << v << std::endl;
    co_return 42;
}
```

为了确保这段代码可以成功运行，sync<int>必须包含一个名为 promise_type 的内部类。这个内部类需要实现特定的方法来分割程序，这些方法共同确保协程在运行时可以在切分点灵活地暂停和恢复。特定的方法如下：

- initial_suspend(): 这个函数决定当协程刚启动时是否应该立即被挂起。
- final_suspend(): 当协程结束，这个函数决定协程的最后状态。

这些方法的存在是为了告诉编译器如何处理协程的不同部分，它们实际上允许我们控制协程的暂停、恢复和结束。

例如，在图 15-3 中，左边的灰色区域代表 reply()协程，而右侧的灰色区域代表与之关联的 promise_type。深色部分表示协程的代码，而浅色部分标识出我们可以暂停协程的位置。

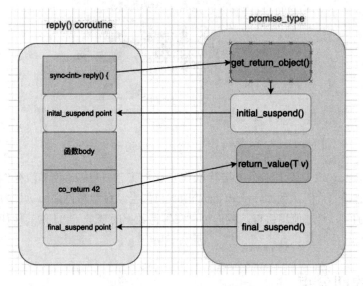

图 15-3   promise_type 的切分

reply()协程有两个暂停的点，分别是 initial_suspend 点和 final_suspend 点。从名字上就可以看出，initial_suspend 发生在协程刚开始的时候，而 final_suspend 发生在协程结束时。

例如，编译器会在 initial_suspend 点插入以下代码：

```
auto initial_suspend()
{
    Trace t;
    std::cout << "Started the coroutine, don't stop now!" << std::endl;
    return std::experimental::suspend_never{};
}
```

这里的 initial_suspend()返回的 std::experimental::suspend_never 表明协程在启动时不应该被挂起。与此相反，final_suspend 点表示当协程执行到最后时应该做什么。在本例中，它会暂停协程的执行，如下所示：

```
auto final_suspend() noexcept
{
    Trace t;
    std::cout << "Finished the coro" << std::endl;
    return std::experimental::suspend_always{};
}
```

这使得开发者可以按照自己的意图，将特定的逻辑接入协程的关键位置，从而实现对协程的控制。

15.3　协程之诺

如前所述，编译器会在特定位置插入某些接口，使函数转变为协程，这些接口的功能由 promise_type 提供。promise_type 在 C++的协程机制中占据了核心位置，它是协程与其调用者之间沟通的桥梁。以下将对 promise_type 还需实现的接口进行深入的探讨，以帮助读者更好地理解其工作原理及重要性。

如图 15-4 所示，除了两个切分点 initial_suspend 和 final_suspend 之外，promise_type 还需要提供如下的相应接口：

- get_return_object()：它定义了当协程开始执行时如何获取返回的协程对象。
- return_value()：协程的返回值。如果协程返回 void，则需要 return_void()；如果协程内部使用了 co_yield，则需要 yield_value()。

编译器会将这些接口插入协程的关键位置，因此，当协程运行到特定位置时，会自动执行这些接口函数。

那么，如何更为深入地理解 promise_type 呢？从名称"promise"开始，这意味着它是一个承诺或对未来的期望。它负责指导协程的行为（正如我们的未来期望会指导我们的行为），同时还要向调用者提供协程的结果，因为这是它给予调用者的承诺。因此，除了上面提到的接口之外，promise_type 还存储了协程的返回值。当协程执行完成后，我们可以通过 Promise 获取到这个返回值：

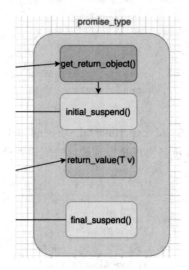

图 15-4　promise_type 接口

```
struct promise_type
{
    T value;  // 存储 coroutine 的返回值
    promise_type()
    {
        Trace t;
        std::cout << "Promise created" << std::endl;
    }
}
```

在上述代码中，value 成员存储了协程的结果。当在协程中调用 co_return res 时，其实是将 res 值存储到了 value 中，代码如下：

```
auto return_value(T res)
{
    Trace t;
    std::cout << "Got an answer of " << res << std::endl;
    value = res;
    return std::experimental::suspend_never{};
}
```

而对于协程的调用者来说，例如 read_data()协程的调用者 reply()，可以方便地获取 value 的值。调用者在初始调用 read_data 协程时，会通过 get_return_object()获取协程的 handle，并通过这个 handle 来访问协程的返回结果。以 main 函数为例，其中的变量 a 其实存储的是从 get_return_object 返回的 handle，即 sync<int>。我们可以通过 a.get()来访问 Promise 中的 value。

```
int main()
{
    std::cout<<"Start main().\n";
```

```
    auto a = reply();
    return a.get();
}
```

总之，sync<T>和 lazy<T>都是 promise_type 的 handle。调用者通过它们可以访问到协程的返回结果。而 promise_type 负责指导协程的行为，通过在关键位置插入接口来控制协程的执行。为了更好地理解这个概念，建议读者亲自运行附录 C 一个简单的 C++Coroutine，感受其中的运作机制。

- 协程的承诺：从字面上看，promise_type 是一种承诺，它保证协程将提供某种结果。这个"承诺"在协程的生命周期内始终存在，并伴随着它的各种状态变化。
- 功能定位：promise_type 定义了协程如何启动、暂停、恢复和结束。通过它，我们可以插入自定义的逻辑来影响协程的行为。
- 存储返回值：在协程中，当使用 co_return 返回一个值时，这个值实际上被存储在 promise_type 的一个成员变量中。这为调用者提供了一种方式来获取协程的结果。
- 生命周期管理：promise_type 的构造函数和析构函数可以用来管理协程的生命周期，从而提供有关协程创建和销毁的额外信息。
- 与调用者的交互：通过 promise_type 的 get_return_object 方法，调用者可以获取一个与协程关联的 handle。这个 handle 允许调用者在外部控制和查询协程的状态。
- 异常处理：promise_type 的 unhandled_exception 方法提供了一种机制来处理协程中未捕获的异常，确保异常不会导致程序意外终止。

在 C++的协程机制中，promise_type 不仅仅是一个简单的数据容器，它实际上是整个协程架构的核心，决定了协程的行为和与外部世界的交互方式。理解 promise_type 的工作原理和功能对于编写有效的协程代码至关重要。

15.4 本章小结

C++中的协程在原理上与其他主流编程语言的协程有诸多相似之处，但它也具有独特的特点和结构。因此，要想有效地调试使用 C++协程的程序，深入理解其背后的原理至关重要。本章对此进行了详尽的讨论，揭示了 C++协程的工作原理和细节。希望通过这些讲解，读者能够构建出一个与自己的思维方式相匹配的概念模型，并在实际的 C++协程开发和调试中得心应手地应用它。

第 16 章

远程调试

远程调试是一种调试方法，允许开发者在一台计算机（通常称为主机或调试器）上调试在另一台计算机（通常称为目标计算机或被调试机）上运行的程序。远程调试在以下场景中非常有用：

（1）当开发者无法在本地计算机上复现问题时，可以在实际出现问题的计算机上进行调试。

（2）当目标计算机的硬件、操作系统或其他环境与开发者的计算机不同时，远程调试可以帮助定位与环境相关的问题。

（3）当需要调试嵌入式系统、移动设备或其他具有特殊硬件或软件环境的设备时，远程调试是必要的，因为这些设备通常无法直接在开发者的计算机上运行。

（4）对于分布式系统或需要在多台计算机上协同工作的应用程序，远程调试可以帮助诊断跨机器的问题。

远程调试涉及两个主要组件：远程调试器（例如 GDB、Visual Studio、Eclipse 等）和目标计算机上的调试代理（例如 gdbserver、Visual Studio 远程调试监视器等）。以下是远程调试的一般步骤：

步骤01 在目标计算机上安装并运行调试代理。调试代理负责与正在运行的程序进行交互，执行调试器发出的指令，如设置断点、单步执行、检查变量等。

步骤02 在开发者的计算机上启动远程调试器，并将它连接到目标计算机上的调试代理。这通常需要提供目标计算机的 IP 地址和调试代理监听的端口号。

步骤03 使用远程调试器加载程序的源代码和符号信息。这使得开发者可以在源代码级别进行调试，而不仅仅是汇编指令级别。

步骤04 在远程调试器中执行调试操作，如设置断点、单步执行、查看变量等。调试器将这些操作转换为调试命令，并通过网络发送到目标计算机上的调试代理。调试代理执行这些命令，并将结果返回给调试器。

通过这种方式，开发者可以在本地计算机上使用熟悉的调试工具和界面，方便远程对目标计算机上的程序进行调试。远程调试可以帮助开发者更快地定位和解决问题，特别是在复杂的分布式系统或特殊硬件/软件环境中。

不同的调试器远程调试的步骤会有所差异，本章主要介绍 GDB 远程调试和 Visual Studio 远程调试的步骤。由于软件会不停地更新换代，因此具体的步骤会随着版本更新而有所改变，本章介绍的仅仅是为了大致的理解和参考，等读者真正使用的时候，还需要参考调试器对应版本的文档。

16.1 GDB 远程调试

使用 GDB 进行远程调试需要在目标计算机上运行 gdbserver，并在开发者计算机上运行 GDB。下面是使用 GDB 进行远程调试的主要步骤。

步骤01 准备目标计算机：

①确保目标计算机上已安装 gdbserver。如果尚未安装，则根据目标系统的软件包管理器进行安装。

②将待调试的程序及其依赖库（如有必要）部署到目标计算机。

步骤02 在目标计算机上启动 gdbserver：

①打开目标计算机上的终端。

②使用以下命令启动 gdbserver：

```
<IP>:<PORT> <EXECUTABLE>
```

参数说明：

- <IP>：目标计算机的 IP 地址。可以使用 0.0.0.0 监听所有网络接口。
- <PORT>：gdbserver 监听的端口号。选择一个未被其他服务占用的端口。
- <EXECUTABLE>待调试程序的可执行文件路径。

③gdbserver 将启动并等待来自 GDB 的连接。

步骤03 准备开发者计算机：

①确保已安装 GDB。如果尚未安装，则根据开发者计算机的软件包管理器进行安装。

②获取待调试程序的源代码和编译符号。确保在编译时使用了-g 选项，以包含调试信息。

步骤04 在开发者计算机上启动 GDB 并连接到 gdbserver：

①打开开发者计算机上的终端。

②使用以下命令启动 GDB：

```
gdb <EXECUTABLE>
```

参数说明：

- <EXECUTABLE>：待调试程序的可执行文件路径（带有调试信息的本地副本）。

③在 GDB 命令提示符下，输入以下命令，以连接到目标计算机上的 gdbserver：

```
target remote <IP>:<PORT>
```

参数说明：

- <IP>：目标计算机的 IP 地址。
- <PORT>：gdbserver 监听的端口号。

步骤 05 使用 GDB 进行远程调试：

① 在 GDB 中设置断点：break<FUNCTION>或 break<FILENAME>:<LINENUMBER>。

② 开始远程调试，continue 或 c。

③ 单步执行：step 或 s（逐行执行）和 next 或 n（跳过函数调用）。

④ 查看变量值：print<VARIABLE>。

⑤ 修改变量值：set variable<VARIABLE>=<VALUE>。

⑥ 获取调用栈：backtrace 或 bt。

⑦ 切换栈帧：frame<NUMBER>。

⑧ 退出远程调试：disconnect。

以上是使用 GDB 进行远程调试的基本步骤。通过这些步骤，我们可以在开发者计算机上使用 GDB 调试在目标计算机上运行的程序。这使得我们能够对运行在远程系统或具有特殊硬件/软件环境的程序进行调试。在远程调试过程中，可以使用 GDB 提供的各种功能，如设置断点、单步执行、查看和修改变量值等。

16.2　Visual Studio 远程调试

Visual Studio 远程调试是一个非常有用的功能，尤其是当我们需要在一台机器上编写代码，而在另一台机器上运行和调试它时。以下是 Visual Studio 2019 远程调试的基本步骤。

步骤 01 安装远程调试工具：确保在目标计算机上安装了 Visual Studio 远程调试工具。这是一个轻量级的安装程序，不需要安装完整的 Visual Studio。

步骤 02 设置防火墙：确保目标计算机的防火墙允许调试连接。通常，我们需要为 msvsmon.exe（这是远程调试工具的核心程序）设置一个入站规则。

步骤 03 启动远程调试监视器：在目标计算机上运行 msvsmon.exe[1]，启动远程调试监视器。

步骤 04 设置身份验证：可以选择"No Authentication"（但这是不安全的，只在信任的网络上使用）或"Windows Authentication"。如果选择 Windows Authentication，请确保开发者计算机上的账户有权访问目标计算机。

---

[1] Visual Studio 2022 对应的远程程序在 https://learn.microsoft.com/en-us/visualstudio/debugger/remote-debugging?view=vs-2022。

步骤 05 从 Visual Studio 连接：

①在开发者计算机上，打开 Visual Studio，并打开要调试的项目。

②在"调试"菜单中，选择"附加到进程"。

③在"传输"类型中，选择"远程（无验证）"或"远程（Windows）"，具体取决于之前的
选择。

④在"资格"字段中，输入目标计算机的名称。单击"刷新"按钮，应该能看到目标计算机
上的所有进程。

⑤从进程列表中选择想要调试的进程，然后单击"附加"按钮。

步骤 06 开始调试：一旦附加到远程进程，就可以像在本地计算机上一样进行调试了。

注意：确保目标计算机上的代码和符号与开发者计算机上的版本匹配，否则调试信息可能不准确。

16.3　本章小结

当我们在本地遭遇难以复现的 bug，或者复现一个 bug 需要消耗大量时间，而其他机器却可以
轻松地重现该 bug 时，远程调试成为一种效率极高的解决手段。它可以避免我们陷入冗长和无果的
bug 复现过程中。然而，需要注意的是，不同的调试器具有各自的远程调试步骤和设置，甚至相同
的调试器在其不同版本之间也可能存在配置上的差异。因此，本章仅为入门导引，旨在启发思路。
想要深入了解和掌握远程调试的具体步骤和配置，笔者强烈推荐读者直接访问相应调试器的官方网
站，并根据具体的版本来查询和学习。

第 17 章

容器世界

容器（Container）是一种虚拟化技术，它允许在同一台主机上独立运行多个应用程序或服务，每个应用程序或服务都具有自己的运行时环境和依赖。容器技术的出现解决了应用程序在不同环境中的部署、扩展和运行问题，使得软件开发和部署过程更加高效和可靠。

容器的主要特点是轻量级和快速启动。它们在操作系统层次实现虚拟化，而不是在硬件层次。这意味着容器共享主机操作系统的内核，但在文件系统和进程空间等方面是隔离的。这种隔离使容器之间的相互影响最小化，同时提供了较高的性能。

容器技术的一个重要组成部分是容器镜像。容器镜像是一个轻量级、可执行的独立软件包，包含应用程序、运行时环境、系统库、设置和依赖等。镜像可以轻松地在不同的环境中部署和运行，从而实现应用程序的一致性和可移植性。

Docker 是目前流行的容器平台之一，它提供了容器的创建、管理和部署等功能。除了 Docker 之外，还有其他容器技术，如 LXC（Linux 容器）、rkt 和 containerd 等。

容器技术通常与编排工具（如 Kubernetes）一起使用，以便更有效地管理、部署和扩展容器化应用程序。容器技术已经成为现代软件开发和部署的核心组成部分，特别是在云计算和微服务架构的环境中。

接下来，是一个使用 Docker 容器运行 C++程序的简单示例，我们将创建一个简单的 C++程序，并使用 Docker 容器进行编译和运行。

17.1 容器示例

首先，确保 Docker 已经安装并运行在系统上。然后执行以下步骤：

步骤01 创建一个名为 hello_world.cpp 的文件，然后将以下 C++代码添加到文件中：

```
#include <iostream>

int main() {
    std::cout << "Hello, World!" << std::endl;
    return 0;
}
```

步骤02 创建一个 Dockerfile，它是一个脚本，包含了构建和运行容器镜像所需的指令。

在与 hello_world.cpp 相同的目录下创建一个名为 Dockerfile 的文件，然后添加以下内容：

```
# 基于官方的 GCC 镜像
FROM gcc:latest

# 将工作目录设置为/app
WORKDIR /app

# 将 C++源文件从主机复制到容器中的/app 目录
COPY hello_world.cpp /app

# 使用 g++编译 C++程序
RUN g++ hello_world.cpp -o hello_world

# 运行编译后的可执行文件
CMD ["/app/hello_world"]
```

步骤 03 打开终端或命令提示符，进入包含 hello_world.cpp 和 Dockerfile 的目录，运行以下命令以构建 Docker 镜像：

```
docker build -t hello_world_cpp .
```

注意末尾有个点号，表示使用当前目录下的 Dockerfile。如果没有这个点号则运行会报错。

这将使用 Dockerfile 中的指令构建一个名为 hello_world_cpp 的 Docker 镜像。

步骤 04 构建完成后，运行以下命令以创建并启动一个新的 Docker 容器，该容器将运行我们的 C++程序：

```
docker run --rm hello_world_cpp
```

这将输出"Hello, World!"，表示 C++程序已成功在 Docker 容器中运行。--rm 表示容器停止后直接删除，不再保留。

在本例中，使用了官方的 GCC 镜像作为基础镜像，并在其中编译和运行 C++程序。这种方法可以确保 C++程序在一个干净、隔离且一致的环境中运行，无须在主机系统上安装任何依赖项。

17.2 容器应用

上一节给出了一个简单的容器示例，而在实际产品中应用程序会比较复杂，容器技术通常与编排工具（如 Kubernetes）一起使用，以便更有效地管理、部署和扩展容器化应用程序。许多应用程序在容器出现之前就已经存在，这意味着它们需要一定的工作才能运行在容器里面。而当三者连接在一起的时候，我们需要理解清楚它们各自的逻辑关系，才能更好地发挥它们的效果。

大部分在容器出现之前就存在的程序，或多或少都会假定直接运行在操作系统中，因此需要修改应用程序才能运行在容器中。需要修改的地方可以分为两个部分：一个是与应用程序紧密耦合的部分，另一个是容器特有的要求。

对于与应用程序紧密耦合的部分，必须修改应用程序。曾经假定程序可以看到操作系统的情况，但当程序处于容器内时，因为容器的隔离性，假定已经不成立。这时我们需要区分看到的内容，什么是操作系统全局的，什么是容器限定的。

举个简单的例子，在容器里面使用 top 命令，得到的是整个机器内存和 CPU，而不是容器可以使用的内存和 CPU。所以曾经那些使用相同的原理获取内存和 CPU 信息不再适用于运行在容器里的应用程序。

因此，应用程序需要区分程序是否运行在容器中。如何区分呢？方式比较多，下面简单列举一些。

1. 查看 cgroup 信息

/proc/1/cgroup 文件会显示当前进程的控制组信息。在容器中运行的进程通常会有与主机不同的控制组。

对于 Docker，可以检查该文件是否包含诸如/docker/这样的路径。

```
cat /proc/1/cgroup
```

如果看到了/docker/或/kubepods/等与容器相关的路径，那么很可能程序正在容器中运行。我们可以在 docker engine 源代码[1]看到类似的实现。

2. 查看主机名

Docker 容器通常会有一个随机分配的主机名。

```
cat /etc/hostname
```

如果这个主机名看起来像是 Docker 分配的随机字符串，那么它可能在容器内部。

3. 环境变量

Docker 和其他容器技术有时会在容器内部设置特定的环境变量。

```
env | grep DOCKER
```

如果看到与 Docker 相关的环境变量，那么程序可能正在容器内部运行。

4. 查看进程树

在容器中，进程 ID 为 1 的进程通常是容器的入口进程，而在常规的系统中，进程 ID 为 1 的进程通常是 init 系统（例如 systemd 或 init）。

```
ps auxf
```

---

[1]https://github.com/docker/engine/blob/master/pkg/parsers/operatingsystem/operatingsystem_linux.go#L71

如果看到的进程树与预期的系统进程树大不相同，或者 PID 为 1 的不是期望的系统 init 进程，那么程序可能正在容器中运行。

注意，这些方法并不是绝对的，因为容器技术和配置可能会变化。但它们可以提供一些线索帮助我们进行判断。如果确实需要在代码中检测这些条件，建议同时使用多种方法以获得更准确的结果。

如果修改应用程序来适应容器比较耗时，往往也可以通过添加抽象层来解决问题。比如应用程序通常都会有自己的启动逻辑，可能需要准备相应的工作、设置状态才能真正运行，这时可以通过添加启动层来负责启动应用程序。

启动层可以根据团队的技术栈来选择。如果添加的启动层需要额外引入依赖，那么添加启动层可能会增大容器的镜像。启动层的优点在于通常都会使用编程语言（JavaScript 或者 Python 等）编写，开发人员比较容易上手，程序迭代比较迅速。

17.3　C/C++容器调试

正如我们在前面所看到的，C/C++程序有其自身特点，在容器中也是一样。当我们需要在容器中调试程序的时候，也需要特定的操作才能实现调试功能。

当我们试图使用 GDB 调试容器中的应用程序的时候，会得到如下的报错：

```
(gdb) r
Starting program: /root/main
warning: Error disabling address space randomization: Operation not permitted
warning: Could not trace the inferior process.
warning: ptrace: Operation not permitted
During startup program exited with code 127.
```

可以看到，虽然启动程序的用户是 root，但是仍然无法使用 ptrace 来跟踪应用程序。

调试 C/C++程序需要我们在启动程序的时候添加特定的选项。如果是通过 Docker 来启动，那么需要添加：

```
"--privileged", "--cap-add=SYS_PTRACE", "--security-opt", "seccomp=unconfined"
```

有了这些选项，我们就可以使用 ptrace 来调试程序。C/C++程序的调试必须用到 ptrace（在第 1 章提及），像 Go/Rust 这些需要 ptrace 来调试的应用程序也类似。

完整的 Docker 启动命令如下：

```
docker run --name app --network=aba-network --hostname <name> -p <port>:<port> --mount
type=bind,source=/tmp,target=/target --cap-add=SYS_PTRACE --security-opt
seccomp=unconfined --privileged -it <image>
```

在使用 Kubernetes 的时候，需要在相应的 deployment 添加如下选项：

```
securityContext:
```

```
    capabilities:
     add: [ "SYS_PTRACE" ]
    runAsUser: 0
    privileged: true
```

17.4　实战故事 10：CrashLoopBackOff

在产品发布的前夕，我们的测试机器突遭困扰：运行在 Kubernetes 上的服务器程序陷入了"CrashLoopBackOff"的循环，它不断尝试启动、失败、再启动。

开发团队迅速检查 Kubernetes 的日志，发现了多种错误信息，其中包括数据库登录错误、默认系统管理员登录错误和服务器配置修改错误等。值得注意的是，服务器配置修改错误在之前已经出现过。

团队投入大量时间，尝试找出是否包含修复的代码，但经过长时间的调查，问题仍然未得到解决。此时，笔者加入讨论，仔细分析了错误日志。由于管理人员登录错误的提示较为突出，笔者对此产生了浓厚的兴趣。不过，这里先不讨论应用在启动时为什么需要默认系统管理员登录的问题。

直觉告诉我，问题很可能出在管理员的登录密码上。因为用户名是固定的，所以问题只能出在密码上。密码是由部署程序自动生成的，虽然这个逻辑已经运行了很长时间，但是仍然有可能出现错误。直接深入部署程序去寻找错误似乎并不明智，因为它由其他团队编写，而且结构复杂。

因此，首要任务是确认密码是否有问题。之前的测试显示服务器最初是正常的，问题似乎出现在测试的尾声。为了验证猜测，笔者决定绕过系统管理员的登录步骤。由于服务器程序的启动依赖于一个由 JavaScript 编写的启动层，因此调整了 Kubernetes 的部署设置，使其直接运行 shell 命令，这样能进入容器内部。在那里，因此修改了 JavaScript 代码，跳过了管理人员的登录步骤，然后再次启动。

果不其然，服务器成功启动了。接下来，通过网页访问，因此尝试登录管理人员账户，发现密码确实被修改过。至于密码是如何被更改的，已经不是当前的焦点了。

17.5　实战故事 11：liveness failure

这也是一个 Kubernetes 集群中的棘手问题。我们的一位重要客户反映，他们使用的产品中的核心服务器会周期性地重启，大约每 30 分钟重启一次。通过技术支持团队的帮助，我们收集了相关的 Kubernetes 日志，包括 kubectl logs、kubectl describe 以及服务器日志。

从 kubectl describe 中发现，容器的健康检测未能通过，这导致 Kubernetes 认为该容器无法正常工作，因此做出决策将它终止并重启。最初的怀疑是容器内程序出现了崩溃，导致健康检测失败，当我们查看核心服务器日志时，发现它们似乎并不与 Kubernetes 的日志相匹配。因此，我们请求客户提供更多关于程序的日志。

值得注意的是，在我们的内部 Kubernetes 集群上，使用客户提供的元数据备份进行测试，却无法复现同样的问题。

经过多轮日志收集和反馈分析，问题的原因仍然扑朔迷离。某次在客户的产品日志中，我们注意到一个与数据库登录相关的密码错误。实战故事 11 其实跟这个故事有一丝关联，在时间顺序上，现在的问题发生在实战故事 11 的一两个月后，这个关联迷惑了许多工程师。

在看到数据库登录的密码错误时，大部分团队都认为，客户可能篡改了数据库密码，从而导致了这一系列的问题，似乎这一切都是环境问题，而不是代码本身的问题。这似乎是一种"美好"的结果，就像流传的关于程序员的故事："我写的代码没有问题，是你的环境有问题。"

在查看了相关的日志以后，笔者发现这个日志和结论是误导性的。其实也正是因为有了在实战故事中 11 的调查，才确信当前客户的问题不是由于密码错误导致的。因为实战故事 11 中也遇到过类似的数据库密码错误，并证实那时的错误与主要问题无关，所以笔者决定不过多纠结于此，并继续寻找其他可能的原因。

我们的产品中使用了一个崩溃报告机制，但是在这次事件中并没有收到任何报告，这进一步证明程序并未真正崩溃。

尽管如此，我们仍决定与客户进行线上联调。在客户环境中，我们发现程序可以正常启动，但过了几分钟后，容器就会重启。当容器重启时，我们观察到客户机器的 CPU 和网络使用率都会出现短暂的峰值。

一开始，我们怀疑这是由于容器的内存耗尽导致的，但是经过多次尝试优化和调整，问题依然存在。

直到后来，一位经验丰富的工程师注意到了 liveness probe 的 timeoutSeconds 参数设置为 1 秒，他怀疑这个时间可能过短，导致命令无法在规定时间内完成。

```
livenessProbe:
  exec:
    command:
    - /bin/bash
    - -c
    - '[[ ... || exit 1'
  failureThreshold: 5
  initialDelaySeconds: 1800
  periodSeconds: 30
  successThreshold: 1
  timeoutSeconds: 1
```

于是，我们将这个时间调整为 5 秒，问题终于得到了解决！

回顾整个调试过程，虽然最初笔者也注意到了 timeoutSeconds 的设置，但是因为它有 5 次的重试机会，所以并未太过在意。这再次提醒我们，细节决定成败，有时解决问题最关键的线索可能就隐藏在那些被我们忽略的小细节中。

17.6　本章小结

　　本章重点探讨了如何对应用程序进行改造以适应容器环境，并详细介绍了调试运行在容器内的 C/C++程序的步骤和两个容器调试 bug 的经历。但由于容器和容器编排技术的内容繁多，并且日新月异，对于渴望进一步深入的读者，笔者建议参考官方文档来获取更为详尽和更新的资料。

第 18 章

尽量不要调试程序

本书讲解了大量的高效调试的方法和技巧，但是编程最有效率的状态还是尽量不要调试程序。虽然 bug 无法避免，但是我们可以通过一些编程的方法和技巧来提高编写程序的正确率，从而减少调试程序的次数和时间。本章将强调一些从调试角度来看更有效率的方法。

18.1 借助编译器来提前发现错误

C/C++编译器也是一个程序，经过多年的更新换代，流行的编译器都已经具备许多强大的功能，包括静态分析和报错。从某种意义上说，没有谁比编译器更理解源程序，因为最终的产品就是由它们生成的。所以推荐在编译程序时，开启尽量多的查错功能。例如，要禁止使用未初始化的变量，可以通过如下命令开启：

```
g++ -Wuninitialized -o your_program source.cpp
```

使用-Wuninitialized 选项可以开启未初始化变量的警告。

注意，编译器选项可能会因 g++版本而异，如果使用的是更新的 g++版本，建议查阅相关文档或运行 g++--help 来查看可用的选项。

如果项目允许，可以将编译器警告升级为错误，这样可以有效避免低质量的代码流入源程序，比如下面的编译命令：

```
g++ -Wall -Werror -o your_program source.cpp
```

各选项含义如下：

- -Wall：启用所有警告选项。
- -Werror：将所有警告视为错误，这样编译器会把警告当作错误处理，导致编译失败。

18.2 编写简短的实验代码

当我们对代码的行为没有确定的认知时，通过调试器调试程序并重现相关步骤来获知代码的行为是一种学习的方法，但是这样的方法通常不是那么容易的，并且时间消耗也比较多。为了更快地验证想法或者猜测，可以将代码进行简化，抽取关键的信息，编写简短的实验代码。

简短的代码可以快速和方便地在计算机进行运行和观察，避免了搭建环境和系统设置的种种烦琐步骤。

记得有一次同事向笔者请教：在某个自动化测试中发现了多线程问题，涉及一个底层函数的实现，该函数使用线程、互斥锁实现类似重试的机制，单看代码一时半会理解不了其中的逻辑。产生 bug 原因是作为成员变量的线程声明被放在互斥锁和条件变量之前，这样的声明顺序会导致线程有可能在互斥锁和条件变量还未初始化时就开始运行。我们可以通过阅读 C++ 的手册来证实，也可以通过编写简单的代码得到证实。

本书实战故事中的示例代码全都来自实际产品发生问题的代码，通过简化代码，可以快速地抓住问题的本质并进行各种验证，从而更深入地分析和理解问题。

18.3　日志和监控

18.3.1　日志

日志是应用程序在运行时记录的关于其行为和活动的信息。这些记录可以帮助开发者理解应用程序的运行状态和历史行为，以及在出现问题时追踪和定位问题的源头。

日志的主要组成部分如下：

- 日志级别：例如错误、警告、信息、调试等。
- 时间戳：记录日志条目创建的时间。
- 消息：描述所发生的事件或问题的实际内容。
- 上下文信息：关于事件发生时应用程序状态的其他信息。

日志的最佳实践如下：

- 使用成熟的日志库，如 Python 的 logging 库，Java 的 SLF4J 等。
- 为不同的日志级别设置合适的阈值，避免输出过多不必要的信息。
- 定期归档和旋转日志文件，避免存储空间被快速消耗。
- 使用结构化日志格式（如 JSON），便于后续的日志解析和分析。
- 在日志中避免记录敏感信息，如密码、个人身份信息等。

在软件开发中，日志和错误报告都扮演着至关重要的角色，但它们的受众和目的有所不同。错误报告是用户面前的一个"指示牌"，它会告诉用户程序发生了什么错误，并给出可能的解决方案或建议。例如，一个"关键词不存在"的错误报告可能会引导用户检查是否输入了正确的信息。

相对而言，日志更像是开发者的"导航仪"，它不仅记录了错误信息，还提供了丰富的上下文，如变量的状态、用户操作序列等，以便开发人员能更准确地定位和解决问题。对于同样一个"关键词不存在"的问题，详细的日志需要告诉开发人员是哪个关键词出了问题，发生在什么操作下，从而让他们更有针对性地解决问题。

因此，错误报告面向的是程序的用户，提供了"发生了什么"的信息；而日志面向的是开发人员，提供了"为什么会这样"和"怎么解决"的信息。

18.3.2　监控

监控是实时收集、处理、分析和展示应用程序和系统的运行信息的过程。其主要目的是确保系统正常运行，并在出现问题时快速发出警告。

监控的主要组成部分如下：

- 指标（Metrics）：度量值，如 CPU 使用率、内存使用量、磁盘 I/O、网络流量等。
- 警告（Alerts）：当某个指标超出预定义的阈值时，发出的通知或警告。
- 仪表板（Dashboards）：用于实时展示各种指标和状态的可视化界面。

监控的最佳实践如下：

- 选择合适的监控工具，如 Prometheus、Grafana、Nagios、Datadog 等。
- 定义清晰的警告阈值和响应策略，避免"警告疲劳"。
- 定期审查和调整监控设置，确保其持续适应系统的发展变化。
- 与日志系统集成，便于在出现问题时快速查找相关的日志信息。
- 注意监控数据的存储和归档策略，确保长时间的历史数据仍然可以访问。

将日志和监控相结合可以更加全面地了解应用程序的状态。例如，当监控系统发出警告时，开发者可以查看与警告相关的时间段的日志，快速找到问题的根源。日志和监控是确保系统稳定性和可用性的关键工具，对于任何规模的应用程序都是必不可少的。

18.4　遵循最佳编码实践

C++为程序员提供了广泛的自由度和直接操作硬件的能力，这也带来了一个挑战：编写高效、安全的程序需要有深入的知识和实践经验。幸运的是，经过多年的编程实践，许多程序员总结出了C++的最佳编码实践。这些建议反映了编程领域的集体智慧，可以帮助我们避免常见的错误和难以发现的潜在问题。

站在前人的肩膀上，我们可以更容易地提高代码质量。如果读者所在的团队已经有了编码实践指南，那么应当遵循这些指南。如果没有，推荐访问 CppCoreGuidelines[1]，这是一套为现代 C++（目前涵盖 C++20 和 C++17）设计的核心指南，并考虑了可能的未来增强和 ISO 技术规范。其目的是帮助 C++程序员编写更简洁、更高效、更易于维护的代码。

---

[1] https://isocpp.github.io/CppCoreGuidelines/CppCoreGuidelines.html

18.5　本章小结

　　本章着重于提高调试效率，深入探讨了若干编程方法和规范，详细介绍了如何利用编译器预先发现错误，如何通过编写简洁的实验代码来验证想法，以及如何在程序中加入适当的日志和监控功能。希望这些建议能够为日常的编程工作带来新的启示，进而提高编码和调试效率。

附录 A

调试混合语言

一些应用程序由不同编程语言编写的模块组成，这样的安排可能出于各种原因，例如为了追求更优的原生性能，通过系统 API 调用低级服务，或是为了与旧版软件共存等。调试这样的程序与调试 C/C++ 程序在本质上并没有什么区别，但是我们需要理解每种语言及其运行时环境是如何支持源代码级别的调试的。此外，还应该明白如何正确地协调它们，以便在调试会话中控制执行流程。

使用 C++ JNI 的 Java 程序

混合语言编程的一个重要例子就是含有 C/C++ JNI（Java 本地接口）的 Java 应用程序。遗憾的是，目前并没有调试器能同时处理 Java 和 C/C++语言。通常，我们需要结合使用 Java 调试器和底层系统调试器来调试这类应用程序。如图 A-1 所示，Java 调试器（JDB）通过 Java 虚拟机（JVM）来控制 Java 代码的执行，而底层调试器（如 GDB）用于控制包含 JVM 在内的整个进程的执行。

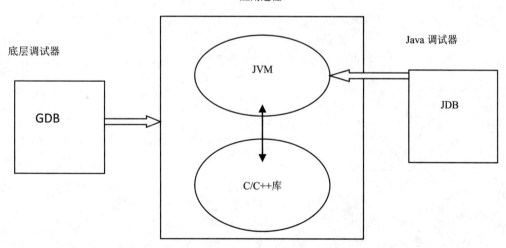

图 A-1　调试 C++和 Java 混合的程序

通常，我们按照以下步骤设置调试环境：

步骤 01 以调试模式启动 Java 程序。

```
java -xdebug -xnoagent -Djava.compiler=none -Xrunjdwp:transport=dt_socket,
server=y,suspend=y prog
```

步骤02 这里的 "suspend=y" 选项让 JVM 在启动时立即与 Java 调试器建立套接字连接，然后暂停执行。

步骤03 将 Java 调试器附加到 JVM。

步骤04 将 GDB 附加到 Java 进程，并在 C/C++代码中设置断点。

步骤05 在 GDB 中让进程继续执行。

步骤06 在 Java 代码中使用 JDB 设置断点，并让 JVM 运行。

至此，我们应该能够完全控制程序了。注意，JDB 和 GDB 同时附加到 Java 进程，程序源代码运行在 JVM 环境中，由 JDB 解析操控，而 JVM 运行在系统实时库之上，由 GDB 控制。因此，当 Java 代码在 JVM 中的断点位置停止时，从系统的角度来看该进程（或者说 JVM）仍在运行，此时进程由 GDB 控制。但是，当 GDB 遇到断点时，包括 JVM 在内的整个进程都会暂停，此时，Java 调试器将无法响应。

附录 B

在 Windows/x86 环境下进行程序调试

许多 Windows 32 位系统都运行在 x86 处理器上。由于 x86 和本书详细讨论的 x86_64 都属于同一系列，因此笔者不再详细讲述与处理器架构有关的主题，例如指令集和应用程序二进制接口；相反，笔者将专注于一些 Windows/x86 环境独有的特性。

B.1 PE 文件格式

Microsoft Windows 使用了 PE（Portable Executable，可移植的执行体）二进制文件格式。这种"便携式"特性意味着该格式不依赖于任何特定的硬件架构。尽管我们已经探讨了 ELF 和 XCOFF 等其他格式，但笔者并不打算深入 PE 格式的所有细节，将主要介绍 PE 格式的独特之处，以便读者可以对比这些格式，理解它们如何描述一个可加载和可执行的映像。读者可能会发现，这些格式之间既存在显著的差异，又有许多令人惊讶的相似之处。

PE 可执行文件以 MS-DOS stub 开始，如图 B-1 所示。MS-DOS stub 是一个小型的 MS-DOS 程序，它的主要作用是当可执行文件在 MS-DOS 环境中运行时，打印出"该程序不能在 DOS 模式下运行"的消息。尽管这是出于向后兼容的考虑，但对于 Windows 应用程序来说并不重要。紧接着 MS-DOS stub 的是 NT 头，其中包含了可执行文件的所有链接信息。随后的部分包含了代码和数据。

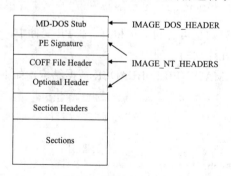

图 B-1　PE 文件格式

MS-DOS stub 的数据结构，以及 PE 文件中使用的许多其他数据结构，都在 winnt.h 头文件中有所声明，具体如下所示。

```
typedef struct _IMAGE_DOS_HEADER {        // DOS .EXE 头
    WORD    e_magic;                      // 魔数
    WORD    e_cblp;                       // 文件最后一页的字节数
    WORD    e_cp;                         // 文件页数
    WORD    e_crlc;                       // 重定位数
    WORD    e_cparhdr;                    // 段头大小
    WORD    e_minalloc;                   // 所需最小额外段落数
    WORD    e_maxalloc;                   // 所需最大额外段落数
    WORD    e_ss;                         // 初始（相对）SS 值
    WORD    e_sp;                         // 初始 SP 值
    WORD    e_csum;                       // 校验和
    WORD    e_ip;                         // 初始 IP 值
    WORD    e_cs;                         // 初始（相对）CS 值
    WORD    e_lfarlc;                     // 重定位表的文件地址
    WORD    e_ovno;                       // 覆写数
    WORD    e_res[4];                     // 保留字
    WORD    e_oemid;                      // OEM 标识符（用于 e_oeminfo）
    WORD    e_oeminfo;                    // OEM 信息：e_oemid 特定
    WORD    e_res2[10];                   // 保留字
    LONG    e_lfanew;                     // 新可执行文件头文件地址
} IMAGE_DOS_HEADER, *PIMAGE_DOS_HEADER;
```

上述数据结构的最后一个字段表示 PE 签名的文件偏移量,PE 签名为四个固定字符:"PE\0\0"。PE 签名后面紧跟的是通用对象文件格式（COFF）的文件头和可选头。这两部分一同被声明为 struct IMAGE_NT_HEADERS,如下所示：

```
typedef struct _IMAGE_NT_HEADERS {
    DWORD Signature;
    IMAGE_FILE_HEADER FileHeader;
    IMAGE_OPTIONAL_HEADER32 OptionalHeader;
} IMAGE_NT_HEADERS32, *PIMAGE_NT_HEADERS32;
```

在这些数据结构后面，有数量可变的节头和节。在 PE 文件中，节是最小的单位。链接器必须将所有节中的原始数据放置在连续的空间中。

COFF 文件头被声明为 IMAGE_FILE_HEADER 数据结构，如下所示。

```
typedef struct _IMAGE_FILE_HEADER {
    WORD    Machine;                      // 目标计算机类型
    WORD    NumberOfSections;             // 节数
    DWORD   TimeDateStamp;                // 文件创建时间
    DWORD   PointerToSymbolTable;         // 符号表的文件偏移量
    DWORD   NumberOfSymbols;              // 符号表条目数
    WORD    SizeOfOptionalHeader;         // 可选头的大小
    WORD    Characteristics;              // 文件的属性
} IMAGE_FILE_HEADER, *PIMAGE_FILE_HEADER;
```

除了指定目标计算机类型和文件的时间戳外，它主要概述了文件的配置，包括有多少个部分、符号表的大小和位置，以及接下来的可选文件头的大小等。

可选头包含了系统加载器和链接器在运行时所需的所有链接信息。它的数据结构可被划分为 3 部分：

（1）与其他 COFF 文件通用的标准字段。

（2）特定于 Windows 的字段。

（3）指向一系列特殊表格的数据目录，例如 Import Table 和 Export Table。

```
typedef struct _IMAGE_OPTIONAL_HEADER {
  //
  // 标准字段
  //

  WORD    Magic;                      // 映像文件的状态
  BYTE    MajorLinkerVersion;         // 链接器主版本号
  BYTE    MinorLinkerVersion;         // 链接器次版本号
  DWORD   SizeOfCode;                 // 所有文本部分的大小
  DWORD   SizeOfInitializedData;      // 所有初始化数据部分的大小
  DWORD   SizeOfUninitializedData;    // 所有未初始化数据部分（BSS）的大小
  DWORD   AddressOfEntryPoint;        // 入口点地址
  DWORD   BaseOfCode;                 // 代码开始地址

  //
  // NT 附加字段
  //

  DWORD   ImageBase;
  DWORD   SectionAlignment;
  DWORD   FileAlignment;
  WORD    MajorOperatingSystemVersion;
  WORD    MinorOperatingSystemVersion;
  WORD    MajorImageVersion;
  WORD    MinorImageVersion;
  WORD    MajorSubsystemVersion;
  WORD    MinorSubsystemVersion;
  DWORD   Win32VersionValue;
  DWORD   SizeOfImage;
  DWORD   SizeOfHeaders;
  DWORD   CheckSum;
  WORD    Subsystem;
  WORD    DllCharacteristics;
  DWORD   SizeOfStackReserve;
  DWORD   SizeOfStackCommit;
  DWORD   SizeOfHeapReserve;
```

```
    DWORD    SizeOfHeapCommit;
    DWORD    LoaderFlags;
    DWORD    NumberOfRvaAndSizes;
    IMAGE_DATA_DIRECTORY DataDirectory[IMAGE_NUMBEROF_DIRECTORY_ENTRIES];
} IMAGE_OPTIONAL_HEADER32, *PIMAGE_OPTIONAL_HEADER32;
```

可选头的最后一个字段是数据目录数组。数据目录（下面代码中以
IMAGE_DATA_DIRECTORY 数据结构形式列出）由数据对象（例如表）的地址和大小构成。所有
的数据目录都可以在运行时被加载和访问。从某种角度看，数据目录的功能类似于 ELF 的.dynamic
部分，其主要目的是在运行时帮助系统找到各种链接信息。

```
typedef struct _IMAGE_DATA_DIRECTORY {
    DWORD    VirtualAddress;
    DWORD    Size;
} IMAGE_DATA_DIRECTORY, *PIMAGE_DATA_DIRECTORY;
```

总共有 16 个数据目录，但并非所有的目录都包含有效数据。可选头中的 NumberOfRvaAndSizes
字段指定了目录的实际数量。表 B-1 列出了所有的目录及其各自的用途。

表 B-1   目录及其用途

索 引	表 格	说 明
0	Export Table	导出符号表（struct IMAGE_EXPORT_DIRECTORY）
1	Import Table	导入符号表（struct IMAGE_IMPORT_DESCRIPTOR 的数组）
2	Resource Table	资源表（struct IMAGE_RESOURCE_DIRECTORY）
3	Exception Table	异常处理程序表（struct IMAGE_RUNTIME_FUNCTION_ENTRY 的数组）
4	Certificate Table	证书（struct WIN_CERTIFICATE 的列表）
5	Base Relocation Table	基址重定位条目表
6	Debug	调试信息条目（struct IMAGE_DEBUG_DIRECTORY 的数组）
7	Architecture	体系结构特定数据（struct IMAGE_ARCHITECTURE_HEADER 的数组）
8	Global Pointer	用作全局指针的相对虚拟地址（仅用于 IA64 体系结构）
9	TLS Table	线程局部存储初始化部分
10	Load Configuration Table	加载配置（struct IMAGE_LOAD_CONFIG_DIRECTORY）
11	Bound Import	绑定的导入表（对于本模块绑定的每个 DLL，都有一个 IMAGE_BOUND_IMPORT_DESCRIPTOR 数组）
12	IAT	第一个导入地址表
13	Delay Import Descriptor	延迟加载信息（struct CImgDelayDescr 的数组）
14	COM+ Runtime Header	可执行文件中 .NET 信息的顶级信息（struct IMAGE_COR20_HEADER）
15	Reserved	保留字段

　　所有的数据目录都指向了在创建程序映像过程中必需的一些关键数据结构。一个特别引人注意的数据目录是导入地址表（IAT），这个表通常被调试工具用于拦截需要观察的目标函数。IAT 数据目录指向一个 IMAGE_IMPORT_DESCRIPTOR 结构的数组，每个被导入的 DLL 都会有一个对应的这样的数据结构。当数组中的最后一个元素的所有字段都被设为 0 时，表示这个表已经结束。下面列出的结构在 winnt.h 文件中声明。name 字段指向一个字符串，这个字符串是被导入的 DLL 的名称。OriginalFirstThunk 和 FirstThunk 两个字段都指向同一 IMAGE_THUNK_DATA 数组，它们通常分别被称为导入名称表（INT）和导入地址表（IAT）。在加载可执行文件时，它们最初具有完全相同的内容。

```
typedef struct _IMAGE_IMPORT_DESCRIPTOR {
  union {
    DWORD   Characteristics;
    DWORD   OriginalFirstThunk;       // 原始未绑定 IAT 的 RVA
  };
  DWORD   TimeDateStamp;              // 如果未绑定，则为 0,
                                      // 如果已绑定，新绑定方式则为-1，旧绑定方式则为日期/时间戳


  DWORD   ForwarderChain;            // 如果没有转发程序，则为-1
  DWORD   Name;                      // 导入的 DLL 名称
  DWORD   FirstThunk;               // IAT 的 RVA（实际地址）
} IMAGE_IMPORT_DESCRIPTOR;
```

　　在系统运行时，链接器在符号解析后会用实际的函数地址来确定 IAT 条目，而 INT 条目保持不变。这两个数组的每个元素都是一个 IMAGE_THUNK_DATA 数据结构，如以下代码所示，代表了可执行文件中的一个导入函数。数组以一个零值元素作为结束。

```
typedef struct _IMAGE_THUNK_DATA32 {
    union {
        DWORD ForwarderString;       // PBYTE
        DWORD Function;              // PDWORD
        DWORD Ordinal;
        DWORD AddressOfData;         // PIMAGE_IMPORT_BY_NAME
    } u1;
} IMAGE_THUNK_DATA32;
```

　　在链接器绑定符号后，INT 表项中的 AddressOfData 字段会指向函数名称，而 IAT 表项中的 Function 字段会包含实际导入的函数的地址。此后，所有对导入函数的调用都会通过模块的 IAT 表进行路由。第 10 章中提到的 AccuTrak 程序的源文件 PatchPE32.cpp 就是一个利用 IAT 表拦截内存分配函数的示例。

B.2   Windows Minidump 格式

Windows Mini Dump 是 Windows 上常用的核心转储文件格式，可以通过多种工具生成。内置的 Windows 调试器 Dr. Watson，可设置在用户模式程序崩溃时生成 Mini Dump 文件。而更强大的调试器 Windbg，其 ".dump" 命令可以根据选项生成具有不同详细信息的 Mini Dump 文件。此外，Microsoft 的 userdump.exe 工具和 Google 的开源跨平台崩溃报告程序 breakpad 也能生成带有完整内存映像的 Mini Dump 文件。

Mini Dump 文件格式非常简单，Microsoft 已提供了完整的文档。大部分相关的数据结构都能在头文件 dbghelp.h 中找到。每个 Mini Dump 文件以 MINIDUMP_HEADER 数据结构开始，其中的相对虚拟地址（RVA）仅表示距文件开头的偏移量。而签名、版本、时间戳、校验和等信息用于识别文件。MINIDUMP_HEADER 数据结构如下：

```
typedef struct _MINIDUMP_HEADER {
    ULONG32 Signature;
    ULONG32 Version;
    ULONG32 NumberOfStreams;
    RVA StreamDirectoryRva;
    ULONG32 CheckSum;
    union {
        ULONG32 Reserved;
        ULONG32 TimeDateStamp;
    };
    ULONG64 Flags;
} MINIDUMP_HEADER, *PMINIDUMP_HEADER;
```

该数据结构中的 NumberOfStreams 和 StreamDirectoryRva 字段指向流目录，一个 MINIDUMP_DIRECTORY 结构的数组。每个流由流类型、描述对象的大小和 RVA 组成。这些类型决定了流目录提供的信息，也暗示了指向对象的数据结构。

```
typedef struct _MINIDUMP_LOCATION_DESCRIPTOR {
    ULONG32 DataSize;
    RVA Rva;
} MINIDUMP_LOCATION_DESCRIPTOR;

typedef struct _MINIDUMP_DIRECTORY {
    ULONG32 StreamType;
    MINIDUMP_LOCATION_DESCRIPTOR Location;
} MINIDUMP_DIRECTORY, *PMINIDUMP_DIRECTORY;
```

Mini Dump 文件格式是可扩展的，因为任何应用程序都可以添加新的流类型。不理解新类型的客户端程序可以安全地忽略这个流。因为每种类型都对应一个特定的数据结构，下面以内存信息列表为例来解析文件。找到匹配的数据结构后，解析其他流就变得简单了。更多详细信息可以在 Core Analyzer 项目的相关文件中找到。MemoryInfoListStream（类型 9）流目录描述了内存区域，由 MINIDUMP_MEMORY_INFO_LIST 结构表示，具体如下：

```
typedef struct _MINIDUMP_MEMORY_INFO_LIST {
    ULONG SizeOfHeader;
    ULONG SizeOfEntry;
    ULONG64 NumberOfEntries;
} MINIDUMP_MEMORY_INFO_LIST, *PMINIDUMP_MEMORY_INFO_LIST;
```

上述结构指定了该流描述的内存范围总数，紧跟着的是一个 MINIDUMP_MEMORY_INFO 结构的数组，每个数组元素包含一个内存范围信息。数据结构描述了一个内存范围，包括其在进程中的地址、大小、保护属性（只读、可写、可执行）、状态（空闲、保留或提交）以及类型（图像、映射文件或私有分配）等，具体如下：

```
typedef struct _MINIDUMP_MEMORY_INFO {
    ULONG64 BaseAddress;
    ULONG64 AllocationBase;
    ULONG32 AllocationProtect;
    ULONG32 __alignment1;
    ULONG64 RegionSize;
    ULONG32 State;
    ULONG32 Protect;
    ULONG32 Type;
    ULONG32 __alignment2;
} MINIDUMP_MEMORY_INFO, *PMINIDUMP_MEMORY_INFO;
```

最后举一个解析以上结构信息的简单例子，下面的 PrintMemoryRegions 函数打印出在一个 Mini Dump 文件中存储的所有内存区域，传入的参数是 Mini Dump 文件的映射地址。

```
bool PrintMemoryRegions(char* ipCoreStart)
{
  MINIDUMP_HEADER* pdump = (MINIDUMP_HEADER*) ipCoreStart;
  MINIDUMP_DIRECTORY* pMiniDumpDir = (MINIDUMP_DIRECTORY*) (ipCoreStart +
pdump->StreamDirectoryRva);
    for (int i=0; i<pdump->NumberOfStreams; i++, pMiniDumpDir++)
    {
      MINIDUMP_LOCATION_DESCRIPTOR location = pMiniDumpDir->Location;
      switch (pMiniDumpDir->StreamType)
      {
        ...
        case MemoryInfoListStream:
          MINIDUMP_MEMORY_INFO_LIST* meminfo_list =
            (MINIDUMP_MEMORY_INFO_LIST*) (ipCoreStart + location.Rva);
          MINIDUMP_MEMORY_INFO* region =
            (MINIDUMP_MEMORY_INFO*)(meminfo_list+1);
          for (int j=0; j<meminfo_list->NumberOfEntries; j++, region++)
          {
```

```
            printf("0x%I64x - 0x%I64x\n",
              region->StartOfMemoryRange,
              region->StartOfMemoryRange + region->DataSize);
        }
    }
  }
}
```

一个简单的 C++ coroutine 程序

下面的代码在 Clang 10.0 测试过，也应该支持 VS2015/2019、GCC 10.0，对代码的具体讲解见"第 15 章 协程"。

```cpp
#include <experimental/coroutine>
#include <iostream>
size_t level = 0;
std::string INDENT = "-";

class Trace
{
public:
    Trace()
    {
        in_level();
    }
    ~Trace()
    {
        level -= 1;
    }
    void in_level()
    {
        level += 1;
        std::string res(INDENT);
        for (size_t i = 0; i < level; i++)
        {
            res.append(INDENT);
        };
        std::cout << res;
    }
};
template <typename T>
struct sync
{
    struct promise_type;
    using handle_type = std::experimental::coroutine_handle<promise_type>;
```

```
handle_type coro;

sync(handle_type h)
    : coro(h)
{
    Trace t;
    std::cout << "Created a sync object" << std::endl;
}
sync(const sync &) = delete;
sync(sync &&s)
    : coro(s.coro)
{
    Trace t;
    std::cout << "Sync moved leaving behind a husk" << std::endl;
    s.coro = nullptr;
}
~sync()
{
    Trace t;
    std::cout << "Sync gone" << std::endl;
    if (coro)
       coro.destroy();
}
sync &operator=(const sync &) = delete;
sync &operator=(sync &&s)
{
    coro = s.coro;
    s.coro = nullptr;
    return *this;
}

T get()
{
    Trace t;
    std::cout << "We got asked for the return value..." << std::endl;
    return coro.promise().value;
}
struct promise_type
{
    T value;
    promise_type()
    {
        Trace t;
        std::cout << "Promise created" << std::endl;
    }
    ~promise_type()
```

```cpp
    {
        Trace t;
        std::cout << "Promise died" << std::endl;
    }

    auto get_return_object()
    {
        Trace t;
        std::cout << "Send back a sync" << std::endl;
        return sync<T>{handle_type::from_promise(*this)};
    }
    auto initial_suspend()
    {
        Trace t;
        std::cout << "Started the coroutine, don't stop now!" << std::endl;
        return std::experimental::suspend_never{};
        //std::cout << "--->Started the coroutine, put the brakes on!" << std::endl;
        //return std::experimental::suspend_always{};
    }
    auto return_value(T v)
    {
        Trace t;
        std::cout << "Got an answer of " << v << std::endl;
        value = v;
        return std::experimental::suspend_never{};
    }
    auto final_suspend() noexcept
    {
        Trace t;
        std::cout << "Finished the coro" << std::endl;
        return std::experimental::suspend_always{};
    }
    void unhandled_exception()
    {
        std::exit(1);
    }
    };
};

template <typename T>
struct lazy
{
    struct promise_type;
    using handle_type = std::experimental::coroutine_handle<promise_type>;
    handle_type coro;
```

```cpp
lazy(handle_type h)
    : coro(h)
{
    Trace t;
    std::cout << "Created a lazy object" << std::endl;
}
lazy(const lazy &) = delete;
lazy(lazy &&s)
    : coro(s.coro)
{
    Trace t;
    std::cout << "lazy moved leaving behind a husk" << std::endl;
    s.coro = nullptr;
}
~lazy()
{
    Trace t;
    std::cout << "lazy gone" << std::endl;
    if (coro)
        coro.destroy();
}
lazy &operator=(const lazy &) = delete;
lazy &operator=(lazy &&s)
{
    coro = s.coro;
    s.coro = nullptr;
    return *this;
}

T get()
{
    Trace t;
    std::cout << "We got asked for the return value..." << std::endl;
    return coro.promise().value;
}
struct promise_type
{
    T value;
    promise_type()
    {
        Trace t;
        std::cout << "Promise created" << std::endl;
    }
    ~promise_type()
    {
        Trace t;
```

```cpp
            std::cout << "Promise died" << std::endl;
        }

    auto get_return_object()
    {
        Trace t;
        std::cout << "Send back a lazy" << std::endl;
        return lazy<T>{handle_type::from_promise(*this)};
    }
    auto initial_suspend()
    {
        Trace t;
        //std::cout << "Started the coroutine, don't stop now!" << std::endl;
        //return std::experimental::suspend_never{};
        std::cout << "Started the coroutine, put the brakes on!" << std::endl;
        return std::experimental::suspend_always{};
    }
    auto return_value(T v)
    {
        Trace t;
        std::cout << "Got an answer of " << v << std::endl;
        value = v;
        return std::experimental::suspend_never{};
    }
    auto final_suspend() noexcept
    {
        Trace t;
        std::cout << "Finished the coro" << std::endl;
        return std::experimental::suspend_always{};
    }
    void unhandled_exception()
    {
        std::exit(1);
    }

};
bool await_ready()
{
    const auto ready = this->coro.done();
    Trace t;
    std::cout << "Await " << (ready ? "is ready" : "isn't ready") << std::endl;
    return this->coro.done();
}
void await_suspend(std::experimental::coroutine_handle<> awaiting)
{
    {
```

```
            Trace t;
            std::cout << "About to resume the lazy" << std::endl;
            this->coro.resume();
        }
        Trace t;
        std::cout << "About to resume the awaiter" << std::endl;
        awaiting.resume();
    }
    auto await_resume()
    {
        const auto r = this->coro.promise().value;
        Trace t;
        std::cout << "Await value is returned: " << r << std::endl;
        return r;
    }
};
lazy<std::string> read_data()
{
    Trace t;
    std::cout << "Reading data..." << std::endl;
    co_return "billion$!";
}


lazy<std::string> write_data()
{
    Trace t;
    std::cout << "Write data..." << std::endl;
    co_return "I'm rich!";
}
sync<int> reply()
{
    std::cout << "Started await_answer" << std::endl;
    auto a = co_await read_data();
    std::cout << "Data we got is " << a  << std::endl;
    auto v = co_await write_data();
    std::cout << "write result is " << v << std::endl;
    co_return 42;
}

int main()
{
    std::cout<< "Start main()\n";
    auto a = reply();
    return a.get();
}
```

编译的 CMakeLists.txt 如下：

```
cmake_minimum_required(VERSION 3.10)

# set the project name
project(main)
# specify the C++ standard
set(CMAKE_CXX_FLAGS "${CMAKE_CXX_FLAGS} -Wall -std=c++2a -stdlib=libc++")

# add the executable

add_executable(co_await_example coroutines/src/co_await_example.cpp)

target_compile_options(co_await_example PRIVATE -fcoroutines-ts)
```

编译的命令如下：

```
mkdir build
cd build
cmake ..
cmake --build .
```

接着运行 co_await_example，输出如下：

```
Start main().
--Promise created
--Send back a sync
---Created a sync object
--Started the coroutine, don't stop now!
Started await_answer
--Promise created
--Send back a lazy
---Created a lazy object
--Started the coroutine, put the brakes on!
--Await isn't ready
--About to resume the lazy
---Reading data...
----Got an answer of billion$!
---Finished the coro
--About to resume the awaiter
---Await value is returned: billion$!
---lazy gone
----Promise died
Data we got is billion$!
---Promise created
---Send back a lazy
----Created a lazy object
---Started the coroutine, put the brakes on!
```

```
---Await isn't ready
---About to resume the lazy
----Write data...
-----Got an answer of I'm rich!
----Finished the coro
---About to resume the awaiter
----Await value is returned: I'm rich!
----lazy gone
-----Promise died
write result is I'm rich!
----Got an answer of 42
----Finished the coro
--We got asked for the return value...
--Sync gone
---Promise died
```